航空宇航科学与技术一流学科学术著作

飞行控制系统
PHM关键技术研究

崔展博　焦晓璇　王　晨　唐洪霞　著

U0262202

西北工业大学出版社

西安

【内容简介】　本书是在 2024 年度石家庄市科技领军人物项目（项目编码：248790026A）和"河北省三三三人才"项目（项目编号：B20221011）资助下开展研究，以实现飞行控制（简称飞控）系统健康管理为目标，在研究失效机理、预测剩余寿命等基础上，融合 MBSE 理论，构建基于知识图谱的飞控系统 PHM 可视化验证平台，为飞机 PHM 理论与工程化实践提供了重要依据和技术途径。针对飞机机载 PHM 系统工程化成熟度低、开发平台匮乏和缺少设计与验证有效手段等问题，构建基于 MBSE 的飞控系统 PHM 开发平台，面向多源异构数据的关系构建及 PHM 模型化设计等关键技术，旨在建立智能化、通用化、信息化的飞控系统健康管理设计开发与验证平台，并以飞控系统为例进行验证，为飞控系统健康管理系统的设计与实现提供模型库、算法库、知识库与技术途径。

本书可作为从事飞控系统等复杂装备总体论证、健康管理系统设计及工程实现等技术人员的参考书，也可作为高等学校装备设计专业和相关专业的教材。

图书在版编目(CIP)数据

飞行控制系统 PHM 关键技术研究 / 崔展博等著.

西安：西北工业大学出版社，2024.8. — ISBN 978 - 7 - 5612 - 9451 - 2

Ⅰ．V249.1

中国国家版本馆 CIP 数据核字第 2024E9U405 号

FEIXING KONGZHI XITONG PHM GUANJIAN JISHU YANJIU

飞 行 控 制 系 统 PHM 关 键 技 术 研 究

崔展博　焦晓璇　王晨　唐洪霞　著

责任编辑：孙　倩		策划编辑：杨　军	
责任校对：王　水		装帧设计：高永斌　赵　烨	

出版发行：西北工业大学出版社

通信地址：西安市友谊西路 127 号　　　邮编：710072

电　　话：(029)88491757，88493844

网　　址：www.nwpup.com

印 刷 者：西安五星印刷有限公司

开　　本：710 mm×1 000 mm　　　1/16

印　　张：16.875

字　　数：312 千字

版　　次：2024 年 8 月第 1 版　　　2024 年 8 月第 1 次印刷

书　　号：ISBN 978 - 7 - 5612 - 9451 - 2

定　　价：78.00 元

前　言

先进电传飞控系统实现了飞机全时、全权限航姿控制,直接决定着飞行品质,也使其成为飞机故障预测与健康管理(Prognostics and Health Management,PHM)的首要对象。飞控系统的功能耦合度高、结构交联关系复杂、服役环境恶劣、退化失效模式多样,导致故障特征提取难、寿命预测实时性差、健康评估模型验证难等问题,严重制约了作战效能与经济效能。因此,本书以实现飞控系统健康管理为目标,在研究失效机理、预测剩余寿命、加速计算的基础上,融合基于模型的系统工程(MBSE)理论,构建基于知识图谱的飞控系统 PHM 可视化验证平台,为飞机 PHM 理论与工程化实践提供了重要依据和技术途径。本书的主要工作及创新性成果如下。

1.飞控系统故障信息多尺度关系提取方法研究

针对飞控系统多源故障数据特征提取,提出了基于递归矩阵向量空间的语义关系提取方法,融合以路径为中心的修剪技术,提高了数据的置信度;搭建了基于长短记忆网络图(LSTM)的跨句子 n 元关系提取通用框架,提升了故障数据的关联性;建立了基于结构化感知器和不精确搜索的自动内容提取(ACE)事件提取联合框架,并通过重新构建结构化预测模型,将任务重新定义为端到端结构化预测问题,大幅度提升了全局特征提取能力。

2.基于可微规则的飞控系统故障诊断推理研究

在研究飞控系统故障知识图谱的基础上,提出了一种知识图谱嵌入的半监督实体对齐方法,构建了一种基于知识库中嵌入学习和推理的规则提取模型,搭建了一个多关系学习的通用框架,实现了基于嵌入规则的故障推理;基于梯度编程框架的可微分操作,构建了一个具有注意力机制和记忆的神经控制器系统,并通过优化端到端可微规则挖掘模型,解决了飞控系统故障诊断推理难题。

3.融合失效物理与数据驱动的寿命预测研究

面向飞控系统服役环境的时空多尺度需求,提出了基于 Wiener 过程和 LSTM 的联合方法预测飞机伺服作动器的剩余寿命,构建了基于非线性 Wiener 过程生成数据的物理模型,通过 Wiener 过程生成数据和修正数据输入 LSTM,实现了飞机伺服作动器的高鲁棒性寿命预测;针对电动舵机退化过程呈现的多阶段、非线性特点,建立了数据驱动与失效物理融合的退化模型,并通过优化模型参数更新剩余寿命预测结果,实现了电动舵机失效寿命的预测,提升了实时性与准确性。

4.面向飞控系统 PHM 的嵌入式加速计算研究

针对飞机机载 PHM 在线预测实时化需求,提出了一种总线功能和存储功能两个维度融合的数据处理单元(DPU)硬件加速方案,建立了基于现场可编程门阵列(FPGA)的 LSTM 网络硬件加速模型,通过数据的 Delta 稀疏网络模型减少了模型计算量,采用平衡稀疏模型和重复训练实现了模型的不损失精度压缩,并基于云存储总线(CSB)存储模型优化了模型的存储空间,实现了 9.7~47.8 倍的加速效果,为飞控 PHM 的应用提供了硬件加速方法。

5.基于模型的系统工程 MBSE 的飞控系统 PHM 模型化设计

针对飞机机载 PHM 系统工程化成熟度低、开发平台匮乏、设计与验证有效手段不足等问题,以无人机飞控系统 PHM 控制律模型设计为例,构建了基于 MBSE 的飞控系统 PHM 开发平台,建立了基于模型的标准模块库,利用 Simulink 和状态机进行系统架构模型与子模型联合仿真,实现了 PHM 开发平台的功能结构验证。仿真结果表明:该方法能及早识别飞控系统 PHM 架构设计中潜在的故障,提高了飞控系统的可靠性。

6.飞控系统 PHM 综合评估验证平台设计与实现

面向飞控系统 PHM 实时化、模型化、可视化的客观需求,结合本书的理论研究和关键技术,提出了一种多模态知识库嵌入(MKBE)方法,并通过引入一种新的多模态插补模型,建立了多源异构验证数据库;采用多模型在线联合仿真与集成开发技术,开发了飞控系统综合验证平台,实现了飞控系统多源故障特征提取、故障关联推理分析、智能问答与维修决策,为飞控系统 PHM 工程化验证提供了重要的支撑手段。

本书由崔展博、焦晓璇、王晨、唐洪霞共同撰写,崔展博统稿。第 1 章、第 2 章、第 5 章、第 8 章由崔展博撰写,第 4 章、第 7 章由焦晓璇撰写,第 3 章由王晨撰写,第6章由唐洪霞撰写。

中国航空工业自控所张收黎研究员、哈尔滨工业大学刘大同教授、中国航空工业沈阳所杨凤田院士、空军工程大学李应红院士审阅了全书,并给出了详尽的意见、建议。本书的出版得到了2024年度石家庄市科技领军人物项目(项目编码:248790026A)和2022年度河北省"三三三人才"项目(项目编号:B20221011)资助。在此一并致谢。

在编写本书过程中,参考了大量国内外文献,这些文献对本书的研究方向做出了指引,丰富了本书的知识体系,在此向所有参考文献的作者表示最诚挚的感谢。

由于水平有限,书中难免存在不足之处,敬请广大读者批评指正。

著　者
2024 年 5 月

目　　录

第1章 绪 论

1.1 研究背景与意义

信息技术的不断发展以及大数据、人工智能、云计算、物联网等高新科技蓬勃发展,加速了军工产业的迭代更新,武器装备的智能化水平、复杂程度越来越高。尤其是在全空域、全天候、多元素战争模式的背景下,瞬息万变的空中战场环境对空军装备高技术集成提出了迫切需求。军用飞机是一个由多复杂系统组成的体系,飞机系统结构日趋复杂,功能集成度越来越高,对集"机电+液压+电子"于一体的飞控系统进行全寿命状态管理显得尤为困难。

飞控系统的正常运行对于保证飞行安全起到了至关重要的作用,因此这类系统需要具备很高的可靠性。为了减少飞行过程中的故障影响,及时进行故障确认和隔离,需要对飞控系统的状态和故障进行实时的检测和诊断。另外,故障结果可帮助飞行员对机载系统进行重构和任务降级,避免故障蔓延,保障飞行安全。飞控系统一般由电传飞控分系统、机械操纵分系统、高升力控制分系统、自动飞控分系统组成(系统的基本构成见图1.1)。飞控系统能够实现飞机的滚转、俯仰、偏航控制,并提供令人满意的操稳品质。此外,为保证其可用性,所需的维护成本也越来越高,如何降低其有效寿命周期内的维修保障费用也显得尤为重要。随着飞控系统复杂性、信息化、综合化程度和造价的不断提高以及使用环境的日渐严酷,对飞控系统运行的可靠性、维修性、安全性要求越加严格和迫切。在愈加严苛的运行环境下,如何保障飞机的飞行安全和快速出动能力是未来战争面临的重大难题,而智能故障预测与健康管理技术为解决该问题提供了有效途径。

飞控系统各个子系统采取总线或电信号进行交联,任何一个产品产生故障都可能危及飞行安全。不能利用当前性能和历史趋势准确识别剩余寿命,采取基于固定翻修的方式修理成本高、周期长,已无法满足实战演训及飞行任务需求。先进电传飞控系统实现了飞机全时、全权限航姿控制,直接决定着飞行品质,也使其成为飞机故障预测与健康管理的首要对象。

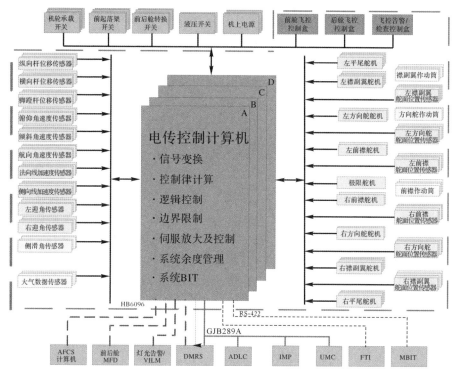

图 1.1　飞控系统的基本构成图

应用集成先进微传感器技术,借助各种算法和智能模型来预测、监控和管理飞行控制系统的运行状态,PHM 系统能够根据已知对象的失效机理、结构特性、参数、环境条件及运行历史,结合飞控系统使用状态,对使用中发生的故障进行检测、隔离、预测和管理控制。因此,急需飞控系统 PHM 技术支撑飞机的基于预防性维修。

相比于传统装备,飞控系统 PHM 能够实现全机状态数据的集成,最新的民用飞机具备了初步的健康管理能力,可以提供健康管理代码(HMC),在维护流程上得到了一定的优化,排故效率有了明显的提升。但由于对部件级研究还不够深入,基本诊断模式还是停留在传统的专家系统阈值判定,故障代码、故障现象与排故方法对应关系不够准确。因此,一线保障模式虽然相较于传统方式实现了优化,但要实现基于状态的视情维修仍缺乏必要的技术手段。

具体存在的问题有以下几方面。

1. 飞控系统故障数据积累不够

飞控关键部附件故障诊断模型与故障机理是 PHM 的基础。一方面,种类庞杂的设备导致系统构成极为复杂;另一方面,不同故障模式的故障机理和特征往往差异巨大,飞控系统关键部附件退化规律及剩余寿命预测多元,目前对飞控 PHM 和数据驱动的研究只是"冰山一角",提高飞控系统智能故障诊断方法的在线化(实时化)能力还有很长的路要走。国内外学者的关注点多集中在 PHM 体系结构研究与算法领域,重点研究系统级集成 PHM 问题与数据应用,却忽视了泛化能力数据来源与积累以及诊断的实时性。只有部分制造厂、设计所关注模块级和部附件级 PHM 研究,究其根源,零部件故障退化模式与寿命预测研究需要大量的资源投入和长期的"试验+使用+维护"数据积累。

2. 故障关联数据分析不足

在故障案例方面,虽然飞机在长期的服务保障过程中积累了大量的故障案例知识,但通常是蕴藏在故障信息、排故记录、技术报告等数据或文档中,由于数据格式不一致、各单位不统一等问题,因此数据与经验有很大的分散性与不可共享性,导致很多实用的维修经验随着骨干退役及其他各种原因而消失。在试验数据方面,飞机运维单位、厂所、院校研究各自为营,难以互通有无。目前:飞机平台可以记录大量传感器数据,但维护人员难以充分利用该信息,导致大量故障征兆实时数据被遗漏;厂所出于安全考虑,更倾向于应用成熟技术,而非最新研究成果;院校理论研究较为深入,但缺少实际数据支撑,研究成果的可靠性和实用性难以保障。

3. 特征提取难

由于飞机环境强噪声干扰,因此飞控系统的状态数据和使用维护数据经常呈现出非平衡、局部缺失、非完备、强噪声等非理想情况,难以得到可靠性强、鲁棒性高的故障诊断与预测方法。在实际服役环境下,飞控系统在数据采集、处理以及管理上暴露了诸多问题,究其原因在于非理想数据条件下装备性能退化与故障预测研究严重缺位,非理想数据特征及处理方法研究不充分,性能退化与故障预测算法研究理想化,这些与健康管理工程化应用紧密联系的关键问题,必然会使实战化条件下装备健康管理能力大打折扣,降低实战化训练水平。目前装备故障频发,误警虚警的问题相当普遍,具体表现在以下两个方面:①非理想数据的获取与管理存在环境与空间的制约;②非理想数据条件下装备性能退化评估与故障预测精度低、鲁棒性差。因此,补全以及噪声处理技术,探索非理想数据(包括链接、故障文本描述、分类属性、数值和图像)条件下装备的退化失效机理、退化评估建模、故障预测建模方法等专注于使用不同的密集向量对关联数据进行建模。

4. 失效机理与退化建模研究不足

研究装备的退化规律是健康管理的基础性工作之一,目的是建立相应的退化模型,辅助判定装备的故障时机与故障模式。然而,现阶段的故障诊断大多数从故障结果入手,基于故障现象判定故障,而对于故障现象衍生过程的基础性工作研究不足。以飞机航电系统低频机架为例,在运行过程中,维护人员发现低频机架的故障往往伴随着温度的升高,因此在低频机架中加入了温度传感器辅助判定现象,而对于故障的发生过程与温度升高的现象之间的因果关系并未深入研究。

5. 健康评估与寿命预测能力不足

实现对装备故障前的提前预警是 PHM 的目标也是难题,但由于对关键零部件失效模型和数据积累不够,因此复杂系统故障演变规律难以掌握。现阶段,仅能开展基于故障记录的数据统计分析,如故障异常警示、高发故障警示、易损系统/部件警示,针对已发故障进行总结分析,并指导相关维修活动,不能进行基于数据分析和部件健康评估,从而难以建立底层部件的故障预测模型,更缺乏多故障耦合的系统级、飞机级剩余寿命预测方法和手段。

6. PHM 在线预测实时性差

在飞控系统 PHM 系统中,模型的建立是系统实现的关键,同时,模型在平台上的部署应用是 PHM 技术落地的关键环节与技术难题。飞控系统 PHM 系统需要针对飞机机载系统设计、研制、使用过程中的海量数据,进行分析、计算、处理,并结合系统产品在机实时使用状态,实现短时机载故障的预警和长期故障的数据积累工作。然而,飞控系统涉及部件多、监测数据量大,数据采集周期在毫秒级,带来数百万级的数据量,数据算法要在低延时条件下完成数据的故障逻辑运算、产品故障预测和监控、寿命预测结果输出等工作。因此,采用以基本处理器为基础的硬件系统很难满足飞控系统 PHM 算法的大数据量、高复杂度、实时性的要求。

7. PHM 验证技术和可视化程度不足

PHM 体系结构是 PHM 系统设计及功能实现的依据和标准,其通用性和工程化是制约 PHM 技术发展的核心问题之一。目前我国已经在 PHM 方面进行了初步的尝试。但是,如何解决分布式智能系统的健康管理设计需求,以及快速实现 PHM 技术在不同复杂系统上的应用是当前面临的难题。飞控PHM 验证包括多个过程,如系统运行模拟、故障注入、数据传输、存储和处理模拟等。由于 PHM 通常是分布式的,因此为了充分利用机上资源,PHM 的验证具有一定难度。

综上所述,本书依托装发快速扶持项目"基于大数据的航空部件维修工艺知识图谱推送技术研究"、"十四五"××共用技术项目"×××××性能退化评估与故障预测技术"和河北省高层次人才项目"耦合应力下航空电子产品组件(芯片)级健康状态评估研究",针对新一代飞机机载系统高度综合、集成化、模块化导致的 PHM 策略难以满足新型飞机飞控系统维修保障需求的问题,以实现飞控系统健康管理为目标,在研究失效机理、剩余寿命预测、加速计算的基础上,融合 MBSE 理论,构建基于知识图谱的飞控系统 PHM 可视化验证平台,为飞机 PHM 理论与工程化实践提供了重要依据和技术途径,以提升未来飞控系统的健康管理能力。

1.2　国内外研究现状

国外关于 PHM 已经开展大量且成效显著的关键技术研究和系统验证工作,目前美、英等国已进入军民用推广应用阶段。英国从 20 世纪 90 年代后期开发直升机健康与使用监控系统(Health and Usage Monitoring System, HUMS),用来监控转子轨迹与平衡、发动机性能与完好状态、齿轮箱状态等参数,跟踪疲劳寿命,提供维修趋势信息,并已在美、加等国的 AH-64、"虎"等直升机使用。2015 年以来,在"阵风"、C-130"大力神"等固定翼飞行器上也应用了综合 HUMS。美国智能自动化公司研发的超级 HUMS 被引入美陆军 RQ-7A/B"阴影"200 战术无人机系统。

PHM 技术的核心功能是智能故障诊断和剩余寿命预测,在维修保障角度方面,体现了从被动维修到主动维修的转变过程,对于系统的安全、可靠运行发挥了重要的作用。当前,国内外对 PHM 方法进行了大量研究,提出了基于失效物理(Physics of failure,Pof)模型、统计可靠性和数据驱动等不同的

PHM 方法。Pof 模型是在深入剖析系统结构、环境应力、材料特性以及失效机理的基础上,建立系统或设备的性能退化模型,从而实现剩余使用寿命(RUL)预测。但是信息技术和工业制造技术的快速发展,导致机载设备的功能结构耦合愈发复杂,难以建立精确的 Pof 模型。基于统计可靠性的方法,采用大样本条件下的失效时间数据,建立机载设备的可靠性评估模型。但是对于高可靠、长寿命、小样本的机载设备:一方面,不具备大量的失效时间数据;另一方面,仅仅依靠失效时间数据,不考虑机载设备使用环境和负载的动态变化等不确定性因素对机载设备性能状态的影响,不能全面、有效地评估机载设备的健康状态。基于数据驱动的方法,利用系统的状态监测数据和历史性能数据,结合智能算法拟合性能退化趋势,实现智能故障诊断和 RUL 预测,在复杂机载系统的健康监测、智能故障诊断和 RUL 预测方面具有较大的优势。

目前,国内外关于飞行器故障诊断、预测与全寿命状态管理有效方式方法的需求十分突出,尤其是第四代飞机、大型运输机和直升机的关键系统之一"飞控系统全寿命状态管理"是急需解决的技术难题。因此,本节从飞控系统故障信息多源提取现状、RUL 预测的研究现状、PHM 工程应用现状等三个方面展开综述。

1.2.1 故障信息多源提取现状

美国早在 20 世纪 90 年代就开始研究 F-35 飞机的故障预测与健康管理技术,并在飞机的研制过程中进行了大量的试验,经过多年积累,积攒了大量的试验数据、飞行数据和维护数据,通过对数据的充分挖掘利用,大大促进了 PHM 技术的发展和成熟。相比于第三代飞机,F-35 飞机在 PHM 技术的支持下,实现了在任务能力、可靠性、安全性和保障性方面的大幅度提高,其任务可靠性提高了 50% 以上,出动架次率提高了 25% 以上,故障复现率大幅度提高,很大程度上降低了使用保障成本,实现了飞机寿命的延长。

国内现役的军民用飞机都还未实现真正意义上的 PHM 功能。我国的第三代机仅具备对航电/飞控等关键系统或系统中的部分机载设备进行监控、故障检测、隔离和诊断功能。在我国实验用飞机上为了实现 PHM,增加了大量的信号监测传感器,增强了数据采集和机内自检测(BIT)功能,并设计了完整的 PHM 系统架构,预留了 PHM 软件空间和接口,规范了健康管理数据。由于飞机研制生产时间短,因此飞行架次有限,获取的飞控等关键系统数据量还远不如美国的 F-35,对数据的利用方法还在研究探索中,对飞机的诊断、预测和管理能力也都还在发展过程中。

　　飞控系统的全寿命周期多源异构数据主要包括历史数据、试验数据以及实时运行数据。历史数据主要是指飞控系统的故障和维护数据、使用环境信息数据、状态参数的历史记录数据。历史数据主要通过从防护型综合记录器和维护数据记录器下载获得，还有部分状态和故障数据通过空地传输获得，地面故障数据以及修理的维护数据通过信息系统获得。试验数据主要是指设备在地面试验中采集的数据，以及在试飞过程中加装测试设备获取的数据。实时运行数据是指设备运行过程中实时监测的数据，这些数据经过记录后也成为历史数据的一部分。

　　海量的飞控系统原始数据中存在着大量的不完整(有缺失值)、不一致、有异常的数据，现有的基于数据驱动的方法在很大程度上忽略了多模态信息，例如飞控系统速率陀螺安装图像和大量内外场维护记录文本数据，这些视觉或文本特征可能在飞控系统故障关联提取中发挥重要作用。例如，在飞机飞行之前，地勤维护人员倾向于定检和放飞前检查或翻阅一些维修记录。在进行排故时，通常会首先查阅履历文件、修理记录、维护点检工作卡以及以往的拆卸记录和排故记录，例如换件记录和故障原因分析。因此有必要将这些多模态信息引入到飞控系统故障信息多尺度关系提取中，多模态知识图将视觉或文本信息引入飞控系统 PHM，将图像或文本视为飞控系统故障实体或实体的属性。关系提取的任务是预测实体对之间的语义关系，无论是作为其本身的目的，还是作为各种自然语言处理(NLP)应用程序的中间步骤。Zelenko 等人提出具有代表性的关系提取方法使用监督范式。为了识别实体对象之间的关系，有必要巧妙地结合句子中不同句法和语义结构的词汇和句子级线索。Collobert 等人探索了使用卷积深度神经网络(DNN)为 NLP 提取特征的想法，在词性(POS)标记、分块、命名实体识别(NER)和语义角色标签(SRL)的背景下开展。本书的工作与 Collobert 等人的工作有着相似的地方，所有任务都被视为顺序标注问题，其中输入句子中的每个实体都被赋予一个标签。然而，任务"关系提取"可以被认为是一个多类分类问题，这会导致不同的目标函数。此外，关系提取被定义为将关系标签分配给成对的词，因此有必要指定期望为哪些词对分配关系标签。关系提取涉及辨别句子中两个实体之间是否存在关系(通常分别称为主语和宾语)。成功的关系提取是对非结构化文本进行大规模关系理解的应用程序的基石。

　　本书在飞控系统 PHM 架构研究的基础上，利用飞控系统故障文本，开展面向文本的 PHM 技术研究。首先对文本中的语义关系进行提取，为基于文本的故障诊断与维修决策提供实体与关系数据。飞控系统故障关系提取的任务是预测实体对象之间的语义关系,利用输入句子的依赖解析的模型,或基于依赖的模型,捕获表面形式模糊不清的长期句法关系。首先建立了基于递归矩阵向量空间的语义关系提取方法,使用有效的图卷积操作对输入句子的依赖结构进行编码,然后提取中心实体,进行稳健的关系预测,同时应用一种新的以路径为中心的修剪技术从树中移动不相关的信息,最大限度地保留相关内容。利用依赖信息的一种常见方法是沿着解析树或实体的最低共同父节点下方的子树执行自下而上或自上而下的计算,就是将解析树缩减为实体之间的最短依赖路径。

虽然基于实体的方法解决了基于特征的方法对飞控系统故障数据源的高需求问题,但它只关注实体之间的推理关系,而忽略了多模态信息融合。实际上,多模态信息通常作为辅助信息来丰富其他实体的信息。因此,在对实体之间的推理关系进行建模之前,需要一种直接交互的方式,将多模态信息融合到其对应的实体中。单句中实体的二元故障关系提取工作已经应用于飞控系统。传统的基于特征的二元关系提取方法依赖于人工设计的特征进行模型训练,并经常整合不同的证据来源,如实体序列和语法上下文。基于核的方法设计了各种子序列或树内核来捕获结构化信息。最近,基于神经网络的模型通过自动学习强大的特征表示来提高技术水平,将实体嵌入作为输入并生成上下文实体表示,并利用关系分类器进行最终预测。

1.2.2 RUL 预测现状

作为 PHM 的关键技术,RUL 预测其定义为"预测从当前时间到使用寿命结束的长度"。中国人民解放军国防科技大学杨鹏在其博士论文中详细论述了多故障、多层次、多回路等复杂情况下装备的诊断策略优化设计方法。现阶段对于性能退化建模方法的分类并不统一。Pecht 提出了基于失效物理与基于数据驱动的建模方法,尤明懿详细介绍了回归模型、Wiener 过程、Gamma 过程、Markov 链、时间序列、人工智能以及相似性的建模方法,Si 提出了基于直接监测数据与间接监测数据的退化建模方法。随着工业技术的发展,装备的不确定性在增加,其物理退化失效过程难以掌握。特别对于复杂系统,运用失效物理建立模型非常困难;对于受多种应力共同作用的装备,即使掌握了失效机理,其失效物理模型也难以准确导出。人工智能方法能拟合出性能退化数据的趋势,适合对各种退化轨迹的模型进行建模,特别适合对非线性退化过程进行分析,但人工智能方法由于需要训练样本,对样本量要求较高。

一般来说,RUL 预测方法可以分为两类,即基于物理的方法和数据驱动的方法。基于物理的方法的优点是可以得到相对准确的预测结果,这是因为考虑了研究目标的工作原理。然而,建立复杂系统的模型是很困难的。相比之下,数据驱动的方法依赖于收集到的被监控系统的状态数据。随着传感器技术的发展和工业互联网的发展,可用的条件数据越来越多。此外,加速寿命试验还有助于提供全生命周期的退化数据。多种数据驱动的方法可用于实现RUL 预测。例如,统计建模可以提供健康状况的两个阶段,包括早期缺陷和RUL 预测。利用贝叶斯推理和马尔可夫链蒙特·洛罗来计算可用于实现RUL 预测的概率密度函数。基于滤波器的方法已广泛应用于实现 RUL 预测。原始传感器数据的选择直接影响 RUL 预测结果。为了将适当的传感数据用于数据驱动方法,熵及其变体可用于测量传感器数据中包含的有用信息。这样,可以在一定程度上解决数据驱动方法的数据依赖问题(即利用的数据对预测结果的影响)。机器学习是数据驱动方法领域的一个重要分支。例如,支持向量回归(SVR)可以用作 RUL 预测的基本方法。从状态监测数据中提取的统计特征用作 SVR 的输入,支持向量机的分类和回归特性可用于实现实时RUL 预测。石鹏飞提出了集成高斯过程回归来实现飞控系统的 RUL 预测。这些传统方法已被广泛研究以帮助改进 RUL 预测结果。

最近,机器学习领域的人工智能(AI)方法在实现 RUL 预测方面备受关注。例如,提出了一种基于受限玻尔兹曼机和长短期记忆(LSTM)的半监督深度学习方法来实现涡扇发动机退化的 RUL 预测。利用卷积神经网络提取多尺度特征,有望增强 RUL 预测结果。冉剑提出了一种新的循环卷积神经网络来解决不同退化状态的时间依赖性和 RUL 预测结果的不确定性估计。刘等人提出了一种用于故障识别和 RUL 预测的联合损失卷积神经网络,其优点是降低了过拟合风险和计算成本,提取的退化能量指标和原始传感数据之间的隐藏模式由深度卷积神经网络识别,用于实现 RUL 预测。

从相关文献来看,比较流行的 Chatgpt 等大模型训练模型,大的研究方向集中在数学模型、随机过程、统计模型、机器学习等模型的应用与创新,一系列算法及其变体例如受限玻尔兹曼机、循环神经网络、长短周期记忆网络、生成对抗网络等,为寿命预测提供了众多实现途径。从信息获取的角度来看,数据驱动方法是从装备历史数据中获取相关经验知识,模型的预测能力与数据的完备程度紧密相关。然而,在实际服役条件下,训练样本匮乏,其中蕴含的装备信息知识有限,预测模型难以达到预期效果;同时,在试验条件下能够获得较为完备的装备退化数据,但由于与实际服役环境下存在差异,在应用上存在不适配的问题。如何有效开展模型迁移，是制约预测模型实际应用的难题。

一种双任务深度 LSTM 用于同时实现退化评估和 RUL 预测。周青研究了如何利用操作数据来增强双向 LSTM 的 RUL 预测结果。这些基于人工智能的方法可以有效挖掘目标原始传感数据中包含的隐藏特征，有助于增强 RUL 预测结果。虽然基于 AI 的方法可以实现相对较好的 RUL 预测，但它们在很大程度上依赖于大量的训练数据。对于辅助动力系统（APU）的 RUL 预测，最重要的性能参数是排气温度（EGT）。只有一维数据可能无法达到满意的预测。为了解决这个问题，马超提出了一种基于 LSTM 和 Wiener 过程的混合方法。如果目标可以用维纳过程描述，它的物理特性可以给 RUL 预测结果带来积极的影响。对用于预测的维纳过程的一些典型研究综述如下。由于不同的操作和条件彼此不同，Bott 设计了一种基于维纳过程并考虑单元间可变性的 RUL 预测方法，多相退化系统的问题由基于两相维纳过程的模型框架解决。Yoshifumi 构建了一种通过结合不同类型的传感器数据、维纳过程和神经网络的混合方法来实现 RUL 预测。通过提出利用布朗运动的自适应维纳过程模型来实现对恶化产品的 RUL 预测。这些研究为基于混合方法的 RUL 预测提供了有价值的参考。

1.2.3　PHM 工程应用现状

1.2.3.1　实时化研究现状

在 PHM 系统中，模型的在线/实时使用是系统能否实现的关键，同时，模型在平台上的部署应用是 PHM 技术落地的关键环节与技术难题。

相比于国际 PHM 平台的高水平发展，国内虽取得一定研究成果，但整体来看，我国 PHM 平台还有很大差距。PHM 平台通常采用 CPU（中央处理器）或微控制器等计算架构来实现故障诊断、寿命预测和健康管理等功能。然而其在系统实时性和 PHM 复杂算法应用方面的不足极大制约了 PHM 系统的发展。因此，急需开发具备实时计算和算法加速能力的低功耗、高性能、体积小的 PHM 功能开发平台。

国外在 PHM 功能平台发展起步较早，Bingsheng He 等人设计了一种通过搭建联合 CPU＋GPU 的架构，通过借助 CPU 用于执行串行事务、GPU（Graphics Processing Unit，图形处理器）执行并行任务，将性能提升了 16 倍。对于 GPU 全局存储器在处理大输入问题方面的不足，Wu J 等人在 CPU＋

GPU 异构架构的基础上开发了快速傅里叶变换(FFT)泊松求解器,该系统的运算能力超过 40 GFLOPS,利用外波组件快速互速扩展总线(PCI - E)进行数据传输带宽能达到 5 GB/s。为解决 FPGA 并行处理机器学习算法时的编程困难问题,学者基于 CPU+FPGA 的飞行速度传感器(FPMR)异构架构基础开展研究。Shan Y 等人通过采用 MapReduce 模型将处理速度提升了约 32 倍。Michael Showerman 等人搭建了每个计算节点包含 2 个双核超威(AMD) Opteron CPU、4 个英伟达(NVIDIA)、Quadro FX 5600 GPU 卡和 1 个 Nallatech H101 FPGA 加速卡的计算结构集群。Kuen Hung Tsoi 等人搭建了异构处理集群,并将其命名为 Axel,该异构处理集群内部通过外部设备互联(PCI)总线将 16 个节点高速互联整体性能从 4.4 倍提升至约 23 倍。Axel 异构处理集群的每个节点包含 1 个 AMD Phenom 四核 CPU、1 个 NVIDIA Tesla C1060 卡和 1 个 ADM - XRC - 5T2 FPGA 卡。针对无线电算法实时处理的需求,Alawieh M 等人,通过搭建异构集群平台,巧妙地在性能、成本和灵活性之间的取得了平衡。

经过多年的努力,国内也取得了一定的进展。为实现底层硬件驱动程序及相应的数据传输程序设计,张振环等人基于双数字信号处理(DSP)+FPGA 架构开发了并行互联可重构系统,完成了数字图像的高效传输。由于图像处理系统在高实时性、小体积、大计算量等方面的显著优势,高菲等人通过将 DSP 作为主处理器及 FPGA 作为辅助器为架构,开发了异构图像处理系统,通过将算法进行划分并分别交给 DSP 和 FPGA 处理,有效地满足了系统的功能需求。

针对深度学习平台资源丰富和灵活性强等需求,周松江等人基于 CPU 与多 FPGA 架构设计了深度学习异构平台,其中 CPU 用于数据流传输控制,FPGA 用于实现深度学习算法的核心计算,在功耗增加 60% 的情况下实现了 15 倍的加速效果。李吉昌采用 CPU+FPGA 异构系统对图像处理中的分片双边滤波算法和导向滤波算法进行了异构加速,其内核程序设计通过借助开放运算语言(Open Computing Language, OpenCL)完成,该异构系统在单位功耗下的速度约为 CPU 的 9 倍,GPU 的 1.8 倍,加速效果显著。黄兴贵等人针对计算密集的波动方程差分算法,采用 CPUs+GPUs 异构计算架构对其实现高性能计算,性能提升为 CPUs 的约 1.6 倍,纯 GPUs 的约 1.3 倍。为提升稀疏矩阵向量乘的计算效率,谈兆年通过结合 CPU 通用计算和 GPU 并行计算的优势,基于 CPU＋GPU 架构开发的异构系统相比于 GPU 实现了约 70％的加速效果。

当前,全球超级计算机排行榜的前十名中有七名采用了异构架构,可见异构架构在超算系统构建层面被广泛接受,且成为构建顶级超算系统的大势所趋。PHM 平台通常采用 CPU 或微控制器等计算架构实现故障诊断、寿命预测和健康管理等功能,目前大多数软件形式不能满足系统的实时性和 PHM 复杂算法应用的需求,这就导致 PHM 系统的作用得不到充分发挥。因此,对 PHM 开发平台的计算架构进行分析与设计才能满足 PHM 系统实际的应用场景。

1.2.3.2 模型化研究现状

2015 年政府工作报告中首次提出"坚持创新驱动、智能转型、强化基础、绿色发展,加快从制造大国转向制造强国",基于模型的系统工程(MBSE)是新一轮工业革命的关键技术之一,2014 年以来,中国航空工业集团有限公司(简称中航工业)、中国商用飞机有限责任公司(简称中国商飞)等企业开始体系化推进 MBSE"通过导入 MBSE 方法论,促进航空产品开发模式转型升级"。2016 年,中航工业明确提出了"在飞行器、发动机和系统领域全面推广基于模型的系统工程理论、方法、知识体系和信息化平台建设,建立以 V 形模型和系统工程流程集为指导的产品开发体系。"以波音 B787 和 F－35 为代表的大型飞机项目具有高度复杂性和高风险,即使过程中严格遵循系统工程(Systems Engineering,SE)进行管理,却仍然频繁出现交付延迟和成本超支等问题,由此引发了业界的深刻反思。由于研制过程基于文档的原因,加之直到系统数字仿真和模拟实验时才进行综合测试,所以导致信息孤岛、系统不可测试、开发效率不高等问题。

目前,鲜有结合飞机的设计过程讨论基于 MBSE 的飞控系统 PHM 设计等问题,而结合飞机的设计研发过程开展基于 MBSE 的飞机系统设计,正是飞机研发正向设计应走的途径。因此,针对飞机装备,关注复杂的飞控系统 PHM,探索基于 MBSE 的飞控系统 PHM 设计和仿真方案,采用 MBSE 方法进行飞控系统 PHM 设计,实现了 MBSE 落地,不仅成功实践了 MBSE 方法和流程,而且找到了从系统需求模型到飞控系统 PHM 软件设计模型的转换途径,基于自主飞控系统 PHM 实现了 MBSE 到 ESW(嵌入式软件开发)的无缝集成,对系统设计进行仿真验证。航空航天领域的项目以系统大、安全性要求高、研究周期长著称,为了实现这些项目的设计和统一管理,该领域引入了MBSE 方法,以解决传统基于文本设计的子系统独立、数据难以跟踪、需求难以更改等缺点。基于模型的系统工程是通过形式化的建模手段,从概念设计阶段就能够支持系统需求、设计、分析、验证和确认等活动,并持续贯穿整个开发过程和后续的生命周期阶段。

随着 MBSE 在国外的迅速发展,国内的研究也是一个热门的发展趋势。为了跟上系统工程方法的发展趋势,有必要对 MBSE 方法实施进一步的研究,以飞控系统 PHM 为对象,将 MBSE 在航空关键系统进行研究并推广。

1.2.3.3　可视化研究现状

随着飞控系统智能化水平的提高,各子系统之间功能结构耦合更为紧密,故障传播影响机理复杂,当出现故障时,需要专业的维修人员通过故障表征现象结合深入的理论知识进行分析、排故。当前,缺乏有效的快速诊断和智能推理方法,导致军用飞机维护成本高、效率低。因此,深化飞机故障研究,提高故障分析、故障诊断及维修决策效率,对发挥装备作用具有重要意义。此外,随着新型作战平台的不断使用,有关装备的使用、管理、维修、退役、报废等方面的知识也越来越多。同时,如何科学配置装备维护管理过程中的维修工艺,优化知识流通渠道,促进知识效益提高,对于促进装备战斗力的生成尤为重要和紧迫。通过对知识的正确管理,可以保证知识被需求方在所要求的地点和时间获得,保证知识在组织内部或组织之间及时、快速地扩散,从而实现知识的增值。

多模式飞控系统 PHM 知识图谱是许多计算系统的重要组成部分,在搜索、结构化数据管理、推荐、问答和信息检索中都有应用。然而,知识库经常遭受不完整、噪声以及不确定性下的低效推理的困扰。为了解决这些问题,学习关系知识表示一直是积极研究的关注点。这些方法表示关系三元组,由主题实体、关系和对象实体组成,通过从观察中学习每个实体和关系的固定、低维表示,编码不确定性并准确、有效地推断缺失的事实。主题和对象实体来自知识库中出现的一组固定的、可枚举的实体。

飞控系统 PHM 技术正迎合了面向飞控系统维修技术体系的安全保障需求,以其强大的理解和解释优势,为飞控系统维修技术体系提供了一种新的解决方案。此外,飞控系统维修已经搭建了大数据服务平台,为飞控系统维修决策应用提供了重要的基础。目前,已有学者对飞控系统维修安全知识图谱进行了初步的探索和尝试。通过连接独立实体,弥补了传统方法难以分析和挖掘复杂多模态数据的缺陷,但缺乏对关键部件维修故障之间的强逻辑关联分析。为了进一步挖掘安全大数据的隐藏价值,针对飞机安全与内外部现场故障数据之间的强逻辑关系,引入事件图的技术手段,将知识图与事件图进行整合,提出了基于知识图谱的飞机关键部件维修工艺方案建设。以复杂的故障数据和事件图谱为技术基础,从安全事件出发解读海量的飞控系统维修数据,运用自然语言处理技术,提供事件发现、事件分析和事件分类等能力。

目前,有大量关于使用低维表示对知识库进行建模的文献,不同之处在于用于对三元组进行评分的算子,特别是使用矩阵和张量乘法、欧几里得距离或点积作为评分函数。然而,所有这些方法的对象都是一组固定的实体,即只嵌入实体之间的结构化链接。许多方法利用额外类型的信息作为实体的观察特征,通过合并、连接或平均实体及其特征来计算其嵌入,例如文本、图像,以及文本和图像的组合。通过将没有注释的原始文本视为额外特征并使用矩阵分解联合嵌入知识库和文本关系来解决多语言关系提取任务以获得通用模式。除了将额外信息视为特征之外,利用图嵌入方法在编码时考虑观察到的属性以实现更准确的嵌入。

但是,在飞机飞控系统维修领域,知识图谱的研究工作相对欠缺,缺乏相关的数据集。此外,还建设了飞控系统维护大数据服务平台和飞控系统维护与安全大数据服务平台。在实施行业知识图时,行业大数据渗透率越高,知识图的构建就越容易,为飞控系统维护可视化应用提供了重要的基础。为此,本书从飞控系统伺服作动器等关键部件入手,以优化技术资料管理方式、补充部件故障研究为手段,对操作人员经验依赖性强、流量配磨等工艺点控制要求精细、技术状态多、版本难以控制等问题重点研究,以夯实故障定位效能,提升装备可靠性,以提高数据挖掘和管理能力为目的,构建基于知识图谱的飞控系统PHM可视化平台。相关维修部门也可依据本项目所建立的知识库,对关键部件故障种类、故障频次等要素进行分析,解决维护保障难题,形成可复用推广的飞控系统 PHM 可视化能力。

综上所述,维护智能化要求飞控系统 PHM 具备处理多源异构数据的能力。地勤维护一线多以文本、图片等形式记录故障现象和排故经验,历史数据和知识的存储还以传统数据库为基础,形成了多个无关联的数据孤岛,加大了数据及知识的冗余性,难以进行故障现象、故障案例和故障机理之间的深入研究。多模态的数据成为分析装备的运行特点,将进一步提升我军装备的维修效率。因此,PHM 系统必须具备处理多模态数据和将其加工提炼为维护知识的能力。借助人工智能技术，利用数据驱动的方法，充分利用海量数据，获取状态特征参数或退化趋势；针对机载系统海量数据的研究需求，构建具备海量数据管理和分析处理能力的 PHM 知识图谱数字化管理平台，为机载系统海量数据的挖掘分析、维修决策、异常检测，以及机载系统的设计优化、可靠性提升、知识提取、故障诊断和预测模型构建等提供支撑，实现视情维修亟需解决的工程问题。

1.3　飞控系统 PHM 研究思路和解决方案

飞控系统可实现飞机的滚转、俯仰、偏航控制，提供满意的操稳品质。飞控系统包含正常工作模式、降级工作模式、模拟备份工作模式和机械备份工作模式等四种工作模式。本书以某型飞控系统为对象，研究舵回路、稳定回路、控制回路子系统（体系结构对象构件包含在三个回路当中）的 PHM 架构及故障模式、故障特征提取方法、故障预测方法以及健康状态量化评估方法等 PHM 技术。

飞控系统 PHM 体系结构是飞控系统 PHM 系统设计及功能实现的依据和标准，其通用性和工程化是制约 PHM 技术发展的核心问题之一。目前，我国已经在 PHM 方面进行了初步的尝试。但是，如何解决飞控系统的健康管理设计的需求，以及快速实现 PHM 技术在不同复杂系统上的应用是当前面临的难题。因此，本书基于开放系统体系结构（OSA）-基于状态的维修（CBM）体系结构，打破信息流之间的约束，提出了一种数据维度、功能维度、结构维度相融合的 PHM 设计方法，如图 1.2 所示。通过 PHM 故障数据规范化、知识关联可视化、智能推理模型化、运行处理实时化，提供一体化 PHM 解决方案，为最终实现分布式智能系统的健康管理提供科学依据和技术支撑。

1. 数据维度是基础

数据维度面向数据流对飞控系统的状态参量进行分析，是功能维度与结构维度的实现途径，功能维度与结构维度最终必然要分解落地到数据维度，通过数据维度的数据分析、特征提取、数据挖掘等方法，得到对于系统健康管理的诊断结果。

2. 功能维度是支撑

功能维度是面向飞控系统处理流程的方法性架构，对于结构维度而言，不论是组件级、综合区域级,还是子系统级,都要依靠功能维度的方法对监测部件展开流程化处理。通过标准化的处理模式,对系统结构维度的任一组成才能得到标准化结论。

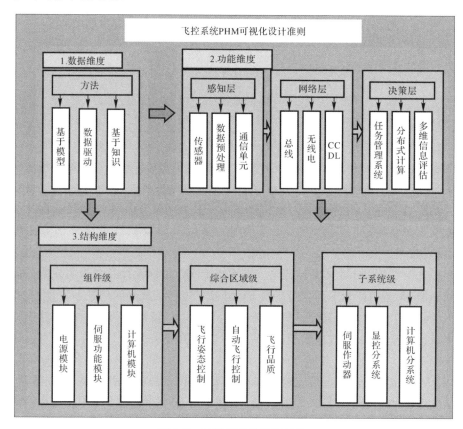

图 1.2　三维度设计准则结构

3.结构维度是数据维度与功能维度的实例化应用

结构维度针对的对象是飞控系统实际的分层和结构,其基本思想是将复杂系统分层化、简单化,通过研究分解后的简单系统及其相互交互模式来分析整个系统。对于每一个分解单元,其研究方法按照体系架构维度信息物理系统(CPS)的流程,结合数据维度的数据处理方法,得到监测对象的诊断结果。三维度设计准则层次关系示意图如图 1.3 所示。

飞控系统 PHM 三维度(数据维度、功能维度、结构维度)互相支撑、优化迭代,其关系如图 1.4 所示。

图 1.3 三维度设计准则层次关系示意图

图 1.4 三维多相设计准则

1.3.1 总体研究思路

面向飞控系统 PHM 工程化设计具体应用:重点攻克面向多源异构数据的知识图谱构建技术、故障信息多尺度关系提取,建立了基于递归矩阵向量空间的语义关系提取方法,提高了数据的置信度;建立了基于 LSTM 的跨句子 n 元关系提取的通用框架,提升了故障数据的关联性;建立了一个基于结构化感知器和不精确搜索的 ACE 事件提取联合框架,提升了全局特征提取能力。

在研究飞控系统故障知识图谱的基础上,本书提出了一种知识图谱嵌入的半监督实体对齐方法,设计了一种基于知识库中嵌入学习和推理的规则提取模型,提出了一个多关系学习的通用框架,建立了一个多关系学习的通用框架,通过端到端可微规则挖掘模型优化,解决了飞控系统故障诊断推理难题。

针对飞机机载 PHM 在线预测实时化需求,提出了一种采用 DPU 硬件加速的方案,从总线功能加速、存储功能加速两个维度进行分析,建立了基于 FPGA 的 LSTM 网络硬件加速模型;面向飞控系统服役环境的时空多尺度需求,建立了融合失效物理与数据驱动的寿命预测方法。

面向飞控系统 PHM 实时化、模型化、可视化的客观需求、本书提出了一种多模态知识库嵌入(MKBE)方法,通过引入一种新的多模态插补模型,建立了多源异构验证数据库;设计了基于知识图谱的飞控系统故障预测方案,并将其扩展到多模式设置的 MKBE,即使用所有不同的信息对知识库(KB)进行建模,以预测缺失的链接并估算缺失的属性(见图 1.5)。本书的研究成果可为非理想数据条件下系统级装备健康管理的设计提供技术、理论支撑,功能验证平台与工程化技术途径指导,具有重大的军事经济研究价值。

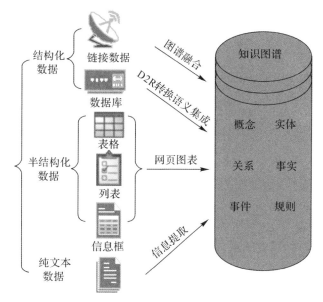

图 1.5 多模态知识库嵌入知识图谱

D2R—数据库数据转换为语义数据

针对飞机机载 PHM 系统工程化成熟度低、开发平台匮乏、缺少设计与验证的有效手段等不足,本书构建了基于 MBSE 的飞控系统 PHM 开发平台,面向多源异构数据的关系构建和以及 PHM 模型化设计等关键技术,建立智能化、通用化、信息化的飞控系统健康管理设计开发与验证平台,并以飞控系统为例进行验证。为飞控系统健康管理系统设计与实现提供模型库、算法库、知识库与技术途径,如图 1.6 所示。基于正向设计,能及时发现飞控系统 PHM 架构设计中的故障隐患,提高飞控系统的可靠性。

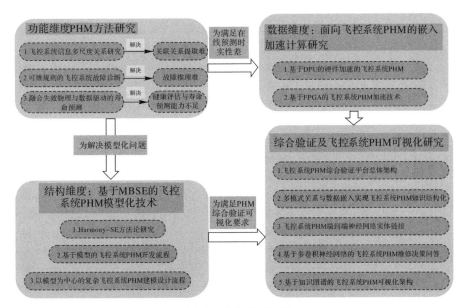

图 1.6　总体研究思路

1.3.2　飞控系统 PHM 研究方案

　　分析飞控系统机械和电子设备的故障机理,即引起故障的物理、化学过程:一方面研究在摩擦、疲劳、应力冲击、振动、温度、湿气、盐雾、氧化等外因作用下,表现为裂纹、断裂、磨损、间隙超标、腐蚀、变形等机械设备的主要故障模式;另一方面研究表现为无输出、断电、输出超标、不显示等电子设备的故障模式及其诱发因素。采用扩展式故障模式影响及危害分析(argument Failure Mode Effect and Critical Analysis,aFMECA)手段,对 PHM 所辖飞控系统部件进行典型故障分析,确立各个环节的映射关系,满足 PHM 系统进行故障分析时从"系统级"进入"单元级"的设计思想,得出扩展式故障模式影响及危害分析结果。飞控系统各个模态的功能如图 1.7 所示。某型飞控系统的故障模式有 368 种,本书选取关键子系统伺服作动器进行故障模式分析。

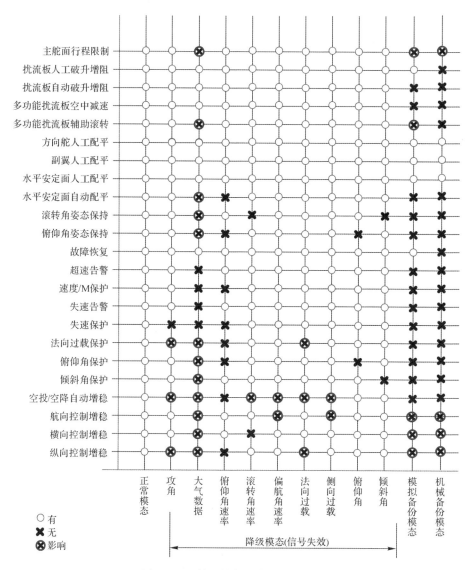

图 1.7　飞控系统各工作模态功能图

　　以某型飞控系统为实验对象,利用石家庄海山公司现有 PHM 试验设备和自研的传感器节点构建传感器网络子系统。完成某型 PHM 系统原型试验平台的构建,获得系统各种故障随时间曲线发生的概率模型、各种故障状态的逻辑转移概率模型、故障逻辑由不同路径转移至某亚健康状态的模型、联合故障转移下的亚健康状态模型等。传感器网络由 30 个感知某型飞控系统[包括飞控计算机、伺服放大器、伺服作动器/舵机(升降、副翼、方向舵机)、配平放大器、配平舵机、力传感器]数据的 5 类网络节点,分别感受压力、转速、振动、温度、电压、电流,按照本项目设计的覆盖与连通模型和节点定位机制建立拓扑结构。以 1 个 Sink 节点的 RS－232C/USB 接口接入测试计算机,每个节点采用本项目设计的网络通信与传输协议和数据聚集算法。

考虑数据需求与处理及故障诊断的快速性,传感器采样周期设置为 300 ms,采样值大小为 16 bits,传感器节点之间通信数据率可设置为 3 kb/s,传感器节点与 Sink 通信数据率可设置为 100 kb/s,如此设置可以保证监测系统的数据需求量和传输实时性。在测试计算机上通过串口调试工具和抓包软件 sniffer2.0 获取监控数据包,统计数据差错率、能量消耗、时间延迟,并分析传感器网络的可靠性和稳定性。本子系统采用硬件平台和工程调试软件相结合的实验手段完成子系统联调和性能测试与完善。

以浏览器/服务器(B/S 模式构建网络互联子系统,使 Sink 节点实现嵌入式 Web 服务器功能,将本书设计的嵌入式传输控制协议/因物网互联协议/(TCP/IP)协议 uLwIP 2.0 嵌入 Sink 节点,通过客户端浏览器(或专用监控界面)实时观测监测数据,并进行数据刷新和反馈指令控制的调试。网络互联子系统软件平台的构建首先以计算机仿真实验为主进行协议设计和系统运行调试,在传感器网络构建测试完毕后,通过 RJ45 接口与其联接进行实物平台测试,并根据实际暴露的问题改进不足之处,这样可有效缩短研制周期。

以高配置的数据库服务器和安装 PHM 系统软件的本地和异地计算机组组成 PHM 子系统,采用成熟的分布式客户端/服务器(C/S)结构,PHM 系统软件主要包括故障特征提取、故障评估和健康预测 3 部分。通过交互界面,既实现某型飞控系统的健康状态评估和预测,授权的客户端又可以实现短时间延迟的决策、修复和支援。PHM 子系统采用某型飞控系统地面试验转台和计算机仿真试验相结合的方式完成故障模式、故障特征提取和健康评估软件的测试与完善。

将 3 个功能与组成完善的子系统通过无线和有线标准接口交联,进行 PHM 整体系统调试,并解决出现的具体问题,完善系统设计中存在的缺陷。图 1.8 展示了飞控系统 PHM 研究方案图。

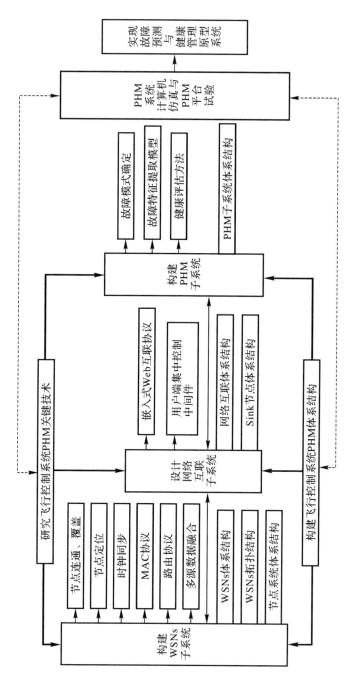

图1.8 飞控系统PHM研究方案图

1.3.3 飞控系统典型部件的 PHM 研究

在飞控系统的各类部附件中,伺服作动器(ISA)是飞控系统的重要执行部件,对飞机的飞行姿态、运动轨迹及飞行安全起决定性作用,因其是机-电-液混合系统,其控制系统由于组成复杂、对数字计算机和模拟备份计算机的指令进行跟随,所面临的工况多变,所处的工作环境恶劣,模型在线监控、以往的 ISA 故障诊断主要依靠机内自检测(BIT)来完成,自动切除故障及机内自检测,其伺服控制系统出现故障的概率较大。内、外场故障率在飞控部附件中高居不下,此类 BIT 检测的虚警率较高,且多数偶发故障难以复现,给飞控系统 PHM 业务开展提出新的挑战。因此,对其进行状态监控和故障诊断是保障飞行安全的重要手段。

为保障航空装备使用安全、减少偶发故障、提高维护效能,需要设计更为科学的飞控系统 PHM,利用 PHM 对伺服作动器进行 RUL 预测,集合内、外场使用情况,故障分析报告,研发、制造、维修全链条数据可更加高效地对伺服作动器当下和未来进行健康状态评估,基于基于状态的维修(CBM)理念制定维修计划。对伺服作动器建立成员级的 PHM 子系统,其关键要素为进行产品故障预测与健康管理。

1.3.3.1 伺服作动器故障模式分析

伺服作动器的内、外场故障情况繁杂,难以对所有故障种类都进行穷尽。因此,应重点针对故障发生频率较高或严酷度高的故障模式进行诊断研究。首先开展飞控系统伺服作动器故障模式分析及危害性研究,然后捋清 11 种待研判的典型故障模式(见表 1.1)。筛选出 11 类典型故障模式监测数据,包括伺服阀阀偏、零偏电流异常、余度一致性异常、主控阀(MCV)线位移传感器、跟踪精度超差、主控阀零偏超差、作动筒零偏超差、电气 4 余度液压故障检测器(FD)1 虚警、FD2 虚警、系统液压 I 异常、系统液压 II 异常。

表 1.1 11 种伺服作动器典型故障模式

典型故障模式	故障数据组数	置信度/(%)	准确度/(%)
伺服阀阀偏	120	80	
零偏电流异常	120	100	
余度一致性异常	120	80	

续表

典型故障模式	故障数据组数	置信度/（%）	准确度/（%）
MCV 线位移传感器异常	120	100	
跟踪精度超差	120	80	89
主控阀零偏超差	120	80	
作动筒零偏超差	120	80	
FD1 虚警	120	80	
FD2 虚警	120	70	
系统液压 I 异常	120	90	
系统液压 II 异常	120	90	

　　针对伺服作动器故障诊断需求,梳理故障数据模式,将伺服作动器故障分为通道故障、故障检测器故障、非通道故障和液压系统异常四类。

　　基于交叉链路传输,各个通道采取逻辑表决的方式判断故障通道,在主/备工作方式,处于备份状态的作动器作动筒两腔旁通;处于工作状态的作动器(含伺服电子)故障后作动筒两腔旁通,由备份作动器接替控制;在主/主方式,两通道同时工作,若某一作动器通道故障,则故障通道作动筒两腔旁通;非通道故障是采取实时监控与实际运行模式对比获得,并通过诊断系统对残差进行处理来实现伺服作动器故障隔离;通过 MCV 线位移传感器和主控阀位移传感器信号来判定系统液压故障;故障检测器的判定则根据伺服作动器健康状态进行分析。两路液压源均失压后,作动器自动转入大阻尼旁通模式。在主/备工作方式下,备份系统故障后,作动器自动转入机械操纵模式;在主/主方式下,两通道均故障后,作动器自动转入机械操纵模式。伺服作动器故障模式流程图如图 1.9 所示。

　　针对 11 种典型诊断模式进行故障注入,形成 120 组故障数据开展诊断模式分析,故障诊断结果见表 1.2,由表 1.1、表 1.2 分析可知,故障诊断结果具有较高置信度和准确率,进一步验证该伺服作动器诊断方案有效。

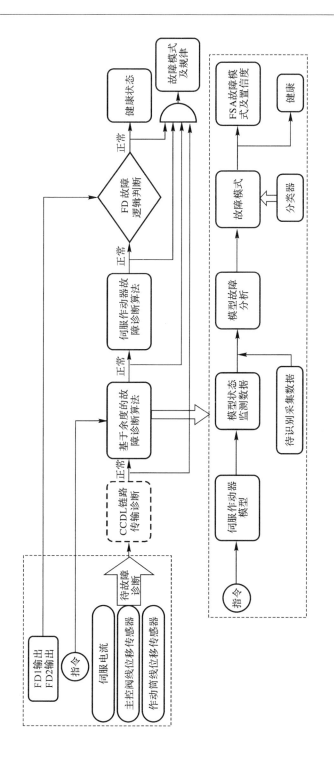

图 1.9 伺服作动器故障诊断流程图

CCDL—交叉通道数据链；FSA—功能安全评估

表 1.2   故障诊断方法诊断结果

典型故障模式	故障类型
伺服阀阀偏	通道故障
零偏电流异常	非通道故障
余度一致性异常	通道故障
MCV 线位移传感器	通道故障
跟踪精度超差	非通道故障
主控阀零偏超差	非通道故障
作动筒零偏超差	非通道故障
FD1 虚警	故障检测器故障
FD2 虚警	故障检测器故障
系统液压 I 异常	液压系统异常
系统液压 II 异常	液压系统异常

1.3.3.2   伺服作动器剩余寿命预测(RUL)

伺服作动器的性能参数会因使用时间的累积而产生退化,对于 ISA 的 RUL 预测,最重要的性能参数是零偏电流,零偏电流表征为 ISA 在伺服阀通电初始状态液压流量为 0 时的电流。只有一维数据可能无法达到满意的预测。为了解决这个问题,本书提出了一种基于改进 LSTM 和 Wiener 过程的混合方法。如果目标可以用维纳过程描述,它的物理特性可以给 RUL 预测结果带来积极的影响。本书提供了一种飞机伺服作动器剩余使用寿命预测方法,利用 LSTM 算法的优势,可以从飞机伺服作动器的原始传感数据中自动提取深度特征参数,并基于非线性 Wiener 过程的性能退化特征建模的退化数据(即零偏电流),摒除传统数据驱动模型的周围环境和训练数据依赖性的影响,对飞机伺服作动器做出较为准确的剩余寿命预测。

为实现上述目的,本书提供如下伺服作动器剩余寿命预测思路(详见 4.3 节)。

步骤Ⅰ　数据预处理：①通过专家公式对原始零偏电流数据进行修正，以减轻环境温度的影响；②对零偏电流进行归一化处理。

步骤Ⅱ　维纳过程建模：①根据归一化后的零偏电流数据，利用分步估计法建立非线性 Wiener 过程参数估计模型；②利用具有零偏电流的物理退化特性模型生成飞机 ISA 的多维退化数据。

步骤Ⅲ　模型训练样本生成：将预处理后的零偏电流数据和维纳过程建模生成的数据作为 LSTM 的输入来更改 RUL 预测结果。

步骤Ⅳ　基于 LMS 的参数优化算法：根据最小均方误差（LMS）准则，以 LSTM 网络训练误差最小为目标，采用随机梯度下降法来对相关参数进行优化，从而达到预测误差最小。

伺服作动器的 RUL 流程图如图 1.10 所示。为顺利开展预测研究，采集了某型号产品前 1 500 h 正常工作的数据，所获得的数据包含 13 项数据：最大输出力（N）、最大工作行程（mm）、极限行程（mm）、最大速度（mm/s）、中位长度（mm）、零位电压（mV）、最低接通电压（V）、断开电压（V）、不灵敏电流（mA）、零偏电流（mA）、最小启动力（N）、反传力（N）、电传模态下内漏（L/min），每项数据共 1 500 个采样点。

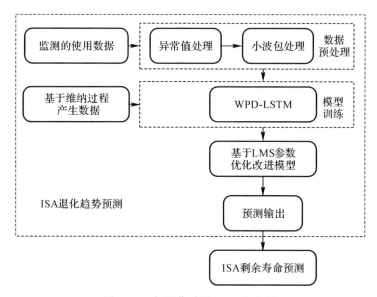

图 1.10　伺服作动器 RUL 流程图

WPD—小波包分解

1.4 主要内容及章节安排

针对目前飞机运维单位外场故障经验(故障案例)利用难、故障数据特征提取难等问题,利用对飞机飞控系统 PHM 理论的研究和工程实践,本书通过递归矩阵向量空间的语义关系提取方法,结合 LSTM 图的跨句多元关系提取,借助事件提取联合框架进行飞控系统故障信息多尺度关系提取研究;以基于可微规则的飞控系统故障诊断推理研究为基础,融合失效物理与数据驱动的寿命预测方法,针对 PHM 工程应用实时化需求,利用基于 FPGA 的 LSTM 网络硬件加速,采用基于 MBSE 的方法实现飞控系统的 PHM 设计开发模型化;针对 PHM 展示困难进行知识图谱可视化研究,以保障整个系统在使用寿命期间的持续安全,最后设计并开发基于知识图谱可视化 PHM 的飞控系统 PHM 综合验证平台。

第 1 章 绪论。①论述飞控系统 PHM 研究的背景与意义。②从故障信息多源提取现状、剩余寿命预测现状和 PHM 工程化应用现状进行分析。通过 MBSE 结构化、模型化的系统需求和功能与架构的定义,分别阐述现有 MBSE 和知识图谱推荐的研究进展,总结飞控系统 PHM 研究思路和解决方案。③捋顺本书的研究方向,给出本书的总体研究内容和章节安排。

第 2 章 飞控系统故障信息多尺度关系提取研究。①针对飞控系统故障信息多尺度关系提取问题,对飞控系统 PHM 架构进行分析,重点研究飞控系统典型部件的 PHM 应用。然后建立基于递归矩阵向量空间的语义关系提取方法,使用有效的图卷积操作对输入句子的依赖结构进行编码,再提取以实体为中心的表示进行稳健的关系预测,同时应用一种新的以路径为中心的修剪技术来重新从树中移动不相关的信息,最大限度地保留相关内容。②建立了基于 LSTM 的跨句子 n 元关系提取的通用框架。通过采用图形算法,使该通用框架包含基于 LSTM 链或树的先验方法,并可以结合一组丰富的语言分析来帮助关系提取。关系分类将从整个文本中学习到的实体表示作为输入,并且可以很容易地扩展到任意关系数 n。③提出一个基于结构化感知器和不精确搜索的(ACE)事件提取联合框架。

第 3 章 基于可微规则的飞控系统故障诊断推理研究。本章对航空修理领域飞控系统知识的推理方法开展研究。①提出一种具有程度感知的知识图谱嵌入的半监督方法来完成实体对齐,设计一个基于循环一致性的性能损失,以利用未对齐的实体来增强对齐能力。②系统地评估提出的基于嵌入的规则提取的方法,并将其与伺服作动器故障样本(ISAMR)上的规则提取任务中最先进的规则挖掘方法进行比较。③提出一个多关系学习的通用框架,它对过去开发的大多数多关系嵌入模型进行统一,并在该框架下对规范链接预测任务的实体表示和关系表示的不同选择进行经验评估。

第 4 章　融合失效物理与数据驱动的寿命预测方法。①针对飞控系统电动舵机性能退化过程呈现的多阶段、非线性的特点对建模鲁棒性造成的困难,结合维纳过程与长短周期记忆网络对电动舵机进行寿命预测,利用 Wiener 过程生成数据与修正数据训练 LSTM 模型,建立强鲁棒性寿命预测模型,实现飞控电动舵机的 RUL 预测。②基于失效物理的方法通过建立描述设备退化机理的失效物理方程,结合设备相关环境参数、特定设备的经验知识使寿命预测模型具有更强的科学性与可解释性。因此,本书提出一种基于失效物理与数据驱动融合的电动舵机在线退化建模与寿命预测方法。③通过开关卡尔曼滤波器(Switching Kalman Filter,SKF)对电动舵机退化阶段进行在线识别,在快速退化阶段,建立一种融合失效物理与数据驱动的退化模型,然后基于无迹卡尔曼滤波器(Unscented Kalman Filter,UKF)对该模型进行连续的参数更新,并使用更新后的模型对失效寿命进行预测。

第 5 章　面向飞控系统的嵌入式加速计算研究。①为提高 PHM 系统数据处理的实时性,提出采用 DPU 硬件加速的方法,分别从总线功能加速、存储功能加速两个方面对系统进行分析,建立硬件加速的基本架构。②针对飞控系统 PHM 系统的需求,建立基于 FPGA 的 LSTM 网络硬件加速模型,提出基于数据的 Delta 稀疏网络模型,实现模型的压缩,并提出基于组平衡的 CSB 存储模型,进一步减小模型的存储空间,实现硬件读取的加速。

第 6 章　基于 MBSE 的飞控系统 PHM 模型化设计。①主要在 MBSE 框架下研究飞控系统 PHM 集成的建模与分析验证技术,嵌入预测算法模型,构建 PHM 综合集成的建模与分析论证理论,作为系统工程各阶段、各利益相关方通用一致的可行性解决思路,并以此为基础构建综合集成的建模与分析论证平台。②基于 MBSE 的 PHM 设计流程,以某型飞控系统为例进行设计验证,构建的模型驱动视角下的飞控系统 PHM 设计及验证框图。

第 7 章　飞控系统 PHM 综合评估验证平台设计与实现。①提出飞控系统 PHM 综合验证平台总体架构,建立"平台＋应用"的平台构建模式。②通过优化技术资料管理方式,补充部件故障研究手段,构建基于知识图谱的飞控系统故障预测方案,得到飞控系统维修领域知识图谱。③为解决抽取出来的飞控系统维修领域知识图谱完整度较低且具有较大稀疏度等问题,以飞控系统为例,提出多模态知识库嵌入,使用不同的神经编码器知识推理算法来补全观察到的数据,并与现有的关系模型结合起来学习实体和多模态数据的嵌入。④使用该嵌入和不同的神经解码器,引入一种新的多模态插补模型,可以从知识库中的信息生成缺失的多模态值,完成对各项数据的研究。⑤以故障超前预测和飞控系统的整体健康管理为目标,集成各种非结构化多源异构数据,包括内、外场故障数据,机务测试数据,修理记录,研发、制造数据和专项任务数据等,建立飞控系统 PHM 综合验证平台。

第 8 章　总结与展望。总结全文的主要研究内容和取得的研究成果,指出未来的发展方向和需要进一步解决的问题。

第 2 章　飞控系统故障信息多尺度关系提取研究

2.1　引　　言

　　飞控系统故障特征和关系提取是当前飞控系统 PHM 领域的关键技术,利用自然语义分析技术快速审查数千篇故障分析报告并自动提取故障信息,可以为飞控系统 PHM 提供辅助决策,进而为精准航空维修提供重要依据。然而飞控系统实际服役过程中引发的故障往往为多种模式复杂叠加,导致其故障信息提取难度大。

　　为此,本章针对飞控系统故障信息的多尺度关系提取开展研究。首先,建立基于递归矩阵向量空间的语义关系提取方法。通过使用有效的图卷积操作对输入句子的依赖结构进行编码,并基于提取以实体为中心的表示进行稳健的关系预测,同时应用一种新的以路径为中心的修剪技术来重新从树中移动不相关的信息,以最大限度地保留相关内容。其次,建立基于长短记忆网络图(LSTM)的跨句子 n 元关系提取的通用框架,该通用框架包含了基于 LSTM 的先验方法,可结合自然语义分析进行关系提取。通过把从整个文本中学习到的实体表示作为关系分类输入,可以很容易地扩展到任意关系数 n。最后,建立联合结构化感知器和不精确搜索的 ACE 关系提取框架。通过将多尺度关系提取任务定义为结构化预测问题并假设事实相互依赖,该联合框架可大幅提升全局特征提取能力。

2.2　基于递归矩阵向量空间的语义关系提取

　　在飞控系统 PHM 架构研究的基础上,利用飞控系统故障文本,开展面向文本的 PHM 技术研究。对文本中的语义关系进行提取,为基于文本的故障诊断与维修决策提供实体与关系数据。飞控系统故障关系提取的任务是预测实体对之间的语义关系,利用输入句子的依赖解析的模型,或基于依赖的模型,捕获仅从表面形式就模糊不清的长期句法关系。首先建立了基于递归矩阵向量空间的语义关系提取方法,使用有效的图卷积操作对输入句子的依赖结构进行编码,然后提取中心实体,进行稳健的关系预测,同时应用一种新的以路径为中心的修剪技术来重新从树中移动不相关的信息,最大限度地保留相关内容。利用依赖信息的一种常见方法是沿着解析树或实体的最低共同父节点下方的子树执行自下而上或自上而下的计算,就是将解析树缩减为实体之间的最短依赖路径。

2.2.1 递归矩阵向量模型

各种飞控系统故障分析报告或故障信息中,构建多词单元表示的主要方法是形成单个词表示的线性组合。例如,求和或加权平均发生在故障信息重新检索和基于词汇相似度的各种文本相似度函数。当文本的含义是字面意思"各种信号的叠加"时,这些方法可以很好地工作,但当实体充当修改另一个实体含义的运算符时就失败了:"无故障"的含义不能被捕获为每个产品都无故障。

关联性是表征飞控系统各类故障关系和任意长度的句子的组合向量表示的能力,如图 2.1 所示,其中每个成分(一个词或更长的关系)都由一个矩阵向量(MV)表示。向量捕获了该成分的含义,并且该矩阵捕获了它如何修饰与之关联的另一个词的含义。通过根据解析树的句法结构递归关联实体,自下而上计算更长关系的表示。由于该模型使用带有神经网络的 MV 表示作为最终的合并函数,因此引入了一种故障影响程度分析模型,称为矩阵向量递归神经网络(MV - RNN)。由于矩阵乘法是关联的,因此无法捕获不同范围的否定或句法差异。矩阵乘法模型是编码模型的一个特例。

通过使用与实体向量(a, b)相乘的矩阵W和非线性函数g(例如 sigmoid 或 tanh),为超越线性组合提供了一种新的可能性。计算将两个词描述为的父向量

$$p = g\left(W \begin{bmatrix} a \\ b \end{bmatrix}\right) \tag{2.1}$$

并在归一化后递归地应用此函数解析树,以便它可以计算多字序列的向量。MV - RNN 通过式(2.1)为每个故障实体分配一个向量和一个矩阵,同时式(2.1)表征一个非线性组合函数来计算多词序列的向量和矩阵表示,将向

量矩阵表示分配给所有故障实体而不是仅分配给一个特定实体,这有利于性能优化。如果一个词缺少运算符语义,它的矩阵可以是一个单位矩阵。但是,如果一个词主要充当运算符,比如"伺服作动器不工作",它的"不工作"向量可以接近于零,而它的矩阵获得了明确的算子意义,这里放大了修饰词的正负两个方向的意义。本节将描述初始词表示、关联两个词的细节以及多词扩展。接下来是对相关过程的描述。

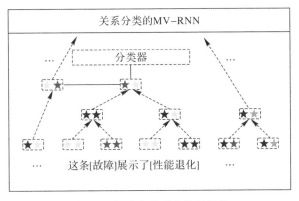

图 2.1　矩阵向量递归神经网络

步骤一:矩阵向量表示。将实体表示为连续向量和参数矩阵。初始化所有实体向量 $\boldsymbol{X} \in \mathbb{R}^n$ 预训练 60 维的无监督模型的实体向量。使用某飞控系统维修基地 2010 年 1 月至 2022 年 12 月的维修记录,模型通过预测每个实体在其上下文中出现的可能性来学习实体向量。与其他基于局部共现的向量空间模型类似,生成的实体向量捕获句法和语义信息。每个实体还与一个矩阵 $\boldsymbol{X}$ 相关联。在所有实验中,将矩阵初始化为 $\boldsymbol{X} = \boldsymbol{I} + \varepsilon$,即恒等式加上少量高斯噪声。如果向量的维数为 n,那么每个实体的矩阵的维数都是 $x \in \mathbb{R}^{n \times n}$。虽然初始化是随机的,但向量和矩阵随后将被修改,以使一系列实体组成一个向量,该向量可以预测语义标签上的分布。此后,将长度为 m 的任何关系或句子表示为向量矩阵对 $((\boldsymbol{a}, \boldsymbol{A}), \cdots, (\boldsymbol{m}, \boldsymbol{M}))$ 的有序列表,其中每对都是基于该位置的实体检索的。

步骤二:两个词的关联模型。首先回顾两个词的组成函数。为了从两个连续实体及其各自的向量 $\boldsymbol{a}$ 和 $\boldsymbol{b}$ 计算父向量 $\boldsymbol{p}$,Mitchell 和 Lapata 给出了最通用的函数 $p = f(\boldsymbol{a}, \boldsymbol{b}, R, K)$,其中 R 是先验已知的句法关系,K 是背景知识。有许多可能的函数 f,对于模型,对 $\boldsymbol{p}$ 有一个约束,即它与每个输入向量具有相同的维度。这样,可以将 $\boldsymbol{p}$ 与其子项进行比较,并且 $\boldsymbol{p}$ 可以作为与另一个实体的关联的输入。

探索不需要任何手动设计的语义资源作为背景知识 K 的方法。不使用关于关系 R 类型的明确知识。相反,希望模型通过学习矩阵隐含地捕捉到这一点。提出与输入相关的关联函数

$$p = f_{A,B}(a,b) = f(Ba, Ab) = g\left(W\begin{bmatrix} Ba \\ Ab \end{bmatrix}\right) \tag{2.2}$$

式中,A,B 是单个实体的全局矩阵,$W \in \mathbb{R}^{n \times 2n}$ 是将两个转换后的实体映射到 n 维空间的矩阵。逐元素函数 g 可能只是恒等函数,但使用非线性函数,例如 sigmoid 或双曲正切 tanh。这种非线性将能够逼近纯线性函数之外的更广泛的函数。在应用 g 之前添加一个偏置项,将两个变换后的向量重写为一个向量 z,得到 $p = g(Wz)$,这是一个单层神经网络。在这个模型中,词矩阵可以捕获特定于每个词的组成效果,而 W 捕获一般的关联函数。

此功能建立在文献中的几个最新模型之上并对其进行概括,介绍并探索了词对的关联函数 $p = Ba + Ab$。设置 $W = [II]$(即两个连接的单位矩阵)和 $g(x) = x$(单位函数)时,这个模型是方程的一个特例。Baroni 和 Zamparelli (2010) 通过 $p = Ab$ 计算了形容词−名词对的父向量,其中 A 是形容词矩阵,b 是名词的向量。这不能捕获修饰其他名词的名词,例如伺服作动器。该模型也是上述模型的特例,$B = 0_{n \times n}$。最后,上述的模型也是 A 和 B 都设置为单位矩阵的特殊情况。本书将在实验中与这些特殊情况进行比较。

步骤三:多个飞控系统故障实体和关系的递归关联。本节描述了如何扩展基于词对矩阵向量的关联模型来学习更长的词序列的向量和矩阵。主要思想是将相同的函数 f 应用于解析树中的成分对。为此,需要将关系或句子的二叉解析树作为输入,并在每个非终结父节点处计算矩阵。函数 f 可以很容易地用于关系向量,因为它是递归兼容的(p 具有与其子项相同的维度)。为了计算非终结关系矩阵,定义了函数

$$P = f_M(A,B) = W_M\begin{bmatrix} A \\ B \end{bmatrix} \tag{2.3}$$

式中,$W_M \in \mathbb{R}^{n \times 2n}$,所以 $P \in \mathbb{R}^{n \times n}$ 为输入矩阵。

在两个词在解析树中形成一个成分之后,可以通过应用相同的函数 f 和 f_M 将该成分与另一个词合并。

步骤四:训练目标函数。基于循环神经网络(RNN)模型的优点之一是树的每个节点都与它相关联的分布式向量表示(父向量 p)也可以看作是描述该关系的特征。通过在每个父节点上添加一个简单的 softmax 分类器来训练这

些表示,以预测故障影响程度或关系类的类分布:$d(\boldsymbol{p}) = \text{soft max}(\boldsymbol{W}^{label}\boldsymbol{p})$。如果有 K 个标签,则 $d \in \mathbb{R}^K$ 是一个 K 维多项式分布。对于以下应用(不包括逻辑),为句子 s 及其树 t 最小化的相应误差函数 $E(s,t,\theta)$ 是所有节点处的交叉熵误差之和。为了与其他相关工作进行比较,需要将计算父向量的变体与该分类器合并。主要区别在于 MV-RNN 具有更大的灵活性,因为它具有输入特定的递归函数 $f_{A,B}$ 来计算每个父级。

步骤五:学习。设 $\theta = (\boldsymbol{W}, \boldsymbol{W_M}, \boldsymbol{W}^{label}, \boldsymbol{L}, \boldsymbol{L_M})$ 为模型参数,$\boldsymbol{\lambda}$ 为所有模型参数的正则化超参数向量。$\boldsymbol{L}$ 和 $\boldsymbol{L_M}$ 是所有实体向量和词矩阵的集合。整体目标函数 J 的梯度变为

$$\frac{\partial J}{\partial \theta} = \frac{1}{N} \sum_{(x,t)} \frac{\partial E(x,t;\theta)}{\partial \theta} + \lambda\theta \qquad (2.4)$$

为了计算这个梯度,首先从下往上计算所有树节点 $(\boldsymbol{p_i}, \boldsymbol{P_i})$,然后从上到下在树中的每个节点处取 soft max 分类器的导数。通过结构的反向传播可以有效地计算导数(Goller 和 Kuchler,1996)。尽管目标不是凸的,发现 L-BFGS 在完整的训练数据上运行(批处理模式)在实践中很好地逼近目标最优解,且收敛平滑。

如果每个词都由一个 n 维向量和一个 $n \times n$ 矩阵表示,那么整个模型的维数可能会变得太大,常用的向量大小为 $n = 100$。为了减少参数的数量,通过以下矩阵变换进行降维:

$$\boldsymbol{A} = \boldsymbol{UV} + \text{diag}(\boldsymbol{a}) \qquad (2.5)$$

式中,$\boldsymbol{U} \in \mathbb{R}^{n \times r}, \boldsymbol{V} \in \mathbb{R}^{r \times n}, \boldsymbol{a} \in \mathbb{R}^n$,本书将所有实验的等级设置为 $r = 3$。

关联向量空间的评估是一项复杂的任务。大多数相关工作将无监督模型的相似性判断与人类判断的相似性判断进行比较,并以高相关性为目标。这些评估可以提供重要的见解。通过让 MV-RNN 在正确的上下文中预测实体来尝试对一般向量矩阵表示进行无监督学习。用这些一般表示初始化模型并没有提高本书考虑的任务的性能。由于局部句法上下文的高度相似性,反义词在无监督学习过程中经常从共现中获得相似的向量。在实验中,预测准确性能来自使用标记数据的监督学习。虽然这些表示是特定于任务的,但它们可以在多任务学习设置中跨任务使用。但是,为了公平地与相关工作进行比较,仅使用每个任务的监督数据。

2.2.2　递归矩阵向量空间的语义关系提取模型

下文通过两个方面验证飞控系统领域分析模型。首先检查其学习副词—

形容词对的运算符语义的能力。如果模型无法正确捕捉副词如何作用于形容词的含义,那么它就几乎没有机会学习更复杂关系的运算符。然后研究分析了 MV‒RNN 是否可以从真值中学习命题逻辑的简单布尔运算符,例如合取或否定。同样,如果模型不具备这种能力,就不能从故障分析报告等真实文本的复杂语言中学习这些频繁发生的现象。

2.2.2.1 副词‒形容词对的影响程度分布预测

本节首先考虑了副词‒形容词对的细粒度故障影响程度分布的预测,并分析了计算父向量的不同可能性。结果表明,MV‒RNN 算子足够强大,可以捕捉各种副词的操作含义。例如,成批次故障是增强词,飞控计算机故障可能性不大是减弱词,不大可以否定或强烈减弱形容词的积极性。

本节使用从石家庄海山实业维修故障分析报告中提取的飞控系统副词‒形容词故障数据集,该数据集提供了故障影响评分的分布:每个连续的词对在评论中出现一定次数,也与它们相关联的总体评分的故障。在按总出现次数归一化后,得到一个评分的多项分布。仅保留出现至少 60 次的词对。在剩余的对中,使用 5 687 个随机抽样的对进行训练,并使用一组单独的 2 985 个进行测试。不给出单个实体的算法故障影响程度分布,并且,虽然单个实体在训练和测试之间重叠,但测试集由从未见过的实体对组成。训练 softmax 分类器以最小化交叉熵误差。因此,根据 KL 散度进行评估是最合理的选择。表 2.1 用于预测测试集看不见的副词‒形容词对的影响程度分布的平均 KL 散度。p 描述见文本。越低越好。KL 散度的主要区别来自测试集中的少数否定对。

表 2.1 平均 KL

方法	平均 KL
Uniform	0.411
Mean train	0.189
$p=\dfrac{1}{2}(a+b)$	0.112
$p=a\otimes b$	0.109
$p=[a;b]$	0.108
$p=Ab$	0.111

续表

方法	平均 KL
循环神经网络	0.099
线性 MVR	0.088
MV - RNN	0.086

每行有相同的副词,每列有相同的形容词。两个模型之间的许多预测是相似的。RNN 和线性 MVR 不能正确地修改影响程度。对于这些示例,线性 MVR 模型的预测几乎与标准 RNN 相同。定义为 $\mathrm{KL}(g \parallel p) = \sum_i g_i \log(g_i / p_i)$,其中 g 是分布,p 是预测分布。比较了 MV - RNN 模型的几个基线和消融。(副词,形容词)对由其向量 (a, b) 和矩阵 (A, B) 描述。$p = 0.5(a + b)$,向量平均;$p = a \otimes b$,逐元素向量乘法;$p = [a; b]$,向量连接;$p = Ab$,向量关联;$p = g(W[a; b])$,RNN;$p = Ab + Ba$,线性 MVR;$p = g(W[Ba; Ab])$,MV - RNN。最终分布始终由 softmax 分类器预测,其输入 p 对于每个模型都不同。

在实体向量的正则化参数、softmax 分类器、RNN 参数 W 和词运算符 $(10^{-4}, 10^{-3})$ 和实体向量大小 $(n = 6, 8, 10, 12, 15, 20)$ 上交叉验证了所有模型。所有模型在向量大小低于 12 时表现最佳。因此,是模型的能力而不是参数的数量挖掘性能。表 2.1 显示了测试集上的平均 KL 散度。它表明所有实体的矩阵向量表示和非线性的想法都很重要。结合这两种思想的 MV - RNN 最能学习各种关联效果。KL 散度的主要区别来自测试集中的少数否定案例。然而,只有 MV - RNN 有足够的表达能力来允许否定完全改变关于形容词的影响程度。带有负面影响程度的否定形容词变得略微正面,而"不排除"则被正确减弱。所有三种方法都正确地捕捉到了令人难以置信的潜在故障。

这对在负光谱和正光谱都达到峰值,因为它是模棱两可的。$p = Ab$ 模型表现不佳,因为它无法模拟这样一个事实:对于像"极有可能"这样的形容词,"需进一步验证"的操作符会表现出不同的行为。

2.2.2.2　命题逻辑的布尔运算符预测

另一个自然的问题是 MV - RNN 通常是否可以捕获一些有时在语言中发现的简单布尔逻辑。换句话说,它是否可以从几个例子中学习一些命题逻辑运算符,通过将句法成分直接映射到 lambda 演算表达式,基于逻辑的语言视图很好地解释了关联性。在实体级别,重点是虚词,名词和形容词通常仅根据它们在故障文本上表示的实体集来定义。

相反,向量空间模型具有吸引人的特性,它们可以在没有监督的情况下自动从飞控系统故障维修记录库中提取知识。与基于逻辑的方法不同,这些模型允许对与人类判断相关的实体的语义相似性做出细粒度的陈述。基于逻辑的方法通常被视为与基于分布向量的方法正交。然而,加勒特等最近在马尔可夫逻辑网络中引入了向量空间模型的关联。一个悬而未决的问题是,基于向量的模型是否可以学习语言中遇到的一些简单逻辑,例如否定或连词。为此,用一个简单的例子说明 MV-RNN 模型及其学习的词矩阵(运算符)具有学习命题逻辑运算符的能力,例如与、或、非。这是在真实数据集中发现这些现象的必要(尽管不是充分)条件以及在后续部分中关注的诸如故障影响程度检测之类的任务。

设置如下:在 8 个严格的右分支树上进行训练。考虑一维情况并将真表示为固定($t=1,T=1$),将假表示为固定($f=0,F=1$),将运算符固定到 1×1 单位矩阵,本质上是忽略它们。然后,目标是创建 (t,T) 或 (f,F)(取决于公式)的完美重建,通过顶部向量的表示和相应的真值之间的最小二乘误差来实现,例如 $for\rightarrow false:\min\|\boldsymbol{p}_{top}-t\|^2+\|\boldsymbol{P}_{top}-T\|^2$。

阈值单位:$g(x)=\max(\min(x,1),0)$。将针对目标函数计算的导数提供给标准 L-BFGS 优化器会很快产生 0 的训练误差。这 8 个示例的输出恰好具有真值表示之一,使其递归兼容与运算符的进一步关联。因此,可以结合这些运算符来构造任意数量的输入(包括异或)的任何命题逻辑函数。因此,这个 MV-RNN 在命题逻辑方面是完整的。

2.2.3　结果分析与讨论

本节分析模型在飞控系统故障记录文本上的表现。在故障分析报告的标准基准数据集上与之前最先进的方法进行比较。该数据集由 35 000 条描述某维修基地飞控系统影响程度的记录组成。表 2.2 显示了与系统的比较,这是一种基于依赖树的分类方法,使用带有隐藏变量的条件随机声(CRF)。Socher 等的最先进的递归自动编码器模型获得了 77.7% 的准确率。新的 MV-RNN 提供了最高的性能,也优于线性 MVR。表 2.3 显示了几个只有 MV-RNN 才能正确分类的困难示例。

表 2.2　全长故障分析报告极性(MR)分类的准确性

方法	准确率/(%)
Tree－CRF(Nakagawa et al,2010)	78.4
RAE(Socher,2011)	76.5
Linear MVR	76.9
MV－RNN	78.0

表 2.3　MV－RNN 预测分析

所有方法的 正面(1)和负面(0)	C.	句子回顾
1	√	EHV 故障多由污染导致内部堵塞引起
0	√	伺服作动器是液压敏感元件,如果机上存在液压不稳等环境因素,就容易引起飞控系统报故,且故障代码多以作动器形式显示,比如 EH1102、EHV(伺服阀故障)、MCVPOS(主控阀位置故障)等单独报故,在外场调试人员仅通过故障代码进行故障定位的情况下,有可能造成作动器的无故障返修
0		FD 故障主要故障部位为 FDII,FDII 早期故障率较高,故障易发生在 100 飞行小时内
0	×	方向舵壳体漏油
0	×	喷嘴或喷嘴与挡板的间隙堵塞

　　没有一种方法能全域正确分类所有的故障案例,之前的任务考虑了整个关系或句子的全局分类。在本书的最后一个实验中,展示了 MV－RNN 还可以学习句法上下文如何构成实体之间语义关系的聚合含义。特别是,任务是找到名词对之间的语义关系。例如,在句子"伺服阀报故引起伺服作动器异常"中,想预测伺服阀和伺服作动器是一个组件－整体的关系。预测这样的语义关系对于信息提取和词库构建应用很有用。许多方法对两个感兴趣的实体之间的路径上的所有实体都使用特征。研究表明,通过对包括这两个术语的最小成分构建单个关联语义,可以实现更高的性能。表 2.4 解释了对名义关系进行分类的方法。首先在解析树中找到要分类关系的两个词之间的路径。

然后选择路径的最高节点,并使用该节点的向量作为特征对关系进行分类。将与故障影响程度中相同类型的 MV - RNN 模型应用于由两个实体生成的子树。本书使用石家庄的数据集和评估框架。有 9 个有序关系(有两个方向)和一个无向的其他类,产生 19 个类。其中的关系是:messagetopic、cause - effect、instrument - agency 如果关系中实体的顺序正确,则将一对视为正确。

本节引入了一个新模型来完整处理词向量空间中的组合性。模型建立在语法上合理的解析树上,并且可以处理组合现象。本书模型的主要新颖之处在于矩阵向量表示与递归神经网络的结合。它可以学习单词的含义向量以及该单词如何修改其邻居(通过其矩阵)。MV - RNN 结合了有吸引力的理论特性和在大型嘈杂数据集上的良好性能,可以学习命题逻辑,准确预测伺服作动器故障状态,还可以用来对句子中名词之间的语义关系进行分类。

表 2.4 MV - RNN 对名词之间有序语义关系的正确分类示例

关系	带有可预测关系的标记名词的句子
因果(e2,e1)	伺服作动器卡滞 e1 是由主控阀 e2 信号异常引起的故障
实体一来源(e1,e2)	零偏电流超过门限 e1,伺服阀异常 e1
消息一主题(e2,e1)	飞机座舱的飞控开关 e1 经常用 红色/蓝色 e2 来提醒空勤人员谨慎操作
部附件一研制单位(e1,e2)	驾驶员操纵杆 e2 是由航空工业 618 所 e1 生产的
实体一故障原因(e1,e2)	伺服作动器漏油事故已将 e1 扩散到飞控系统异常 e2 中
成员一集合(e2,e1)	通电开始工作,位移传感器 e2 采集的信号传入飞控计算机处理器 e1
仪表一代理(e2,e1)	气压高度表 e1 的信号传入飞控计算机的模拟采集器 e2 进行路径识别和高度解算
组件一整体(e2,e1)	伺服阀 e2 的阀偏大小与伺服作动器的工作密切相关
内容-容器(e1,e2)	2 月初,外场地勤人员飞控通电发现了隐藏的多余物 e1,它被藏在一个地面 BIT 的电连接器 e2 表面中,该电连接器在 2413 飞控计算机的机箱上

2.3　基于 LSTM 图的跨句多元关系提取

2.3.1　关系抽取与属性补全分析

单句中实体的二元故障关系提取工作已经应用于飞控系统。传统的基于特征的二元关系提取方法依赖于人工设计的特征进行模型训练,并经常整合不同的证据来源,如实体序列和语法上下文。基于核的方法设计了各种子序列或树内核来捕获结构化信息。最近,基于神经网络的模型通过自动学习强大的特征表示来提高技术水平,将实体嵌入作为输入并生成上下文实体表示,并利用关系分类器进行最终预测。

本节提出了一个基于 LSTM 的跨句子 n 元飞控系统关系提取的通用框架。通过采用图形算法,框架包含了基于 LSTM 链或树的先验方法,并结合一组丰富的语言分析来帮助关系提取。关系分类将从整个文本中学习到的实体表示作为输入,并在飞控系统 PHM 领域进行实验验证。

2.3.2　跨句 n 元关系提取建模

跨句子实体关系、长句子实体关系在飞控系统 PHM 文本数据中广泛存在,跨句 n 元关系提取建模对建模质量具有重要意义。假设 $e_1, \ldots, e_m$ 是文本 T 中提到的实体,关系提取即确定 T 中 $e_1, \ldots, e_m$ 的关系 R 是否成立的分类问题。传统的关系提取方法侧重于二元关系,其中所有实体都出现在同一个句子中(即 $m=2$,T 是一个句子),并且不能处理上述三元关系。此外,随着更复杂的关系和 n 的增加,相关实体完全包含在一个句子中的情况越来越少见。因此,本章将提取推广到跨句 n 元关系,其中 $m'>2$ 和 T 可以包含多个句子。

在标准二元关系设置中,主要方法通常根据所讨论的两个实体之间的最短依赖路径来定义,可以从路径中导出丰富的特征,也可以使用深度神经网络对其进行建模,将这种范式推广到 n 元环境是一项挑战。针对这一问题,本书提出如下方案:首先,识别一个表示整个关系的单个触发器关系,然后将触发器和参数之间的 n 元关系简化为 n 个二元关系。此外,表示这种关系的词汇和句法模式将是稀疏的。为了处理这种稀疏性,传统的基于特征的方法需要大量的工作和大量的数据。针对跨句提取的问题,本章提出了一种基于 LSTM 算法的多元关系提取框架(见图 2.2),通过学习实体和实体的连续表示,可以有效地处理稀疏问题,并且不需要密集的特征工程。

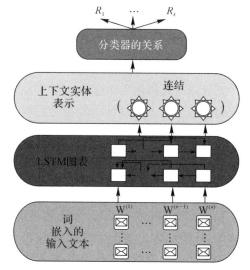

图 2.2 基于 LSTM 图算法跨句的 n 元关系提取架构

LSTM 通过使用一系列阀门(输入、遗忘和输出)来避免在反向传播期间放大或抑制梯度,从而解决这些问题。因此,LSTM 在捕获长距离依赖关系方面更加有效,并已应用于各种 NLP 任务。然而,大多数方法都基于线性链,只对线性上下文进行显式建模,而忽略了各种语言分析,如句法和语篇依赖。本节提出了一个将 LSTM 类推到多元关系的通用框架。LSTM 算法的核心是一个文档图,它捕获了输入实体之间的各种依赖关系,与传统的 LSTM 相比,由于图中的潜在循环,反向传播的直接实现可能需要多次迭代才能达到固定点。输入层是输入文本的实体嵌入,并学习每个实体的上下文表示的 LSTM 图算法。

2.3.2.1 基于 LSTM 图算法的反向传播

基于 LSTM 图算法引入了一个文档图来获取句内和句间的依赖,文档图由表示词的节点和表示各种依赖关系的边组成,如线性上下文(相邻词)、句法依赖关系和话语关系。该文档图作为构建 Graph LSTM 的主干,如果它只包含相邻实体之间的边,将恢复线性链 LSTM。通过将边限制为最短依赖路径或解析树中的边,可以在此框架中捕获其他以前的 LSTM 方法。

线性 LSTM 对于每个实体都有一个隐藏向量,这个向量由神经网络(递归单元)生成,该网络将给定实体的嵌入和前一实体的隐藏向量作为输入。在训练过程中,这些隐藏向量作为末端分类器的输入,并通过整个网络进行梯度反向传播。可将该方法推广到具有循环的图中,为每个步骤创建一个图形副本,作为下一步的输入,通过时间的前馈神经网络计算结果,并相应地进行反向传播。然而,环形反向传播可能会遇到振荡或无法收敛。针对这一问题,本章通过用异步更新(如 LSTM 线性链)替换同步更新(如展开策略中的同步更新),使反向传播更高效。这为排序反向传播更新的各种策略提供了时机。将文档图划分为两个有向非循环图(DAG)。如图 2.3 所示,一个 DAG 包含从左到右的线性链,以及其他前向依赖项,另一个 DAG 涵盖了从右到左的线性链和向后指向的依赖关系,并相应地构造 LSTM。当文档图仅包含线性链边时,Graph LSTM 正好是双向 LSTM(BiLSTM)。文档图(顶部)被划分为两个有向非循环图(底部);Graph LSTMs 由向前通过(从左到右)和向后通过(从右到左)构成。

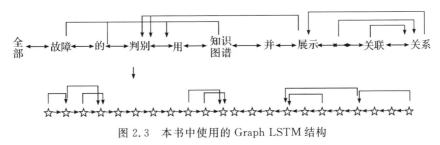

图 2.3　本书中使用的 Graph LSTM 结构

2.3.2.2　基本递归传播单元

标准 LSTM 单元由输入向量(实体嵌入)、存储单元和输出向量(上下文表示)以及几个门组成。输入端和输出端控制流入和流出单元的信息,而忘记门可以选择性地从循环连接中删除信息。在线性链 LSTM 中,由于只传播一个实例,每个单元只包含一个遗忘门。然而,在 Graph LSTM 中,一个单元可能有几个实例,包括通过不同边与同一个实体的连接。因此,为每个实例引入了一个忘记门,类似于 Tai 等针对树 LSTM 采取的方法。

本章编码语言分析过程中,除了实体之外,还引入了许多不同的边缘类型,如句法依赖,并探索了两种基于边缘类型引入更精细粒度参数的方案。

为每种边类型引入一组不同的参数,计算方法如下:

$$i_t = \sigma\left(\boldsymbol{W}_i \boldsymbol{x}_t + \sum_{j \in p(t)} \boldsymbol{U}_i^{m(t,j)} \boldsymbol{h}_j + \boldsymbol{b}_i\right) \tag{2.6}$$

$$O_t = \sigma\left(\boldsymbol{W}_o\boldsymbol{x}_t + \sum_{j \in p(t)} \boldsymbol{U}_o^{m(t,j)}\boldsymbol{h}_j + \boldsymbol{b}_o\right) \tag{2.7}$$

$$c_t = \tanh\left(\boldsymbol{W}_c\boldsymbol{x}_t + \sum_{j \in p(t)} \boldsymbol{U}_c^{m(t,j)}\boldsymbol{h}_j + \boldsymbol{b}_c\right) \tag{2.8}$$

$$f_{tj} = \sigma\left(\boldsymbol{W}_f\boldsymbol{x}_t + \boldsymbol{U}_f^{m(t,j)}\boldsymbol{h}_j + \boldsymbol{b}_f\right) \tag{2.9}$$

$$c_t = i_t \odot c_t + \sum_{j \in p(t)} f_{tj} \odot c_j \tag{2.10}$$

$$h_t = o_t \odot \tanh(c_t) \tag{2.11}$$

式中：$\boldsymbol{x}_t$ 是节点 t 的输入字向量；$\boldsymbol{h}_t$ 是节点 t 隐藏状态向量；$\boldsymbol{W}$ 是输入权重矩阵；$\boldsymbol{b}$ 是偏置向量；σ、$\tanh$ 和 $\odot$ 分别表示 S 形函数、双曲正切函数和 Hadamard 乘积（逐点乘法）。主要区别在于重复项，在 Graph LSTM 中，一个单元可能有多个前置器（$P(t)$），每个前置器（j）有一个遗忘门 f_{tj} 以及一个类型化权重矩阵 $\boldsymbol{U}^{m(t,j)}$，其中 $m(t)$ 表示 t 和 j 之间的连接类型。输入和输出门（it，ot）依赖于所有前置器，而遗忘门（f_{tj}）仅依赖于与该门关联的前置器。ct 和 $\overline{ct}$ 表示存储单元内的中间计算结果，其中考虑了输入门和遗忘门，并将与输出门关联以产生隐藏表示为 h_t。

2.3.2.3 具有子关系的多任务学习

通过学习上下文实体表示，本书的框架可以直接进行多任务学习，唯一的变化是为每个相关的辅助关系添加一个单独的分类器。所有分类器共享相同的 Graph LSTM 表示学习者和实体嵌入，并且可以通过汇集它们的监督信号来潜在地相互帮助。

在飞控系统 PHM 领域，将这一范式应用于三元关系及其二元子关系的联合学习。实验结果表明，这在两项任务中都有显著的提高。将批次大小设为 8、优化方法为随机梯度下降（SGD）、学习率为 0.02，训练周期为 30；以 LSTM 为单位的隐藏向量的维度被设置为 150，边缘类型嵌入的维度被设为 3；其他模型参数用从范围内均匀抽取的随机样本初始化 [-1,1]。在多任务训练中，模型训练在所有任务之间交替进行，每次传递一个任务的所有数据，并相应地更新参数。

截至 2022 年底，从石家庄海山实业基地获得了维修报告、故障分析报告等 10 万余份，使用特定样本数据（SPLAT）进行了词语切分、词性标注和句法分析，并使用 CoreNLP 获得了依赖关系。使用 Literome 中的实体标签来识别故障样本、部位和故障原因。使用飞控系统知识数据库和故障案例知识库进行远程监督。在确定了文本中提到的部附件产品、故障原因和关联关系后，选择具有已知相互作用的共发生三联体作为例子,遵循 Quirk 和 Poon 的规定,将候选词限制在最小范围内出现的候选词。匹配了来自知识库的 59 个不同的故障因素关联关系三联体,获得了 3 462 个三元关系实例作为正实例。对于多任务学习,本章还考虑了故障因素和故障子关系,得出 137 469 个故障因素和 3 192 个故障关联关系实例作为正实例。

2.3.3　结果分析与讨论

2.3.3.1　自动评估

为了比较提出的框架中的各种模型,本章进行了 5 次交叉验证,将正面和负面示例作为样本,结果如表 2.5 所示。

表 2.5　故障原因关联关系三元相互作用的 5 倍交叉验证的平均测试准确度

模型	手动筛选	多因素交互筛选
Feature – Based	69.2	75.2
CNN	75.0	75.6
BiLSTM	72.8	77.6
Graph LSTM – EMBED	74.1	78.7
Graph LSTM – FULL	75.4	78.2

表 2.6 为跨句子三元关系提取的结果。所有基于神经网络的模型都优于基于特征的分类器,说明它们在处理稀疏语言模式时具有优势,而不需要密集的特征工程。所有 LSTM 在跨句子设置中都显著优于 CNN,验证了捕获长距离依赖关系的重要性。尽管 Graph LSTM – FULL 有一个小的优势,但 Graph LSTM 的两个变体表现相当。

表 2.6　故障关联关系二元关系的 5 倍交叉验证中的平均测试准确度

模型	手动筛选	多因素交互筛选
Feature – Based	71.6	72.8
CNN	70.7	72.5
BiLSTM	71.6	73.6
BiLSTM – Shortest – Path	67.9	69.3

续表

模型	手动筛选	多因素交互筛选
Tree LSTM	73.6	73.5
Graph LSTM - EMBED	72	74.1
Graph LSTM - FULL	73.3	74.3

两种图形变量都显著优于 BiLSTMs($p<0.05$),尽管差异很小。分析原因是线性链 LSTM 已经可以捕获语法分析中可用的一些长距离依赖关系,即使没有语法依赖的显式建模,BiLSTM 显著优于基于特征的分类器。并且在飞控系统 PHM 领域,句法分析不太准确。本章还验证了单个句子中实例的准确性,这些实例呈现出一组大致相似的趋势。

本节对故障关联关系对之间的二元关系进行了相同的实验,实验结果见表 2.7。对于单句和跨句实例,Graph LSTM - FULL 准确率最高。最短路径上的 BiLSTM 显著低于 BiLSTM 或 Graph LSTM,在精度上低了 4~5 个百分点。

为了评估具有子关系的联合学习是否有能够改进方法,本节使用 Graph LSTM - FULL 进行了多任务学习,以联合训练提取器,用于三元相互作用和故障关联关系、故障原因子关系进行训练,结果如表 2.7 所示。多任务学习导致三元相互作用和故障关联关系相互作用显著增加,Graph LSTM 相对于 BiLSTM 的优势随着多任务学习而降低,这表明随着更多的监督信号,即使是线性链 LSTM 也可以学习捕获 Graph LSTM 中的解析特征所表明的长期依赖关系。

表 2.7 多任务学习提高了 BiLSTM 和 Graph LSTM 的准确性

模型	手动筛选	多因素交互筛选
BiLSTM	77.8	73.6
＋Multi - task	80.1	75.7
Graph LSTM	78.4	74.3
＋Multi - task	79.7	76.1

表 2.8 为候选的数量和提取的交互。通过两个数据库中仅有 59 个独特的故障原因关联关系 3 到 8 倍,网络学会了提取数量级的更独特的相互作用,

它产生的关系是单句提取的 3～5 倍。同样,本节对故障产品-故障关联关系进行了类似的比较,结果如表 2.9 所示。

表 2.8　故障产品-故障关联关系相互作用的数量

分类规则	手动筛选	多因素交互筛选
Candidates	10,852	57,012
$P \geqslant 0.5$	1,387	4,258
$P \geqslant 0.9$	509	1,440
GDKD + CIVIC	48	

表 2.9　独特飞控部附件、故障原因和关联关系的数量

分类规则	专家 1	专家 2	专家 3
GDKD+CIVIC	14	11	39
Single – Sent. ($p \geqslant 0.9$)	66	227	219
Single – Sent. ($p \geqslant 0.5$)	91	596	474
Cross – Sent. ($p \geqslant 0.9$)	101	511	443
Cross – Sent. ($p \geqslant 0.9$)	142	1 343	1 040

2.3.3.2　人工评估

自动评估对于比较竞争方法很有用,但是标签噪声可能对分类器精度有影响。因此,本书随机抽取了提取的关系实例,并请三名精通飞控系统 PHM 的研究人员评估其正确性。对于每一个例子,注解者都会标注飞控部附件、故障原因和关联关系的句子。评估只关注这些关系是否包含在文本中,而不会确定这些关系是真实的还是在后续文件中重复的。将评估工作集中在跨句子的三元关系设置上,考虑了三个概率阈值:分别设置为 0.9、0.5,以及随机。在每种情况下,为总共 450 个注释选择了 150 个实例。两名注解者审查了 150 个实例的子集,注释器之间的一致性为 88%。

表 2.10 显示,分类器确实过滤掉了很大一部分潜在的候选样本,在阈值为 0.5 时,估计实例准确率为 64%,在阈值 0.9 时为 75%。LSTM 包含了广泛的上下文特征,能够有效地识别出实体提取错误,其中 p 表示输出概率。

表 2.10 提取的故障原因关联关系相互作用的样本精度

概率阀值	准确率/(%)	实体错误/(%)	关系错误/(%)
Random	15	34	45
$P \geqslant 0.5$	61	6	28
$P \geqslant 0.9$	73	2	19

本书使用 GENIA 事件提取数据集进行了提取遗传途径相互作用的实验。该数据集包含句子的句法分析,为研究 Graph LSTM 句法分析监督学习提供了有数据基础。该任务基于九种事件类型的复杂嵌套事件进行评估,其中多是一元关系。面向故障原因调控将其转化为二元关系分类,以进行直接比较,并将负样本设置为正样本的三倍。

默认情况下,文档图中使用自动解析,而在 Graph LSTM 中,则使用人工解析,结果如表 2.11 所示。尽管缺乏特征工程,LSTM 的表现与基于特征的分类器不相上下。Graph LSTM 在该领域中表现出比 LSTM 更具支配性的优势,显著优于后者(通过卡方检验,$p < 0.01$)。最有趣的是,使用人工解析的 Graph LSTM 显著优于使用自动解析的图,这表明人工解析对高质量分析进行编码特别有益。

表 2.11 故障原因调控二元关系的 GENIA 测试结果

模型	准确率	召回率	F1
Poon et al. (2015)	36	28.9	31.2
BiLSTM	36	28.4	31
Graph LSTM	39	29	32.8
Graph LSTM (GOLD)	41	29.5	33.8

2.4 基于全局特征的联合事件要素提取

2.4.1 事件识别与提取

在飞控系统 PHM 领域中事件通常指发生在特定时间点或时间段、在特定地域范围内由一个或多个参与者执行的动作或状态改变。同一个类型的事件中不同的要素代表不同的事件。事件抽取是获取事件知识的主要任务,给定一个事件的描述文本,事件抽取应该预测出带有特定事件类型的触发词以及具有指定决策的事件要素。事件抽取旨在发现具有特定类型及其参数的事件触发器,一般分为两个步骤,第一步是对事件的发现和分类,第二步是事件要素的抽取。

基于模式匹配的方法在特定领域性能较好便于理解和后续应用,但对于语言领域和文档形式都有不同程度的依赖,覆盖度和可移植性较差,模式匹配方法中模板的准确性是影响整个方法性能的重要要素,主要特点是高准确率和低召回率,不同于模式匹配的方法,机器学习的方法建立在统计模型的基础上,统计模型通常将事件建模为多个分类问题。因此,该方法侧重于特征和分类器的选择,根据所使用信息的不同,可以根据特征、结构和神经网络分为三种主要方法。基于特征的方法侧重于如何提取和整合可区分的特征,如词性、实体类型、依赖树等,从而生成描述事实实例的局部和全局特征作为特征向量输入分类器。该类方法多用于阶段性的 pipeline 抽取。按照顺序依次执行事件的触发词识别和要素抽取然,而多阶段 pipeline 通常会引起误差传播,进而影响事件抽取的效果,与阶段性 pipeline 抽取不同。

然而,在多个局部预测任意全局特征中,与词性标记或名词关系分块任务不同,有效的动态编程解码是不可行的,在这里精确的联合推理是难以处理的。本书提出为 batch 搜索设计更新感知器变体训练模型,该方法提出了一个句子级事件提取的新框架,联合预测触发器及其参数,并开发了一组丰富的事件提取功能,即使使用传统的 pipeline 也能产生较好的性能,本书将其称为局部特征。同时引入了各种全局特性来利用多个触发器和参数之间的依赖关系。实验结果表明,本书提出的方法优于具有相同局部特征集的 pipeline 方法,并且通过添加全局特征显著提高了最新技术水平,从而带来了进一步改进。

2.4.2　事件提取联合框架

本节重点介绍在 ACE 评估中定义的事件提取任务。该任务定义了 8 种事件类型和 33 个子类型,例如飞控报故、伺服作动器卡滞等。

给定一个故障文本书档,事件提取系统从每个句子中预测具有特定子类型的事件触发器及其参数。图 2.1 描述了第 1 节中句子(1)的事件触发器及其参数。整个句子的结果可以被认为是一个图,其中每个参数角色都表示为从触发器到其参数的边。基于事实相互依赖的假设,使用结构化感知器和不精确搜索来联合提取在同一个句子中同时出现的触发器和参数。

Collins 提出结构化感知器是用于结构化预测的标准线性感知器的扩展，给定一个句子实例 $x \in \chi$，在本书研究的例子中是一个带有候选参数的句子，结构化感知器涉及以下解码问题：

找到最佳配置 $z \in Y$，根据当前模型 w，有

$$z = \arg \max_{y' \in Y(x)} \quad w \cdot f(x, y') \tag{2.12}$$

式中，$f(x, y')$ 表示特征向量，例如事件 x 以及配置 y'。

感知器学习模型 w 是一个在线的风格，使 $D = \{(x^{(i)}, y^{(j)})\}_{j=1}^{n}$ 是训练实现的集合（j 是当前事件的索引），在每次迭代中，算法在当前模型下找到 x 的最佳配置 z（式 2.12）。如果 z 不正确，则权重更新如下：

$$w = w + f(x, y) - f(x, z) \tag{2.13}$$

训练和测试的关键步骤是解码过程，旨在寻找当前参数下的最佳配置。在诸如词性标注和名词关系分块等更简单的任务中，可以使用高效的动态规划算法来执行精确推理。然而精确搜索非常困难，一方面，因为通过联合建模触发器标签和参数标签使得搜索空间变得更加复杂。另一方面，任意全局特征的使用使其具有不可行性，难以有效地执行精确推理。

为了解决这个问题，应用 batch 搜索和早期更新策略来执行不精确的解码，也可以使用标准更新进行推理，但是，对于精度要求不高的搜索，不修复错误的更新，标准更新通常效果较差。为了减少过度拟合，在训练后使用平均参数来解码实验中的测试实例。由此产生的模型称为平均感知器。

输入：训练集 $D = \{(x^{(i)}, y^{(i)})\}_{i=1}^{n}$，最大迭代次数 T

输出：模型参数 w

1) 初始化：设 $w = 0$

2) for $t \leftarrow 1 \cdots T$ do

3) foreach $(x, y) \in D$ do

4) $z \leftarrow$ 波束搜索 (x, y, w)

5) if $z \neq y$ then

6) $w \leftarrow w + f(x, y_{[1:|z|]}) - f(x, z)$

其中，$y_{[1:|z|]}$ 表示 y 的长度为 i 的前缀，例如 $y_{[1:3]} = (y_1, y_2, y_3)$。

这里介绍模型中触发器和参数的标签集。用 $L \bigcup \{\perp\}$ 表示触发器标签字母表，其中表示 33 个事件子类型，并且 $\perp$ 表示标签不是触发器。类似地，$R \bigcup \{\perp\}$ 表示参数标签集，其中 R 是可能的参数角色的集合，并且 $\perp$ 意味着参数候选不是当前触发器的参数。值得注意的是，每个特定事件子类型的集合都受官方 ACE 注释中定义的实体类型约束。

令 $x = ((x_1, x_2, \cdots, x_s), \varepsilon)$ 表示句子,例如,其中 x_i 表示句子中的第 i 个标记,而 $\varepsilon = \{e_k\}_{k=1}^m$ 是参数候选集。用 $y = (t_1, a_{1,1}, \cdots, a_{1,m}, \cdots, t_s, a_{s,1}, \cdots, a_{s,m})$ 表示相应的标准结构,其中 t_i 表示标签 x_i 的触发器分配,$a_{i,k}$ 表示 x_i 和参数候选 e_k 之间的边的参数角色标签。

本书分别使用 $y_{g(i)}$ 和 $y_{h(i,k)}$ 表示 t_i 和 $a_{i,k}$。用于事件提取的早期更新的 $batch$ 搜索过程涉及两个子步骤。

步骤一:触发器标签,本书为当前标签枚举所有可能的触发器标签。方程式中定义的线性模型。式(2.12)用于对每个部分配置进行评分。然后假设 batch 大小为 K,为 batch 选择 $K - best$ 部分配置;

步骤二:参数标注,在触发标注步骤之后,遍历 batch。一旦在 batch 中找到 x_i 的触发标签,解码器就会搜索参数候选 ε 以标记每个参数候选和触发器之间的边缘。在标记每个参数候选后,再次对每个部分分配进行评分并选择 $K - best$ 结果到梁。

在第二步之后,可以改变不同触发分配的等级,后置参数的分配可能会受到前置参数分配的影响,解码的总时间复杂度为 $O(K \cdot s \cdot m)$。

2.4.3　特征提取

在这个框架中,定义两种类型的特征,即局部特征和全局特征。

一般来说,每个实例特征 f 是一个函数 $f: X \times Y \to R$,其中将 x 和 y 映射到特征值。局部特征仅与对单个触发器或参数的预测有关。在触发标记的一元标记的情况下,每个局部特征采用 $f(x, i, y_{g(i)})$ 的形式,其中 i 表示当前的索引,$y_{g(i)}$ 是它的触发标签。在实践中将局部特征函数定义为指标函数很方便,如

$$f(x, i, y_{g(i)}) = \{1 \quad y_{g(i)} = \text{failure} \ x_i = ''\text{fire}''0 \tag{2.14}$$

相比之下,全局特征涉及更长的时间输出结构的范围。形式上,每个全局特征函数采用 $f(x, i, k, y)$ 的形式,其中 i 和 k 分别表示解码中当前标记和参数候选的索引。以下指标函数是全局特征的一个简单示例:

$$f(x, i, k, y) = \begin{cases} 1 & y_{g(i)} = \text{failure} \ y = ''\text{productfailure}'' \\ 0 \end{cases} \tag{2.15}$$

2.4.3.1　局部特征

局部特征分为触发特征与参数特征。局部特征函数触发标记的化可以分解为 $f(x, i, k, y_{g(i)}) = p(x, i) \cdot q(y_{g(i)})$,这里 $p(x, i)$ 是输入的谓词,调用文

本功能，$q(y_{g(i)})$是触发器标签上的谓词。

本书定义了两个版本的 $q(y_{g(i)})$：

$$q_o(y_{g(i)}) = y_{g(i)}（事件子类型）$$

$$q_1(y_{g(i)}) = y_{g(i)} = yg(i)的事件类型$$

$q_1(y_{g(i)})$是标准一元模型特征的表征版本。无论子类型如何，同一事件类型的某些文本特征可能具有一定的分布相似性。例如，如果最近提到的实体是"飞控"，那么无论是飞控计算机，还是伺服作动器，当前的故障都可能引起系统报故。

用于参数标注的局部特征函数可以表示为

$$f(x,i,k,y_{g(i)},y_{h(i,k)}) = p(x,i,k) \cdot q(y_{g(i)},y_{h(i,k)})$$

式中，$y_{h(i,k)}$表示参数触发词 i 和参数候选 e_k 之间的边缘分布。定义两个版本的 $q(y_{g(i)},y_{h(i,k)})$

$$q_0(y_{g(i)},y_{h(i,k)}) = \begin{cases} y_{h(i,k)} & \text{if } y_{h(i,k)} \text{ is Place, Time or None} \\ y_{g(i)} \circ y_{h(i,k)} & \text{otherwise} \end{cases} \tag{2.16}$$

$$q_1(y_{g(i)},y_{h(i,k)}) = \begin{cases} 1 & \text{if } y_{h(i,k)} \neq \text{None} \\ 0 & \text{otherwise} \end{cases} \tag{2.17}$$

地点和时间参数适用于所有事件子类型并且其行为类似，因此，这些参数的特征不与触发器标签结合。$q_1(y_{g(i)},y_{h(i,k)})$可以看作是 $q_0(y_{g(i)},y_{h(i,k)})$ 的极限版本，不区分不同的论元角色，只关注论元识别。表 2.12 总结了关于触发器和参数标记的输入。

表 2.12 局部特征

类别	类型	功能描述
飞控	词汇	大小为 2 的窗口内的当前词和上下文词的特征 大小为 2 的窗口内当前词和上下文词的词性标签的特征 当前标记的引理和同义词 从故障库中提取的当前标签的基本形式 从 ACE 飞控系统故障维修记录库中学习到的集群。为每个标签使用前缀长度为 13、16 和 20 的集群
	句法	当前标签的依赖词和多频词 与当前标签关联的依赖类型 当前标记是否为关联修饰符 当前标记是否为非指称代词

续 表

类别	类型	功能描述
飞控	实体信息	由实体类型规范化的一元/二元 由实体类型规范化的依赖特征 句子/从句中最近的实体类型和字符串
报故	基本信息	实体提取的上下文词 触发词和子类型 实体类型、子类型和实体角色(如果是地缘政治实体提取) 实体提取头,以及来自共同引用链的任何其他名称提取的头 参数候选和触发器之间的词汇距离 参数候选和触发器之间的相对位置(之前,之后,重叠,或由标点分隔) 是否是具有相同类型的最近的候选参数 是否是句子中唯一提取相同实体类型
报故	句法	参数候选和触发器之间的依赖路径 来自参数候选者的路径和构成分析树中的触发器 依赖图中参数候选和触发器之间的路径长度 公共根节点及其参数候选和解析树的深度 参数候选和触发器是否出现在同一个子句中

2.4.3.2 全局功能

表 2.13 总结了本书提出的 8 种全局特征。

表 2.13 全局特征

类别	功能描述
触发器	触发器类型的二元组出现在同一个句子或同一个子句中 指示同一句子中的同义词是否具有相同触发标签的二进制特征 两个触发器之间的上下文和依赖路径及其类型
参数	关于两个参数候选者的上下文和依赖特征,它们在同一事件提取 关于一个参数候选的特征,它在同一个句子中的两个事件提取中充当参数 关于事件提取的两个参数重叠的特征 与事件子类型相关的事件提取的每个角色类型的参数数量 事件提取中与事件子类型相关的时间参数对

触发器全局特征。这种类型的特征捕获了同一个句子中两个触发器之间的依赖关系。例如,特征(1)捕获触发器类型的共性。这种特征的动机是在同一个句子中提到的两个事件往往在语义上是连贯的。例如,从表 2.14 中可以看到,飞控系统故障事件在同一个句子中经常与舵机报故障事件同时出现,但很少与电源异常事件同时出现。特征(2)鼓励同义词或相同的标记具有相同的标签。特征(3)利用了两个触发器之间的词汇和句法关系。一个简单的例子是一个飞控系统触发器和舵机触发器是否通过依赖关系连接起来。

参数全局特性。这种类型的特性是在相同或不同触发器的多个参数上定义的。

表 2.14　经常发生的前 5 个事件子类型

飞控系统故障事件	可能性
舵机主控阀安装面漏油	0.27
舵机壳体裂纹	0.19
舵机胶圈密封失效	0.18
舵机主控阀阀体裂纹	0.03
舵机螺钉预紧力不均	0.13

2.4.4　结果分析与讨论

使用 ACE 2005 飞控系统故障维修记录库作为测试数据。使用与不同架次飞机相同的测试集进行对比验证,其中包含 40 篇故障分析报告(672 个句子),从不同类型中随机选择 30 个其他文档(863 个句子)作为开发集。其余 529 个文档(14 个,840 个句子)用于训练。使用准确率(Precision)、召回率(Recall)、F 值(F - Measure)来评估整体性能。

通过建立两个最大熵分类器实现方法对比,分别用于触发标记和参数标记。基线中的特征集与在框架中开发的本地文本特征相同(见图 2.4)。使用触发器的倒数平均数和 F 值来衡量模型的性能。

如图 2.4 所示,当 batch size 为 4 时,平均感知器小于开发集性能的训练曲线,两条曲线都在迭代 20 附近收敛,并且全局特征提高了整体性能,与其对应的只有局部特征。因此,在剩余的实验中将迭代次数设置为 20。

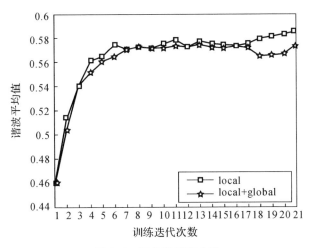

图 2.4 开发集训练曲线

batch size 在训练和测试中都是一个重要的超参数。较大的 batch size 会增加计算成本,而较小的 batch size 可能会降低性能。表 2.15 显示了具有几种不同 batch size 的开发集的性能。当 batch size ＝4 时,该算法在触发器 F_1＝59.7、参数 F_1＝49.9 和调和平均值＝49.1 的开发集上实现了最高性能。当大小增加到 32 时,精度并没有提高。基于这一观察,本书选择 batch size 为 4 进行其余实验。将"无效更新"定义为加强错误的更新,并表明它与搜索质量和学习质量(反)相关。图 2.5 分别描绘了具有和不具有全局特征的标准更新中无效更新的百分比。具有全局特征时,若 batch size 较小,该比率随着 batch size 的增加而单调减小,从而产生比具有局部特征模型更多的无效更新,因此使用全局特征使搜索问题变得更加困难。结果证明应用早期更新的合理性。通过测试早期更新和标准更新策略的性能(见表 2.15),可以发现标准更新的性能通常比早期更新差。当 batch size 增加(b＝4)时,间隙随着无效更新比例的降低而变小。

表 2.15 开发集上训练时间和准确率的比较

batch size	1	2	4	8	16	32
训练时间/s	993	2 034	3,982	8 036	15 878	33 026
谐波平均值	57.6	57.7	58.6	58.0	57.8	57.8

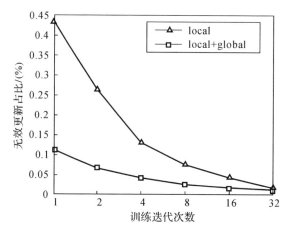

图 2.5　标准感知器中"无效更新"的百分比

表 2.16　标准更新和早期更新与全局特征的性能比较

策略	F1 开激励	开发参数	F1 开激励	测试参数
标准（$b=1$）	68.3	47.4	64.4	49.8
早期（$b=1$）	68.9	49.5	65.2	52.1
标准（$b=4$）	68.4	50.5	67.1	51.4
早期（$b=4$）	67.9	51.5	67.5	52.7

表 2.16 显示了盲测集的整体性能,与 Hong 等人提出的句子级系统进行了比较。本书提出的具有局部特征的联合框架在触发器上实现了较好的性能。通过添加全局特征,整体性能进一步显著提升。与基线算法相比,它在触发器的 $F\text{-measure}$ 上提高了 2.5%,在参数的 $F\text{-measure}$ 上提高了 9.1%。见表 2.17。

表 2.17　标准实体、关系的整体表现

方法	触发识别/(%)			触发识别+分类/(%)			参数识别/(%)			论据的作用/(%)		
	P	R	F_1	P	R	F_1	P	R	F_1	P	R	F_1
Sentence - leve in Hong et al. (2011)	N/A			67.6	53.5	59.7	46.5	37.15	41.3	41.0	32.8	36.5

续表

方法	触发识别/(%)			触发识别＋分类/(%)			参数识别/(%)			论据的作用/(%)		
	P	R	F_1	P	R	F_1	P	R	F_1	P	R	F_1
Staged MaxEnt classifiers	76.2	60.5	67.4	74.5	59.1	65.9	74.1	37.4	49.7	65.4	33.1	43.9
Joint w/local features	77.4	62.3	69.0	73.7	59.3	65.7	69.7	39.6	50.5	64.1	36.5	46.5
Joint w/local ＋ global features	76.9	65.0	70.4	73.7	62.3	67.5	69.8	47.9	56.8	64.7	44.4	52.7
Crorss - entity in Hong et al.(2011)[+]	N/A			72.9	64.3	68.3	53.4	52.9	53.1	51.6	45.5	48.3

本书将飞控系统维修故障事件提取问题视为依赖解析问题。本书联合提取触发器和参数,解析器中的特征被边缘分解,本书提出的方法是基于 batch 搜索的统一框架,有效地利用任意全局特征。

2.5　本章小结

本章通过递归矩阵向量模型完成了语义关系的提取,通过使用矩阵向量对"副词－形容词"对的影响程度分布以及命题逻辑的布尔运算符进行预测,最大限度地保留了内容。建立了基于 Graph LSTM 的跨句 n 元关系提取通用框架,通过把从整个文本中学习到的实体表示作为关系分类输入并采用超出句子边界的提取方法得到了更丰富的知识。建立了基于结构化感知器和不精确搜索联合的 ACE 事件提取框架,并利用 ACE2015 飞控系统故障维修记录库的测试数据对该联合框架进行测试,测试结果表明,该具有全局特征的框架,其算法效果明显优于局部特征算法及基线算法。

第3章　基于可微规则的飞控系统故障诊断推理研究

3.1　引　　言

　　飞控系统领域知识具有实体和关系较复杂、实体的具体界定难、飞控系统PHM目标识别繁杂、飞控系统实体和关系抽取涉及机上各系统交联、耦合度高等显著特点。另外,飞控系统 PHM 领域无公开、成熟、稳定的维修记录数据集,可供训练和验证用的记录往往仅可通过所在维修基地数据库中获取,且数据量往往较少。这些因素对飞控系统的故障诊断推理带来了极大的挑战。

　　为此,本章在对飞控系统故障分析文本的事件识别与特征提取研究基础上,开展了航空修理领域飞控系统知识推理方法研究。首先,提出一种具有程度感知的知识图谱嵌入的半监督实体对齐方法,并建立基于循环一致性的性能损失函数,以利用未对齐的实体来增强对齐能力。其次,构建一种基于知识库中嵌入学习和推理的规则提取模型,并将其与 ISAMR 上最先进的规则挖掘方法进行比较,以评估该嵌入规则提取方法的先进性。再次,搭建统一多关系嵌入模型的多关系学习的通用框架,并在该框架下对链接预测任务的实体表示和关系表示进行验证评估,以实现基于嵌入规则的故障推理。最后,基于梯度编程框架的可微分操作,构建具有注意力机制和记忆的神经控制器系统,通过逻辑规则重写对端到端规则挖掘方法进行优化,以实现飞控系统故障诊断推理。

3.2　基于知识图谱嵌入的半监督实体对齐

　　在知识图谱嵌入中词嵌入方法在产生的低维空间中编码的频率信息多于词的语义信息,具有相似程度的实体倾向于聚合到嵌入空间中的同一区域。

因此,本节提出了一个名为 SEA 的半监督实体对齐框架,利用与未对齐实体对齐的优势,在低维空间中将飞控系统 PHM 文本数据进行知识图谱嵌入表示。通过对抗性训练减轻了度数差异的影响,可以防止具有相似度数的实体在训练期间聚合到嵌入空间中的同一区域。并且使用未对齐的实体设计了一个基于循环一致性的翻译损失,以在学习映射时减少搜索空间。因此,学习到的映射可以更好地将一个知识图中的实体与另一个知识图中的对应实体对齐。

本书以半监督的方式解决实体对齐问题,不仅使用给定的对齐实体,还结合未对齐的实体来提高性能;指出了实体度数差异对知识图谱嵌入的影响,并解决了对抗性训练框架下的问题;以四个某维修基地的飞机飞控系统维修数据为例进行了广泛的实验,以评估针对实体对齐任务提出的 SEA 模型。实验结果证明,在几个数据集上 SEA 模型相对于最先进的方法在性能上具有显著优势。

3.2.1　半监督实体对齐建模

3.2.1.1　符号和问题定义

知识图谱可以记为 $G=(E,R,T)$,其中 E 是实体集,R 是关系集,T 是三元组集合,每个三元组都是一个三元组 (h,r,t),包括头部实体 h、关系 r 和尾部实体 t。通过使用 KG 嵌入,每个三元组可以表示为 $(\boldsymbol{h},\boldsymbol{r},\boldsymbol{t})$,其中粗体 $\boldsymbol{h}$、$\boldsymbol{r}$ 和 $\boldsymbol{t}$ 分别表示头部 h、关系 r 和尾部 t 的嵌入向量。

在飞控系 PHM 文本数据中存在大量重复描述的情形,即以不同表达形式描述相同实体或关系,如中英对应描述、同义词描述等,为了提高知识图谱的存储质量,需要对飞控系统 PHM 文本中的实体进行实体对齐处理。令 $G_1=(E_1,R_1,T_1)$ 和 $G_2=(E_2,R_2,T_2)$ 是两种不同语言标记的实体对,$AS^L=\{(e_{i1},e_{i2})\,|\,e_{i1}\in E_1^L,e_{i2}\in E_2^L\}$ 是一组语义相同的实体对,例如,G_1 中的 e_{i1} 与其对应的 G_2 中的 e_{i2} 具有相同的含义。实体对齐是查找和对齐剩余的语义相同实体的任务 $\{e_{i1}\in E_1^U\}$ 和 $\{e_{i2}\in E_2^U\}$,其中 $E_1^U=E_1\backslash E_1^L$,$E_2^U=E_2\backslash E_2^L$。与之前研究建立的基于 AS^L 模型不同,本书建立了基于 AS^L 和 E_1^U 和 E_2^U 的半监督对齐模型,可以产生"良好"嵌入以欺骗鉴别器的生成器。本节将实体的程度分为高度、正常度和低度三个级别。

本节提出的方法 SEA 的框架如图 3.1 所示,有两个模块,一个是感知实体度数差异的知识图谱嵌入(degree-aware KGE),另一个是半监督实体对齐。(a)显示了两个知识图 G_1 和 G_2 与三对对齐的实体。(b)通过程度感知的 KG 嵌入方法呈现学习的嵌入。(c)演示了使用对齐实体对学习的 M_1 和 M_2 将 G_1 转移到 G_2 和 G_2 转移到 G_1 后的嵌入空间。由于有监督的对齐指导,小圆圈内的实体很接近。(d)显示了实体在被转移回原始嵌入空间后的循环一致性。每个实体的迁移嵌入应该接近该实体在原始嵌入空间中的原始嵌入(如小圆圈所示)。

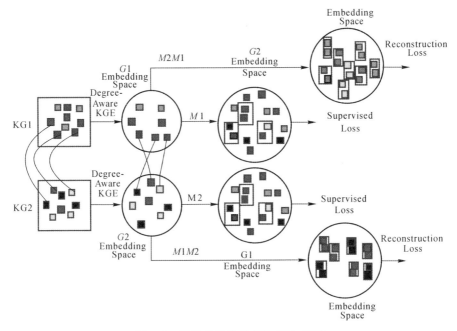

图 3.1　半监督实体对齐的 SEA 框架

3.2.1.2　度感知知识图谱嵌入

本节遵循 TransE 构建最具有代表性的平移距离模型——度感知 KG 嵌入模型。在 $h+r\approx t$ 成立时,在知识图 G_1 和 G_2 上应用 TransE 对实体和关系三元组 (h,r,t) 进行编码。具体来说,关系的嵌入可以将头部实体的嵌入转换为尾部实体。TransE 在知识图 G_i 上最小化的基于边际的排序对象函数定义为

$$L_{G_i}(G_i;\varphi^i,\theta_e^i)=\sum_{(h,r,t)\in T_i}L_t(h,r,t) \tag{3.1}$$

式中,φ^i 表示 G_i 的模型参数,θ_e^i 表示从 G_i 学习到的嵌入,$Lt(h,r,t)$ 是三元组

目标函数：

$$L_t(h,r,t) = \sum_{(h',r,t') \in T'_{(h,r,t)}} [r + E(h,r,t) - E(h',r,t')]_+ \quad (3.2)$$

式中，$[x]_+ = \max\{0,x\}$，x 表示 x 的正部分，γ 是大于 0 的 margin 超参数，$E(h,r,t)$ 表示能量函数：

$$E(h,r,t) = \| h + r - t \|_2 \quad (3.3)$$

和 T' 表示三元组 (h,r,t) 的负样本集：

$$T'_{(h,r,t)} = \{(h',r,t) \mid h' \in E\} \bigcup \{(h,r,t') \mid t' \in E\} \quad (3.4)$$

式中，(h',r,t) 和 (h,r,t') 是通过在 (h,r,t) 中替换 h 或 t 的伯努利负采样三元组。最后，本节可以得到对象知识图 G_1 和 G_2 的函数：

$$L_G = L_{G_1} + L_{G_2} \quad (3.5)$$

为描述实体的程度差异对知识图谱嵌入的影响，本节提出程度感知的 KGE 方法。如前所述，具有相似度值的实体倾向于聚合到嵌入空间中的相同区域。然而，对于实体对齐，具有相似语义信息的实体应该更接近，而不受实体的影响。对抗性框架中的知识图谱嵌入，受生成对抗网络（GAN）的启发。给定一个图 G_i，本节设计了两个分类器来对 G 中不同度数的实体进行分类，度感知的 KGE 模型可以是被视为产生"良好"嵌入以欺骗鉴别器的生成器。本节将实体的程度分为高度、正常度和低度三个级别。一个鉴别器 D_1 对度数高的实体和正常度的实体进行分类，而另一个分类器 D_2 负责对度数低的实体和正常度的实体进行分类。目标是使学习到的知识图谱嵌入不仅可以最小化基于边际的排名损失函数，而且可以欺骗两个鉴别器。因此，当两个鉴别器无法根据程度信息区分实体时，程度的影响就从学习的嵌入中消除了。

令 D_1 为第一个分类器，参数为 ϕ_1^i，D_2 为另一个分类器，参数为 φ_2^i。D_1 的输入是来自 E_{hd}^i 和 E_{nd}^i 的高度实体和正常度数的实体。$D2$ 的输入是来自 E_{ld}^i 和 E_{nd}^i 的在 grapG_i 低度和正常度数的实体。

两个鉴别器都学会了最小化损失方程

$$L_{D_1} = \frac{1}{|E_{hd}^i|} \sum_{e \in E_{hd}^i} \log D_1(\theta_e^i, \phi_1^i) + \frac{1}{|E_{nd}^i|} \sum_{e \in E_{nd}^i} \log(1 - D_1(\theta_e^i, \phi_1^i)) \quad (3.6)$$

$$L_{D_2} = \frac{1}{|E_{ld}^i|} \sum_{e \in E_{ld}^i} \log D_2(\theta_e^i, \phi_2^i) + \frac{1}{|E_{nd}^i|} \sum_{e \in E_{nd}^i} \log(1 - D_2(\theta_e^i, \phi_2^i)) \quad (3.7)$$

也采用目标函数方程式（3.1），用于学习 G_i 嵌入的所有极小极大对象函数将是：

$$\min_{\substack{\varphi^i,\theta_e^i \\ \phi_1^i,\phi_2^i}} \max L_{G_i}(G_i;\varphi^i,\theta_e^i) - aL_{D_1}(E_{hd}^i,E_{nd}^i;\phi_1^i,\theta_e^i) - aL_{D2}(E_{ld}^i,E_{nd}^i;\phi_2^i,\theta_e^i)$$

$$(3.8)$$

式中,a 是权衡参数。在对抗训练中,L_{G_i} 被最小化为 w. r. t。φ^i 和 θ_e^i 产生"好的"嵌入来优化 D_1 和 D_2。同时 D_1 和 D_2 被训练为 w. r. t,以区分不同程度的实体。按照 GAN 的原始训练过程,本节首先训练固定了 D_1 和 D_2 的 KG 嵌入模型,然后用固定的 KG 嵌入模型训练鉴别器。相同的过程将应用于 G_1 和 G_2。

3.2.1.3 半监督实体对齐

在获得图 G_1 和 G_2 的实体嵌入后,对齐标记的实体以最小化

$$\sum_{(e_i,e_j)\in AS^L} \| \boldsymbol{M}^1\theta_{e_i}^1 - \theta_{e_j}^2 \|_2 + \| \boldsymbol{M}^2\theta_{e_j}^2 - \theta_{e_i}^1 \|_2 \quad (3.9)$$

式中,$\boldsymbol{M}^1$ 和 $\boldsymbol{M}^2$ 是 $d \times d$ 平移矩阵,d 提及实体的嵌入。本节的模型联合学习每个知识图谱在两个方向上实体嵌入的翻译。即,$\boldsymbol{M}^1$ 转移 G_1 的嵌入到 G_2 的嵌入空间,$\boldsymbol{M}^2$ 将 G_2 的嵌入转移到 G_1 的嵌入空间。由于标记集有限,学习到的 $\boldsymbol{M}^1$ 和 $\boldsymbol{M}^2$ 不能很好地推广到两个知识图中的所有实体。

为了提高通用性并将未标记的实体纳入两个知识图谱的对齐过程中,本节定义了循环一致的损失函数,思路来自 CycleGAN 在计算机中的工作视觉领域,其中传递性用于规范结构化数据做视觉跟踪与 3D 形状匹配。在该算法中,$\boldsymbol{M}^1$ 和 $\boldsymbol{M}^2$ 应具有以下性质:

1)映射循环 $e_i \rightarrow e_j \rightarrow \hat{e}_i$ 后将 e_i 带回 G_1,即 e_i 和 $\hat{e}_i$ 之间的距离 d_{g1} 应该很小;

2)在映射周期 $e_j \rightarrow e_i \rightarrow \hat{e}_j$ 后带回 e_j,即 e_j 和 $\hat{e}_j$ 之间的距离 d_{g2} 应该很小。

循环过程如下:

$$\theta_{e_i}^1 \rightarrow \boldsymbol{M}^1\theta_{e_i}^1 \rightarrow \boldsymbol{M}^2\boldsymbol{M}^1\theta_{e_i}^1 \quad (3.10)$$

$$\theta_{e_j}^2 \rightarrow \boldsymbol{M}^2\theta_{e_j}^2 \rightarrow \boldsymbol{M}^1\boldsymbol{M}^2\theta_{e_j}^2 \quad (3.11)$$

结合式(3.9)中的对齐损失函数和循环一致性约束,本节将半监督实体对齐的损失函数定义为

$$L_{\text{SEA}}(\boldsymbol{M}^1,\boldsymbol{M}^2) = a_1 \sum_{(e_i,e_j)\in AS^L} \| \boldsymbol{M}^1\theta_{e_i}^1 - \theta_{e_j}^2 \|_2 + \| \boldsymbol{M}^2\theta_{e_j}^2 - \theta_{e_i}^1 \|_2 + $$

$$\| \boldsymbol{M}^2\boldsymbol{M}^1\theta_{e_i}^1 - \theta_{e_i}^1 \|_1 + \| \boldsymbol{M}^1\boldsymbol{M}^2\theta_{e_j}^2 - \theta_{e_j}^2 \|_1 + $$

$$a_2 \sum_{e_i \in E_1^U} \| \boldsymbol{M}^2 \boldsymbol{M}^1 \theta_{e_i}^1 - \theta_{e_i}^1 \|_1 + a_2 \sum_{e_j \in E_2^U} \| \boldsymbol{M}^1 \boldsymbol{M}^2 \theta_{e_j}^2 - \theta_{e_j}^2 \|_1$$

$$(3.12)$$

式中,a_1 和 a_2 是平衡标记和未标记数据之间损失的权衡参数。

本节通过从高斯初始化中绘制来初始化 KG 的嵌入,并通过使用正交初始化来初始化矩阵。本节使用 SGD 作为优化器,并通过 L_2 范数对所有嵌入进行归一化。权衡参数 a、a_1 和 a_2 通过网格搜索设置。一旦学习了 $\boldsymbol{M}^1$、$\boldsymbol{M}^2$,G_1 中的实体 e 可以通过首先转移到 G_2 作为 $\boldsymbol{M}^1 \theta_e$ 然后选择 G_2 中最相似的实体。类似地,G_2 中的实体 e 可以通过首先作为 $\boldsymbol{M}^2 \theta_e$ 转移到 G_1,然后选择 G_1 中最相似的实体来对齐。

3.2.2　仿真实验

3.2.2.1　数据集和基线

飞机飞控系统 PHM 数据以大量文本形式普遍存在,某维修基地提供了飞控系统维修记录(Flight control maintenance records,FCMR)数据,信息库中的知识图谱数据集由故障文本、过程描述和修理数据知识图谱组成,这些知识图谱是从域中提取的。FCMR 包括两个不同大小的数据集,分别是FCMR-15K 和 FCMR-120K。数据集的统计数据见表 3.1 和表 3.2。对于数据集 FCMR-15K 和 FCMR-120K,本节通过从对齐的三元组中提取对齐的实体来验证提出的算法。

表 3.1　FCMR 数据集的统计数据

dataset	#Triple	#Entity	#Relation
FCMR-15K 故障 文本-过程描述	故障文本:203 502 过程描述:170 605	故障文本:15 170 过程描述:15 393	故障文本:2 228 过程描述:2 422
FCMR-15K 故障 文本-De	故障文本:203 502 修理数据:145 616	故障文本:15 170 修理数据:14 603	故障文本:2 228 修理数据:596
FCMR-120K 故障 文本-过程描述	故障文本:1 376 011 过程描述:767 750	故障文本:15 170 过程描述:118 591	故障文本:2 228 过程描述:2 336
FCMR-120K 故障 文本-修理数据	故障文本:1 376 011 修理数据:1 391 108	故障文本:15 170 修理数据:61 942	故障文本:2 228 修理数据:861

表 3.2　在不同实验数据下的对齐实体数

dataset	故障文本－过程描述	过程描述－故障文本	故障文本－修理数据	修理数据－故障文本
FCMR－15K	11 231	12 041	12 543	12 421
FCMR－120K	126 864	126 743	54 324	54 397

为了验证本节提出的方法的有效性,与以下方法进行性能对比:MTransE、ITransE、JAPE、基于 GCN 的方法、BootEA、SEAw/oDA(提议的 SEA 的一种变体,通过删除程度感知的 KGE 部分)和 SEA。

3.2.2.2　评估指标和参数设置

本节采用两个流行的指标 Hits@k 和 MRR 来评估实体对齐结果。MR 的全称是 Mean Rank。该指标越小越好(排名越靠前 rank 越小,求和也就更小),具体的计算方法如下:

$$MR = \frac{1}{|s|} \sum_{i=1}^{|s|} rank_i = \frac{1}{|s|}(rank_1 + rank_2 + \cdots + rank_i) \quad (3.13)$$

Top－k 推荐:从最后的按得分排序的推荐列表中返回前 k 个结果。

该指标是指在链接预测中排名小于 k 的三元组的平均占比,具体的计算方法如下:

$$HITS@k = \frac{1}{|s|} \sum_{i=1}^{|s|} \mathbb{I}(rank_i \leqslant k) \quad (3.14)$$

式中涉及的符号和 MRR 计算公式中涉及的符号一样,另外 $\mathbb{I}(\cdot)$ 是 indicator 函数(若条件真则函数值为 1,否则为 0)。一般地,取 k 等于 1、3 或者 10,该指标越大越好。本节报告 Hits@1、Hits@5 和 Hits@10,所采用的两个指标都优选更高以呈现更好的性能。

对于比较的所有方法,本节在所有数据集上设置知识图谱嵌入的维度 $d=80$,找到了所有基线方法的最佳参数设置。对于 SEA 方法,设置度数最高的实体是度数最高的 20%,而度数低的实体是度数最低的 20%,其余的是正常度数的实体。{0.5,1,1.5,2}中搜索余量 γ,在{0.1,0.3,0.5,0.7,1.0}中搜索权衡参数 α,在 a 和 a_2 分别{1,2.5,5,7.5}和{0.05,0.15,0.25,0.35,0.45}中搜索,分别为。最佳配置是 $r=0.5,a=0.5,a_1=2.5$ 和 $a_2=0.25$。鉴别器设置为具有 500 个隐藏单元的两层 MLP。本节使用 Adam 来优化目标函数。同时,使用 L_2 范数来避免潜在的过拟合。本节随机抽取 30％ 的对齐实体作为训练集,其余对齐的实体进行测试。每个评估重复 5 次,本节报告平均 Hits@k 和 MRR。

3.2.2.3　绩效评估结果

评价结果如表 3.3 所示。最优指标在本组方法中以粗体标注,分别比较对没有感知的 SEA(SEAw/oDA)和对基线方法的改进百分比,根据评估结果,有以下发现:提出的 SEA 在不同评估指标下的所有数据集上始终优于基线方法。这一观察验证了本节提出的模型有效地统一了标记和未标记的数据,以提高实体对齐的准确性。特别是,本节的方法在匹配排名前 1 的实体时取得了显著的改进(Hits@1 提高了 10％ 以上,甚至 30％～56％)。本节的 SEA 方法在所有指标上都有 18％ 到 56％ 的改进。由于选择标记数据的有效引导策略,BootEA 通常是第二好的基线,它有时表现比 MTransE 差,主要是因为飞控故障很难在大型数据集中提出有效的实体来标记。另外,BootEA 需要更多的时间来计算每个数据集中的实体对之间的相似度(训练数据除外),所有结果都表明了本节的半监督方法的优势。

此外,提出的程度感知知识图谱嵌入方法产生了改进的实体表示,从而改进了实体对齐结果。在减轻实体度数差异对嵌入结果的影响后,SEA 可以进一步改善 SEAw/oDA 获得的半监督结果,只有少数例外。这里值得注意的是,高低度的对齐实体只占整个对齐实体集的一小部分。程度感知的 KE 嵌入效果受到这一小部分具有高和低度级别的实体的限制。因此,从 SEAw/oDA 到 SEA 的改进是合理的。

3.3　基于知识库中嵌入学习和推理的规则提取

在飞控系统 PHM 文本数据实体抽取与实体对齐的基础上,本节针对飞控系统结构功能与故障模式的复杂性导致的知识关系的复杂性,进一步进行了多关系表示学习的研究。系统地评估了提出的基于嵌入的规则提取的方法,并将其与 ISAMR 上的规则提取任务中最先进的规则挖掘方法进行了比较,在链接预测任务(即预测看不见的三元组的正确性)上对嵌入模型的性能进行评估。此外,提出了一个多关系学习的通用框架,它统一了多数多关系嵌入模型,并在该框架下对规范链接预测任务的实体表示和关系表示的不同选择进行了经验评估,并使用简单的双线性公式为该任务实现了最优的效果。

表 3.3 同方法在 FCMR-15K 数据集上的实体对齐结果

绩效评估	故障文本-修理数据				修理数据-故障文本			
Metric	Hits@1	Hits@1	Hits@1	MRR	Hits@1	Hits@1	Hits@1	MRR
MtransE	6.77	8.53	10.64	0.078	4.67	6.64	7.82	0.054
ITransE	15.21	29.64	32.86	0.231	13.43	24.62	31.23	0.213
JAPE	16.68	26.98	35.12	0.219	13.89	21.89	28.64	0.213
GCN	18.24	32.09	36.59	0.235	15.75	26.50	32.29	0.215
BootEA	33.72	55.21	60.21	0.439	31.54	45.99	54.53	0.378
SEA w/o DA	37.78	55.35	52.12	0.459	29.97	45.56	54.52	0.361
SEA	37.28	55.67	65.65	0.463	31.89	46.74	55.92	0.398
Improvement%	13.91/16.47	1.21/2.11	6.55/3.91	6.19/8.69	7.89/5.25	1.94/4.78	0.18/4.29	3.08/5.48

绩效评估	故障文本-过程描述		过程描述-故障文本	
Metric	Hits@1	Hits@1	Hits@1	Hits@1
MtransE	16.77	21.46	16.77	21.46
ITransE	18.21	23.98	18.21	23.98
JAPE	15.68	22.95	15.68	22.95
GCN	17.24	27.08	17.24	27.08
BootEA	29.72	51.93	29.72	51.93
SEA w/o DA	36.78	53.89	36.78	53.89

续表

绩效评估	故障文本－修理数据				修理数据－故障文本			
	Hits@1	Hits@10	Hits@50	MRR	Hits@1	Hits@10	Hits@50	MRR
SEA	37.28	54.97	54.97	37.28	54.97	37.28	54.97	54.97
Improvement%	36.78/25.47	3.82/5.36	1.92/3.64	14.87/17.65	25.45/28.99	5.67/6.95	−1.82/4.14	12.34/13.78

绩效评估	故障文本－修理数据				修理数据－故障文本			
Metric	Hits@1	Hits@10	Hits@50	MRR	Hits@1	Hits@10	Hits@50	MRR
MtransE	6.77	8.53	10.64	0.078	4.67	6.64	7.82	0.054
ITransE	15.21	29.64	32.86	0.231	13.43	24.62	31.23	0.213
JAPE	16.68	26.98	35.12	0.219	13.89	21.89	28.64	0.213
GCN	18.24	32.09	36.59	0.235	15.75	26.50	32.29	0.215
BootEA	33.72	55.21	60.21	0.439	31.54	45.99	54.53	0.378
SEA w/o DA	37.78	55.35	52.12	0.459	29.97	45.56	54.52	0.361
SEA	37.28	55.67	65.65	0.463	31.89	46.74	55.92	0.398
Improvement%	13.91/16.47	1.21/2.11	6.55/3.91	6.19/8.69	7.89/5.25	1.94/4.78	0.18/4.29	3.08/5.48

最后,提出并评估了一种新颖的知识推理方法,该方法利用学习到的嵌入实体来挖掘逻辑规则,从双线性目标中学习的嵌入模型通过矩阵乘法来捕捉关系的组合语义,可以通过对关系嵌入的组合进行建模来有效地提取这些规则。关于涉及组合推理的挖掘规则,基于嵌入的方法优于最先进的规则挖掘系统 AMIE。

3.3.1 多关系表示学习通用框架

针对飞控系统 PHM 文本数据的多关系表示学习,本节提出一个通用神经网络框架。给定一个知识库,它表示为关系三元组的列表(表示处于特定关系 r 中的 e_1(主语)和 e_2(宾语))。三元组词嵌入通过神经网络学习得到,第一层将一对输入实体映射到低维向量,第二层将这两个向量组合转化成一个标量,通过评分函数与关系特定参数进行比较。

3.3.1.1 实体定义

每个输入实体对应一个高维向量,要么是"one - hot"索引向量,要么是"n -hot"特征向量。分别用 $\boldsymbol{x}_{e_1}$ 和 $\boldsymbol{x}_{e_2}$ 表示实体 e_1 和 e_2 的输入向量。用 $\boldsymbol{W}$ 表示第一层投影矩阵。学习到的实体表示 $\boldsymbol{y}_{e_1}$ 和 $\boldsymbol{y}_{e_2}$ 可以写为

$$\boldsymbol{y}_{e_1} = f(\boldsymbol{W}\boldsymbol{x}_{e_1}), \quad \boldsymbol{y}_{e_2} = f(\boldsymbol{W}\boldsymbol{x}_{e_2}) \tag{3.15}$$

式中,f 可以是线性或非线性函数,$\boldsymbol{W}$ 是参数矩阵,可以随机初始化或使用预训练向量初始化。

3.3.1.2 关系定义

关系定义的选择以评分函数的形式体现。文献中现有的大部分评分函数都可以基于一个基本的线性变换 g_r^a 进行统一,双线性变换 g_r^b 或其组合,其中 g_r^a 和 g_r^b 定义为

$$g_r^a(\boldsymbol{y}_{e_1}, \boldsymbol{y}_{e_2}) = \boldsymbol{A}_r^{\mathrm{T}} \begin{bmatrix} \boldsymbol{y}_{e_1} \\ \boldsymbol{y}_{e_2} \end{bmatrix} \quad \text{和} \quad g_r^b(\boldsymbol{y}_{e_1}, \boldsymbol{y}_{e_2}) = y_{e_1}^{\mathrm{T}} \boldsymbol{B}_r \boldsymbol{y}_{e_2} \tag{3.16}$$

在表 3.4 中,总结了文献中几种流行的关系评分函数三元组(e_1, r, e_2),根据上述两个函数重新表述。$\boldsymbol{y}_{e_1}, \boldsymbol{y}_{e_2} \in \mathbf{R}^n$ 表示两个实体向量。用 $\boldsymbol{Q}_{r_1}, \boldsymbol{Q}_{r_2} \in \mathbf{R}^{n \times m}$ 和 $\boldsymbol{V}_r \in \mathbf{R}^n$ 表示矩阵或向量参数用于线性变换 g_r^a。用 $\boldsymbol{T}_r \in \mathbf{R}^{n \times n \times m}$ 表示双线性变换 g_r^b 的张量参数。$\boldsymbol{I} \in \mathbf{R}^n$ 是一个单位矩阵。$\boldsymbol{u}_r \in \mathbf{R}^m$ 是关于 r 的附加参数。TransE($L2$ 公式)的核函数源自 $\| \boldsymbol{y}_{e_1} - \boldsymbol{y}_{e_2} + \boldsymbol{V}_r \|_2^2 = 2\boldsymbol{V}_r^{\mathrm{T}}(\boldsymbol{y}_{e_1} - \boldsymbol{y}_{e_2}) -$

$2\boldsymbol{y}_{e_1}^{\mathrm{T}}\,\boldsymbol{y}_{e_2}+\parallel\boldsymbol{V}_r\parallel_2^2+\parallel\boldsymbol{y}_{e_1}\parallel_2^2+\parallel\boldsymbol{y}_{e_2}\parallel_2^2$。

表 3.4　几种多关系模型在核函数上的比较

算法模型	$\boldsymbol{B}_r$	$\boldsymbol{A}_r^{\mathrm{T}}$	核函数
Distance	—	$(\boldsymbol{Q}_{r_1}^{\mathrm{T}}-\boldsymbol{Q}_{r_2}^{\mathrm{T}})$	$-\parallel g_r^a(\boldsymbol{y}_{e_1},\boldsymbol{y}_{e_2})\parallel_1$
Single Layer	—	$(\boldsymbol{Q}_{r_1}^{\mathrm{T}}\quad\boldsymbol{Q}_{r_2}^{\mathrm{T}})$	$\boldsymbol{u}_r^{\mathrm{T}}=\tanh(g_r^a(\boldsymbol{y}_{e_1},\boldsymbol{y}_{e_2}))$
TransE	I	$(\boldsymbol{V}_r^{\mathrm{T}}-\boldsymbol{V}_r^{\mathrm{T}})$	$-2(g_r^a(\boldsymbol{y}_{e_1},\boldsymbol{y}_{e_2})-2g_r^b(\boldsymbol{y}_{e_1},\boldsymbol{y}_{e_2})+\parallel V_r\parallel_2^2)$
NTN	T_r	$(\boldsymbol{Q}_{r_1}^{\mathrm{T}}\quad\boldsymbol{Q}_{r_2}^{\mathrm{T}})$	$\boldsymbol{u}_r^{\mathrm{T}}\tanh(g_r^a(\boldsymbol{y}_{e_1},\boldsymbol{y}_{e_2}))+(g_r^b(\boldsymbol{y}_{e_1},\boldsymbol{y}_{e_2}))$

注:其中 $\boldsymbol{A}_r$ 和 $\boldsymbol{B}_r$ 是特定于关系的参数。

本书还考虑了基本的双线性核函数
$$g_r^b(\boldsymbol{y}_{e_1},\boldsymbol{y}_{e_2})=\boldsymbol{y}_{e_1}^{\mathrm{T}}\boldsymbol{M}_r\boldsymbol{y}_{e_2}\tag{3.17}$$
这是没有非线性层和线性算子的 NTN 的一个特例,使用二维矩阵算子 $\boldsymbol{M}_r\in\mathbf{R}^{n\times n}$ 代替张量算子。通过将 $\boldsymbol{M}_r$ 限制为对角矩阵,关系参数的数量变得与 TransE 相同。本章节实验证明这个简单的公式具有与 TransE 相同的可扩展特性,并且在链接预测任务上比 TransE 和其他更具表现力的模型具有更好的性能。

这种关系建模的通用框架也适用于最近的深度结构化语义模型,它学习了一对单词序列之间的相关性或单个关系。上述框架适用于使用多个神经网络层来映射实体并使用与关系无关的核函数 $G(\boldsymbol{y}_{e_1},\boldsymbol{y}_{e_2})=\cos[\boldsymbol{y}_{e_1}(W_r),\boldsymbol{y}_{e_2}(W_r)]$。

3.3.1.3　参数学习

上面讨论的所有模型的神经网络参数都可以通过最小化基于边际的排名目标损失函数来学习,这鼓励积极关系(三元组)的得分高于任何消极关系(三元组)的得分。通常在数据中仅观察到正三元组,给定一组正三元组 T,可以构造一组"负"三元组 T': $T'=\{(e_1',r,e_2)\,|\,e_1'\in E,(e_1',r,e_2)\,|\notin T\}\cup\{(e_1,r,e_2')\,|\,e_2'\in E,(e_1,r,e_2')\,|\notin T\}$。将三元组 (e_1,r,e_2) 的核函数表示为 $S_{(e_1,r,e_2)}$。训练目标是最小化基于边际的排名损失
$$L(\Omega)=\sum_{(e_1,r,e_2)\in T}\sum_{(e_1',r,e_2')\in T'}\max\{S_{(e_1',r,e_2')}-S_{(e_1,r,e_2)}+1,0\}\tag{3.18}$$

3.3.2 推理任务 I:链接预测

在规范链接预测任务上,本节首先对不同嵌入模型进行了比较研究,即预测未见过的三元组的正确性。本节定义链接预测为实体排名任务,对于测试数据中的每个三元组,依次将每个实体作为要预测的目标实体。分数是为正确的实体和字典中所有损坏的实体计算的,结果按降序排序。本节将平均倒数排名(MRR)(回答的实体在所有测试三元组中的倒数排名的平均值)、HITS@10(前 10 位准确度)和平均精度(MAP)用作为评价指标。

按复杂度降序测试 5 种嵌入模型:①具有 4 维张量切片的 NTN;②Bilinear+Linear,NTN,有 1 个张量切片,没有非线性层;③ TransE,Bilinear+Linear 的特例(见表 3.1);④双线性,使用方程式中的核函数。⑤Bilinear-diag,Bilinear 的一种关系矩阵是对角矩阵特殊情况。

本节使用了飞控计算机维修记录(Flight Control Computer Maintenance Record,FCCMR)和伺服作动器维修记录(The Integrated-Servo-Actuator Maintenance Record ISAMR)数据集。FCCMR 包含 255 455 个三元组,具有 62 945 个实体和 235 个关系;ISAMR 包含 792 315 个三元组,具有 19 583 个实体和 1348 个关系。本节使用相同的训练/验证/测试集拆分。还考虑仅包含频繁关系(与至少 100 个训练示例有关系)的 ISAMR 子集(ISAMR-401)。从而数据集共包含 152 046 个三元组,且具有 16 416 个实体和 940 个关系。

所有模型都是用 C♯ 和 GPU 实现的,使用带有 AdaGrad 的小批量随机梯度下降实现参数优化,本节为每个正三元组采样两个负三元组:一个具有负样本的主语实体,一个具有负样本的宾语实体。在每次梯度下降计算之后,实体向量被重新归一化为单位长度。对于关系参数,本节使用标准的 $L2$ 正则化进行优化。对于所有模型,设置 mini-batch 数值为 10,实体向量的维数 $d=100$,正则化参数 0.000 1,FCCMR 和 ISAMR 上的训练周期数 $T=300$,ISAMR-401 上的训练周期数 $T=100$,其中 T 是根据学习曲线确定的,所有模型的性能都趋于稳定。学习率最初设置为 0.1,然后在 AdaGrad 训练期间进行调整。

表 3.5 显示所有数据集上所有方法对比的结果。可以发现,性能随着模型复杂度在 ISA 上的降低而提高。NTN 是最复杂的模型,在 ISA 和 FCCMR 上的性能最差,出现了过拟合现象。与 TransE 的结果相比,本节提出的算法在相同评估指标(HITS@10)取得了更好的效果(ISAMR 上 54%:41.5%、FCCMR 上 91.2%:66.4%)。SGD 梯度下降优化算法 AdaGrad 与恒定学习

率的不同选择导致了算法准确率的不同。由表 3.5 可得,Bilinear 性能始终优于 TransE,尤其是在 FCCMR 数据集上,其优势更加明显。FCCMR 包含的实体比 ISA 多得多,它可能需要关系的参数化以更具表现力,以更好地处理实体的丰富性。本节发现双线性的一个简单变体——BILINEAR - DIAG(双直线图表),其明显优于 ISA 上的所有基线,并在 FCCMR 上实现了与双线性相当的性能。BILINEAR - DIAG 具有编码关系与其逆关系之间差异的限制。由于 ISA 中的关系种类繁多,并且每个关系的训练示例的平均数量相对较少(与 FCCMR 相比),然而 BILINEAR - DIAG 以简单的形式能够提供良好的预测性能。

表 3.5 不同嵌入模型之间的性能比较

	ISAMR		ISAMR - 401		FCCMR	
	MRR	HITS@10	MRR	HITS@10	MRR	HITS@10
NTN	0.55	41.5	0.31	41.2	0.57	66.4
Blinear+Linear	0.6	49.1	0.37	50.1	0.91	91.9
TransE(DISTADD)	0.62	54	0.39	55.4	0.42	91.2
Bilinear	0.61	52	0.39	52.9	0.93	93.1
Bilinear - diag (DISTMULT)	0.65	57.8	0.43	59.2	0.87	94.5

BILINEAR - DIAG 和 TRANSE 具有相同数量的模型参数,其差异可以看作是两个实体向量组合的操作选择——BILINEAR - DIAG 使用加权元素点积(乘法运算),而 TRANSE 使用带有偏差的元素减法(加法运算)。分别使用 DISTMULT 和 DISTADD 指代 BILINEAR - DIAG 和 TRANSE,通过两个模型之间的对比深入了解用于建模实体关系的乘法和加法两种方法的效果。表 3.6 显示了 4 种关系类别在 ISAMR－401 上分别预测主体实体和客体实体时的 HITS@10 分数,DISTMULT 在几乎所有类别中都明显优于 DISTADD。

表 3.6 按关系类别划分的结果

	预测主题实体				预测对象实体			
	1 对 1	1 对 n	n 对 1	n 对 n	1 对 1	1 对 n	n 对 1	n 对 n
分开	70.3	76.8	21.17	54.6	68.74	17.7	83.7	57.9

续表

	预测主题实体				预测对象实体			
	1 对 1	1 对 n	n 对 1	n 对 n	1 对 1	1 对 n	n 对 1	n 对 n
分配	75.8	85.2	42.97	55.9	73.74	47	81.5	59.2

实体向量的初始化：使用非线性投影和预训练向量初始化实体向量。将 DISTMULT 语义匹配模型作为本节的基线，并将其与两个优化算法 DISTMULT – tanh(使用 tanh 进行实体投影)和 DISTMULT – tanh – EV – init(使用 1 000 维预训练实体向量初始化实体参数)在 ISAMR – 401 上进行比较。重新实现了文中引入的初始化技术，将每个实体都表示为其词向量的平均值，词向量使用 word2vec 发布的 300 维预训练词向量进行初始化，将此方法表示为 DISTMULT – tanh – WV – init。设计了一个新的评估设置，其中预测的实体根据"实体类型"自动过滤(作为关系的主体/对象出现的实体具有由该关系定义的相同类型)，当提供一些实体类型信息时，可以更好地理解模型性能。

在表 3.7 中，可以看到 DISTMULT – tanh – EV – init 在所有指标上都表现出了最佳性能，DISTMULT – tanh – WV – init 的性能下降，这是因为词向量不适合对非组合短语描述的实体进行建模(ISAMR – 401 中超过 73％的实体是部附件名称、作业单位、故障和维修内容)。DISTMULT – tanh – EV – init 的良好性能表明嵌入模型可以极大地受益于使用外部文本资源的预训练实体级向量。

表 3.7   使用预训练向量进行评估

	MRR	HITS@10	MAP(w/type checking)
DISTMULT	0.46	58.6	64.6
DISMULT – tanh	0.49	63.4	76.1
DISTMULT – tanh – WV – init	0.38	52.6	65.6
DISTMULT – tanh – EV – init	0.52	73.3	88.3

3.3.3   推理任务Ⅱ:规则提取

飞控系统 PHM 知识库推理应符合一定的逻辑规则，规则提取是推理任务的必要环节,本节利用学习的嵌入从 KB 中提取逻辑规则。例如,假设一个故障发生在伺服作动器中并且是 ISA 的一个部件,那么故障的系统就是飞控系统:

故障发生部件(a,b)∧部件所在系统(b,c)⇒故障系统(a,c)

$$\text{AreaInfault}(a,b) \land \text{faultOfsystem}(b,c) \Rightarrow \text{Nationality}(a,c) \quad (3.19)$$

这样的逻辑规则可以服务于四个重要目的。首先,可以帮助推断新的事实并完成现有的知识库。其次,可以通过仅存储规则而不是大量扩展数据来帮助优化数据存储,并且仅在推理时生成事实。再次,可以支持复杂的推理。最后,可以为推理结果提供解释。

像前面例子中提取 Horn 规则的关键问题是如何有效地探索搜索空间。传统的规则挖掘方法直接在 KB graph 上运行——它们通过修剪统计显著性和相关性低的规则来搜索可能的规则(即图中的闭合路径),由于可伸缩性问题,这些方法通常在大型 KB graph 图上失败。本节介绍了一种新颖的基于嵌入的规则挖掘方法,其效率不受 KB graph 大小的影响,而是受 KB 中不同类型关系的数量(通常相对较小)的影响,由于具有很强的泛化性,因此可以挖掘出鲁棒性更强的规则。

3.3.3.1　背景和符号

每个二元关系 $r(a,b)$ 是从节点 a 到节点 b 的有向边,链接类型为 r。本节提取由头部关系 H 和一系列主体关系 $B_1,\cdots,B_n$ 组成的规则:

$$B_1(a_1,b_2) \land B_2(a_2,b_3) \land \cdots \land B_n(a_n,b_{n+1}) \Rightarrow H(a_1,a_{n+1}) \quad (3.20)$$

式中,a_i 是可以被实体替换的变量。本节约束主体关系 $B_1,\cdots,B_n$ 在图中形成一条有向路径,并从闭合的有向边中形成头部关系 H 路径(从路径的起点到路径的终点)。本节将此类属性表示为封闭路径属性。对于共享一个变量但不形成路径的连续关系,例如 $B_{i-1}(a,b) \land B_i(a,c)$,本节可以将其中一个关系替换为其逆关系,关系由客体和主体连接,例如 $B_{i-1}^{-1}(a,b) \land B_i(a,c)$。本节反映不同关系类型之间关系的挖掘规则,因此约束 $B_1,\cdots,B_n$ 和 H 具有不同的关系类型。当所有变量都被实体替换时,规则被实例化。本节将规则的长度表示为主体关系的数量,由于指数搜索空间较长,规则更难提取,因此在实验中主要提取长度为 2 和 3 的规则。

在知识库中,实体通常具有类型,而关系通常只能采用某些类型的参数。例如 AreaInfault 关系只能以故障为主体,以发生部件为客体。对于每个关系 r,将其主题参数的域(可以出现在主题位置的实体集)表示为 X_r,类似地,将其对象参数的域表示为 Y_r，这样的域信息有利于限制逻辑规则的搜索空间。

3.3.3.2 基于嵌入的规则提取

考虑长度为 2 的 Horn 规则（更长的规则可以很容易地从这种情况下导出）：

$$B_1(a,b) \wedge B_2(a,c) \Rightarrow H(a,c) \tag{3.21}$$

规则的主体可以看作是关系 B_1 和 B_2 的组合，这是一个新的关系，实体 a 和 c 是一个关系当且仅当有一个实体 b 同时满足两个关系 $B_1(a,b)$ 和 $B_2(a,c)$。

将关系组合建模为两个嵌入关系的乘法或加法，因此必须建立向量形式的关系嵌入（如在 TRANSE 中）和矩阵（如在 BILINEAR 及其变体中）。该组合方式会生成依存于相同关系空间的新嵌入向量，对关系向量嵌入使用加法，对关系矩阵嵌入使用乘法。这受到两个不同属性的激励：

（1）如果关系对应到平移矢量 V，假设当 $B(a,b)$ 成立时，$y_a + V - y_b \approx 0$，那么存在如下关系：

$$y_a + V_1 \approx y_b, \quad y_b + V_2 \approx y_c, \text{满足} \quad y_a + (V_1 + V_2) - y_b \approx 0$$

（2）如果关系对应到双线性变换中的一个矩阵 M，假设当 $B(a,b)$ 成立时，$y_a^T M y_b \approx 1$，那么存在如下关系：

$$y_a^T M_1 \approx y_b^T, \quad y_b^T M_2 \approx y_c^T, \text{满足} \quad y_a^T M_1 M_2 y_b \approx y_c^T$$

关系 B_1 和 B_2 的合成具备与关系 H 的嵌入相似的行为，如果嵌入是向量形式，假设关系嵌入之间的相似性与欧几里得距离有关，如果嵌入是矩阵形式，则与弗罗贝尼乌斯范数有关，通过计算距离度量的组合与目标关系的相关性，对可能的关系对进行排名。

在算法 1 中，描述了本节的规则提取算法，用于一般的封闭路径 Horn 规则，本节在实验中应用全局阈值 δ 来过滤每个关系 r 的候选序列，然后通过应用基于差异距离的启发式阈值策略自动选择剩余的顶部序列：通过增加距离 $d_1, \cdots, d_T$ 对序列进行排序，并将截止点于第 j 个序列设置截止点，此截止点处应满足 $j = \arg\max_i (d_{i+1} - d_i)$。

算法 1 嵌入规则

1：输入：KB $=\{(e_1,r,e_2)\}$，关系集 R

2：输出：候选规则 Q

3：对于 R 中的每个 r 做：

4：　　选择起始关系集 $S=\{s:X_s\bigcap X_r\neq\varnothing\}$

5：　　选择端部关系集 $T=\{t:y_s\bigcap y_r\neq\varnothing\}$

6：　　找出所有可能的关系序列

7：　　选择 $K-NN$ 序列 $P'\subseteq P$ 对于 r 基于 $dist(M_r,M_{p1}\cdots M_{p_n})$

8：　　使用 P' 成候选规则，其中 r 是首要关系 且 $p\in P'$ 是规则中的主体.

9：　　将候选规则添加到 Q.

10：结束

3.3.3.3 实验评估

本节删除了等价关系和域具有基数 1 的关系，训练数据包含 495 543 个实例、15 419 个实体和 475 个关系。EMBEDRULE 算法识别出 60 020 个可能的长度为 2 的关系序列和 2 357 385 个可能的长度为 3 的关系序列。然后，本节应用第 1 节中描述的阈值方法进一步选择 top 3.9K length－2 rules 和 2K length－3 rules。默认情况下，所有提取的规则都按置信度递减排序，置信度计算为正确预测与预测总数的比率，其中预测是从观察主体关系的实例化规则派生的三元组。

本节使用从 TRANSE（DISTADD）、BILINEAR、BILINEAR－DIAG（DISMULT）和 DISTMULT－tanh－EV－init 以及相应的组合函数训练的嵌入实现了四个版本的 EMBEDRULE。还将本节的方法与一种先进的规则挖掘系统 AMIE 进行对比，该方法可以通过置信度测量有效地搜索大规模 KB 中的 Horn 规则。提取封闭规则时考虑规则的超集：主体中的每个关系通过共享一个实体变量连接到其他关系，并且规则中的每个实体变量至少出现两次。本节在同一训练集上使用默认设置运行 AMIE，提取了 34 201 条可能的长度为 1 的规则和 45 993 条可能的长度为 2 的规则，其中 4 152 条规则具有闭合路径属性。将这些长度为 2 的规则与 EMBEDRULE 提取的相似数量的长度为 2 的规则进行比较。默认情况下，AMIE 按 PCA 置信度（考虑到 KB 的不完整性的归一化置信度）对规则进行排名。然而，在 ISAMR 数据集上，按照标准置信度排名比按照 PCA 置信度排名性能更好。

对于计算成本，EmbedRule 可在 2 min 内挖掘完成长度为 2 的规则，在 20 min 内挖掘完成长度为 3 的规则（使用不同类型的嵌入时计算时间相似）。而 AMIE 在 9 min 内仅挖掘完成长度为 2 的规则。所有方法均在具有 64 位处理器、2 个 CPU 和 8GB 内存的机器上进行评估。

如图 3.2 所示，比较不同方法提取的长度为 2 的规则生成的预测。本节绘制了总共产生多达 10K 预测的顶级规则的聚合精度。从左到右，第 n 个数据点表示前 n 个规则的预测总数和这些预测的估计精度。可以看到，使用从双线性目标（BILINEAR、DISTMULT 和 DISTMULTTANH – EVINIT）训练的嵌入的 EMBEDRULE 始终优于 AMIE。这表明双线性嵌入包含大量关于关系的信息，允许在不查看实体的情况下进行有效的规则选择。

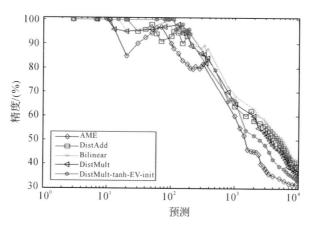

图 3.2　不同方法提取的 top length – 2 规则的聚合精度

此外，与使用向量嵌入的加法组合（DISTADD）相比，使用矩阵嵌入的乘法组合（DISTMULT＋BILINEAR）会产生更好的性能。许多 DISTADD 无法检索规则，因为它在嵌入空间中的主体关系的组合和头部关系之间分配了很大的距离，而它的乘法对应项 DISTMULT 将组合结果排在更接近头部关系的位置。

图 3.3 展示了 EMBEDRULE 的不同实现生成的长度为 3 的规则的结果，总体上 EMBEDRULE 提取的初始长度为 3 的规则可以提供较高的精度。此外，BILINEAR 在前 1K 预测中始终优于 DISTMULT 和 DISTADD，并且随着生成更多预测，DISTMULT – TANH – EV – INIT 往往优于其他方法。

BILINEAR 在提取长规则时比 DISTMULT 效果更好这一事实表明了用对角矩阵表示关系的局限性,无法描述飞控系统 PHM 复杂的相互关系,长规则需要对更复杂的关系语义进行建模。

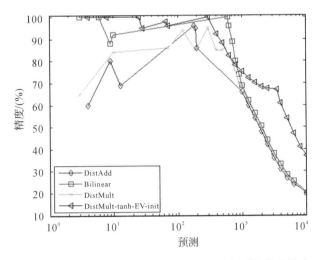

图 3.3　不同方法提取的 top - length - 3 规则的聚合精度

3.4　可微规则学习的知识图谱推理模型

飞控系统 PHM 文本具有海量、复杂的特点,其结构功能多样,故障关系耦合性强,难以提取其推理规则。目前在规则提取研究方面多利用人工智能和机器学习方法进行一阶逻辑规则(逻辑规则的好处是可解释,保证鲁棒性),如果将更多维修数据和经验添加到知识库中,则类似 TransE 为特定知识库实体学习嵌入的方法效果较差。逻辑规则是知识库推理任务的内在表示,其可解释性可以提升推理结果的可靠性,导致传输任务的稳健性,如图 3.4 所示,有关 Has fault In Area 的规则在无需重新培训的情况下仍然有用准确。因此,本书提出了一个可微的基于知识库的逻辑规则学习模型。

本书探索了一种替代方法:由一组一阶规则定义学习模型的完全可微系统,从而支持使用基于梯度下降的编程框架和优化方法来完成归纳逻辑编程任务。本节的方法受到 TensorLog 的可微概率逻辑的启发。TensorLog 在使用一阶规则的推理和稀疏矩阵乘法之间建立了联系,这使得某些类型的逻辑推理任务能够被编译成矩阵上的可微分数值运算序列。然而,TensorLog

作为一个学习系统受到限制,因为它只学习参数,而不是规则。为了在可微分框架中同时学习参数和结构,本节设计了一个具有注意力机制和记忆的神经控制器系统,以学习顺序组合 TensorLog 使用的原始可微分操作。在计算的每个阶段,控制器使用注意力"软"选择 TensorLog 操作的子集,然后使用从内存中选择的内容执行操作。本书将该方法称为神经逻辑编程或基于梯度编程框架的可微分系统。

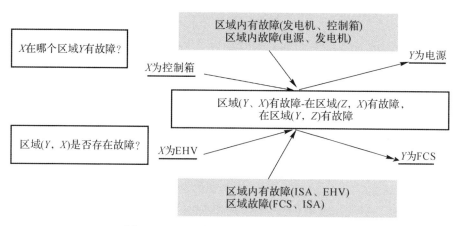

图 3.4　基于逻辑规则的知识库推理任务

实验结果表明,Neural LP 在许多任务上表现良好,在几个基准数据集的知识库上提高了性能。Neural LP 在用于统计关系学习的标准基准数据集上也表现良好,包括有关生物医学和亲属关系的数据集。由于可以使用短规则,在许多这些数据集上获得良好的性能,因此本节还在需要更长规则的合成任务上评估 Neural LP。最后,Neural LP 在部分结构化查询中表现良好,其中查询部分以自然语言提出,也可以通过对示例执行学习的控制器并跟踪注意力来恢复逻辑规则。

首先,本节描述了 Neural LP,这是第一个不仅可以学习参数而且还可以学习逻辑规则结构的端到端可微方法。其次,在几种类型的知识库推理任务上对 Neural LP 进行了实验评估,展示了这种归纳逻辑编程的新方法的优越性。最后,提出并实现了将 Neural LP 模型可视化为逻辑规则的技术。

3.4.1　模型框架

知识库是格式为 Relation(head, tail) 的关系数据的集合,其中 head 和 tail 是实体,Relation 是实体之间的二元关系。此类数据元组的示例是区域内有故障(ISA,EHV)和区域故障(FCS,ISA)。知识库推理任务包括一个查询、一个查询所涉及的实体尾部和一个作为查询答案的实体头部。目标是根据查询检索实体的排名列表,以使期望的答案(即头部)排名尽可能高。为了对知识库进行推理,对于每个查询,学习加权链状逻辑规则,类似于随机逻辑程序,本书提出的逻辑规则的形式化表达为

$$\alpha \text{query}(Y,X) \leftarrow R_n(Y,Z_n) \wedge \cdots \wedge R_1(Z_1,X) \qquad (3.22)$$

每一个规则由多个约束条件组合而成,并且被赋予一个置信度 α,其中 query(Y,X) 表示一个三元组,query 表示一个关系。其中 $\alpha \in [0,1]$ 是与此规则相关的置信度,$R_1 \cdots R_n$ 是知识库中的关系。在推理过程中,给定一个实体 x,每个 y 的得分定义为暗示查询(y,x) 的规则的置信度,本节将返回实体的排名列表,其中得分越高意味着排名越高。

给定一个知识库,其中 E 是所有实体的集合,R 是所有二元关系的集合。本节将所有实体映射为整数,每个实体 i 都与一个 one-hot 编码向量 $v_i \in \{0,1\}^{|E|}$ 相关联。这样只有第 i 个条目是 1。TensorLog 为每个关系 R 定义了一个矩阵算子 $\boldsymbol{M}_R$。具体来说,$\boldsymbol{M}_R$ 是 $\{0,1\}^{|E \times E|}$ 中的矩阵,使得当且仅当 $R(i,j)$ 在知识库中时,其(i,j)项为 1,其中 i,j 是第 i,j 个实体。于是一条规则就可以表示为一系列矩阵算子的乘积的形式,并且为每条规则学习一个置信度

将 TensorLog 操作与逻辑规则推理的受限情况联系起来。使用上述运算符,本节可以通过对于任何实体 $X=x$ 执行矩阵乘法 $R(Y,X) \leftarrow P(Y,Z) \wedge Q(Z,X)$,通过执行矩阵乘法 $\boldsymbol{M}_p \cdot \boldsymbol{M}_Q \cdot v_x = \boldsymbol{s}$。向量 s 的非零条目等于 y 的集合,因此存在 z 且 $P(y,z)$ 和 $Q(z,x)$ 在 KB 中。尽管本节描述了规则长度为 2 的情况,但很容易将这种连接推广到任何长度的规则。

受到 TensorLog 的启发,如式(3.22)所示,本书学习每个查询的内容(规则的右半部分)为

$$\sum_l \alpha_l \prod_{k \in \beta_l} \boldsymbol{M}_{R_k} \qquad (3.23)$$

式中,α_l 和 β_l 代表每条规则的置信度和结构,是需要优化的参数,每个 *query* 表示规则的右半部分。在推理过程中,给定一个实体 v_x,每个检索到的实体的分数就等于向量 s 中的条目

$$\boldsymbol{s} = \sum_l (\alpha_l (\prod_{k \in \beta_l} \boldsymbol{M}_{R_k} \boldsymbol{v}_x)), \text{score}(y|x) = \boldsymbol{v}_y^{\mathrm{T}} \boldsymbol{s} \qquad (3.24)$$

总而言之,优化目标函数为

$$\max_{\langle a_l, \beta_l\rangle} \sum_{\substack{\max \\ \langle x,y\rangle}} \text{score}(y|x) = \max_{\langle a_l, \beta_l\rangle} \sum_{\substack{\max \\ \langle x,y\rangle}} \sum_l \boldsymbol{v}_y^{\mathrm{T}} \big(\sum_l \alpha_l (\Pi_{k \in \beta_l} \boldsymbol{M}_{R_k} \boldsymbol{v}_x) \big) \quad (3.25)$$

式中，$\{x,y\}$ 是满足查询的实体对，要学习 $\{\alpha_l, \beta_l\}$。

（式 3.25）中，对于每个查询，本节需要学习暗示它的规则集以及与这些规则相关的置信度。然而，很难制定一个可微的过程来直接学习参数和结构 $\{al, \beta l\}$。因为每个参数都与特定规则相关联，而枚举规则本质上是一项离散任务，由于每一条规则的置信度都是依赖于具体的规则行事，而规则的结构的组成也是个离散的过程，因此计算过程整体是不可微的。为了克服这个困难，基于梯度编程框架的可微分系统利用下式(3.26)交换了连乘和累加的计算顺序，让计算过程变得可微。对于一个关系的相关的规则，为每个关系在每个步骤都学习了一个权重 at。但是此时限定了每条规则的长度必须为 T，从而得到具有不同参数化的下式：

$$\prod_{t=1}^{T} \sum_{k}^{|R|} a_t^k \boldsymbol{M}_{R_k} \quad (3.26)$$

式中，T 是规则的最大长度，R 是知识库中的关系数。式(3.25)和式(3.26)之间的关键参数化差异在于，在后者中，本节将规则中的每个关系与权重相关联，这结合了规则枚举和置信度分配。

然而，式(3.25)中的参数化并不足以表达，因为它假设所有规则的长度相同。显然是不合理的，因为本节不同的规则的长度是不同的，为了能够学习到变长的规则，本节在式(3.28)中解决了这个限制，本节在其中引入了一个类似于式(3.26)的循环公式。

在循环公式中，本节使用辅助记忆向量 $\boldsymbol{u}_t$ 表示每个步骤输出的答案，这一步得到的实体作为 $query$ 答案的概率分布。最初，记忆向量被设置为给定的实体 v_x。在式(3.27)中描述的每个步骤中，还设计了两个注意力向量，一个为记忆助力向量 $\boldsymbol{b}_t$，表示在步骤 T 时对于之前每个步骤的注意力。一个为算子注意向量 $\boldsymbol{a}_t$，表示在步骤 T 时对于每一个关系算子的注意力。模型首先使用内存注意向量 $\boldsymbol{b}_t$ 计算先前内存向量的加权平均值，然后模型使用算子注意力向量 $\boldsymbol{a}_t$ "软" 应用 TensorLog 算子。此公式允许模型将 TensorLog 运算符应用于所有先前的部分推理结果，而不仅限最后一步。

$$u_0 = v_x \quad (3.27)$$

$$u_t = \sum_{k}^{|R|} a_t^k M_{R_k} \big(\sum_{\tau=0}^{t-1} b_t^\tau u_\tau \big), \quad 1 \leqslant t \leqslant T \quad (3.28)$$

$$u_{T+1} = \sum_{\tau=0}^{T} b_{T+1}^\tau u_\tau \quad (3.29)$$

将每一步的输出作为 query 答案的概率都记录下来,模型计算所有记忆向量的加权平均值,从而使用注意力来选择合适的规则长度,这样实现了规则长度的可变性。 给定上述循环公式, 每个查询的可学习参数是 $\{\boldsymbol{a}_t \mid 1 \leqslant t \leqslant T\}$ 和 $\{\boldsymbol{b}_t \mid 1 \leqslant t \leqslant T+1\}$。

本节提出利用神经控制器系统来学习算子和记忆注意力向量。使用循环神经网络不仅因为它们符合本节的循环公式,还因为当前步骤的注意力很可能依赖于之前的步骤 $t \in [1, T+1]$,使用式(3.30)、式(3.31)和式(3.32)计算算子和记忆注意力向量,输入是 $1 \leqslant t \leqslant T$ 的查询和 $t = T+1$ 时的特殊 END 标记。

$$\boldsymbol{h}_t = \text{update}(\boldsymbol{h}_{t-1}, \text{input}) \tag{3.30}$$

$$\boldsymbol{a}_t = \text{softmax}(\boldsymbol{W}\boldsymbol{h}_t + \boldsymbol{b}) \tag{3.31}$$

$$\boldsymbol{b}_t = \text{softmax}([\boldsymbol{h}_0, \cdots, \boldsymbol{h}_{t-1}]^T \boldsymbol{h}_t) \tag{3.32}$$

然后系统执行式(3.27)中的计算并将 $\boldsymbol{u}_t$ 存储到内存中。内存保存每一步的部分推理结果,即 $\{\boldsymbol{u}_0, \cdots, \boldsymbol{u}_t, \cdots, \boldsymbol{u}_{T+1}\}$。图 3.5 显示了系统的概述。最终的推理结果 $\boldsymbol{u}$ 只是内存中的最后一个向量,即 $\boldsymbol{u}_{t+1}$。正如所讨论的在式(3.24)中,目标是最大化 $\boldsymbol{v}_y^T\boldsymbol{u}$。最大化 $\log\boldsymbol{v}_y^T\boldsymbol{u}$ 因为非线性根据经验提高了优化性能,将内存向量(即 $\boldsymbol{u}_t$)归一化为具有单位长度有时会改善优化。

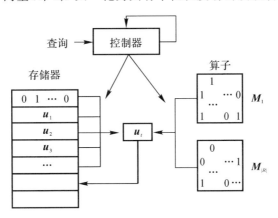

图 3.5　神经控制器系统

为了从神经控制器系统中恢复逻辑规则,对于每个查询,可以根据注意力向量 at、bt 编写规则及其置信度 $\{\boldsymbol{\alpha}_t, \boldsymbol{\beta}_t\}$。根据式(3.31)和式(3.32)之间的关系,可以按照式(3.30)恢复规则,并跟踪每个矩阵 $\boldsymbol{M}_{R_k}$ 前面的系数,见以下算法:

Algorithm 1 Recover logical rules from attention vectors

Input：attention vectors $\{a_t | t = 1 \ldots T\}$ and $\{b_t | t = 1 \ldots T+1\}$

Notation：Let $R_t = \{r_1 \ldots r_l\}$ be the set of partial rules at step t. Each rule r_l is represented by a pair of (α, β) as described in Equation where α is the confidence and β is an ordered list of relation indexes.

Initialize：$R_o = \{r_o\}$ where $r_o = (1, ())$.

for $t \leftarrow 1$ to $T+1$ **do**

Initialize：$\hat{R}_t = \varphi$. a placeholder for storing intermediate results.

for $\tau \leftarrow 0$ to $t-1$ **do**

for rule (α, β) in R_T, **do**

Update $\alpha' \leftarrow \alpha . {}_t^T$. *Store the updated rule* (α', β) *in* $\hat{R}_t$.

If $t \leq T$ **then**

Initialize：$R_t = \varphi$

for rule (α, β) in $\hat{R}_t$ **do**.

for $k \leftarrow 1$ to $|R|$ **do**

Update $a' \leftarrow a . a_t^k, \beta' \leftarrow \beta$ append k. Add the updated rule (α', β') to R_t.

else

$R_T = \hat{R}_t$

return $R_T + 1$

3.4.2 实验验证

为了测试 Neural LP 的推理能力,本节进行了统计关系学习、网格路径查找、知识库完成和针对知识库的问答等实验。对于所有维修记录,实验中使用的数据分为事实、训练和测试三个文件。事实文件用作构建 TensorLog 算子 $\{M_{R_k} | R_k \in R\}$ 的知识库。训练和测试文件包含查询示例查询(头、尾)。与学习嵌入的情况不同,本节不需要训练和测试中的实体重叠,因为本节系统学习的是独立于实体的规则。

本节的系统在 TensorFlow 中实现,可以使用梯度下降方法进行端到端训练。神经控制器中使用的循环神经网络是长短期记忆,隐藏状态维度为135。本节使用的优化算法是批量梯度下降 ADAM,批量大小为48,学习率最初设置为 0.001。训练迭代的最大数量为10,验证集用于提前停止。

3.4.2.1 统计关系学习

本节在统计关系学习中对两个基准数据集进行了实验。数据集统计数据如表 3.8 所示。本节将数据集随机分成事实、训练、测试文件,比例为 6 : 2 : 1。评估指标为 Hits@10。实验结果如表 3.9 所示。与迭代结构梯度(ISG)相比,基于梯度编程框架的可微分系统在两个数据集上都取得了更好的性能。本节推测这主要是因为 Neural LP 中使用的优化策略是基于端到端梯度的,而 ISG 的优化在结构和参数搜索之间交替进行。

表 3.8　数据集统计

	♯数据	♯关系	♯实体
UMLS	5 960	46	135
亲属关系	9587	25	104

表 3.9　实验结果。T 表示最大规则长度

	ISG		Neural LP	
	$T=2$	$T=3$	$T=2$	$T=3$
UMLS	43.5	43.3	92.0	93.2
亲属关系	59.2	59.0	90.2	90.1

3.4.2.2　网格路径查找

由于在之前的任务中学习的规则长度最多为 3 个,本节设计了一个合成任务来测试 Neural LP 是否可以学习更长的规则。实验设置包括一个知识库,其中包含有关 16×16 网格的位置信息。训练和测试示例是成对的开始和结束位置,它们是通过在网格上随机选择一个位置然后按照查询生成的。本节根据路径长度(即开始和结束之间的汉明距离)将查询分为四类,范围从 2 到 10。

图 3.6 显示了使用 ISG 和 Neural LP 学习逻辑规则的该任务的推理准确性。随着路径长度和学习难度的增加,结果表明,基于梯度编程框架的可微分系统可以准确地学习到该任务的长度为 6.8 的规则,并且在处理更长的规则方面比 ISG 更健壮。

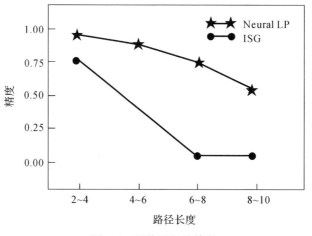

图 3.6 网格寻径的精度

3.4.2.3 知识库构建

本节在实体、关系、规则定义的基础上进行了知识库构建。在这个任务中,查询和尾部是缺失数据元组的一部分,目标是检索相关的头部。例如,如果知识库中缺少 Has fault In Area（FCS,EHV）,那么目标是推理现有数据元组并在出现查询 Has fault In Area 和 EHV 时检索 FCS。为了将查询表示为神经控制器的连续输入,本节共同学习每个查询的嵌入查找表。嵌入的维度为 128,并随机初始化为单位范数向量。本节实验中的知识库来自 FCCMR 和 ISAMR。本节使用文献中介绍的数据集 FCCMR18 和 ISAMR。本节还考虑了一个更具挑战性的数据集 ISAMRSelected,它是通过从 ISAMR 中删除近乎重复和反向关系而构建的。使用与先前工作相同的训练/验证/测试拆分,并使用反向数据元组扩充数据文件,即对于每个关系,添加其逆 inv_relation。为了创建一个事实文件并用作知识库,将原始文件进一步拆分为事实并以 3∶1 的比例进行训练,数据集统计总结在表 3.10 中。

表 3.10 知识库完成数据集统计

数据集	♯事实	♯训练	♯测试	♯关系	♯实体
FCCMR18	106 103	35 366	5 003	29	40 945
ISAMR	362 553	120 616	59 074	1 356	14 953
ISAMRKSelected	204 102	68 040	20 469	248	14 543

　　每个步骤的注意力向量默认应用于知识库中的所有关系。有时这会产生不必要的大搜索空间。在本节对 ISAMR 的实验中,为每个查询使用一组运算符。通过包含与查询共享公共实体的前 128 个关系来选择子集。对于所有数据集,最大规则长度 T 为 2。使用的评估指标是平均倒数排名(MRR)和 HITS@10。MRR 计算所需实体的倒数排名的平均值。HITS@10 计算排名前 10 的所需实体的百分比,遵循 Bordes 等人的协议,本节也使用过滤排名。本节将 Neural LP 的性能与几个模型进行了比较,总结在表 3.11 中。

表 3.11　从 TransE 和神经张量网络的结果中提取知识库完成性能比较

	FCCMR 18		ISAMR 15K		ISAMR 15KSelected	
	MRR	HITS@10	MRR	HITS@10	MRR	HITS@10
神经张量网络	0.53	66.1	0.25	41.4	—	—
TransE	0.38	90.9	0.32	53.9	—	—
DISTMULT	0.83	94.2	0.35	57.7	0.25	40.8
Nodel＋LinkFeat	0.94	94.3	0.82	87.0	0.23	34.7
Implicit ReasoNets	—	95.3	—	92.7	—	—
Neural LP	0.94	94.5	0.76	83.7	0.24	36.2

　　基于梯度编程框架的可微分系统在 FCCMR18 上给出了最先进的结果,在 ISAMR 上给出了接近最先进的结果。已经注意到 FCCMR18 和 ISAMR 中的许多关系也进行了处理,这使得它们易于学习。ISAMRSelected 是一个更具挑战性的数据集,基于梯度编程框架的可微分系统大大提高了 Node＋LinkFeat 的性能,并在 MRR 方面实现了与 DISTMULT 相似的性能。在 ISAMRSelected 中,由于测试实体很少在知识库中直接链接,因此模型需要明确推理关系的组成。基于梯度编程框架的可微分系统学习到的逻辑规则可以非常自然地捕捉到这样的组合。

　　基于梯度编程框架的可微分系统学习到的规则示例如表 3.12 所示。每条规则前面的数字是归一化置信度,通过除以每个关系的规则的最大置信度来计算。从示例中可以看到,基于梯度编程框架的可微分系统成功地将结构学习和参数学习结合在一起。不仅可以归纳出多个逻辑规则来捕捉知识库中的复杂结构,而且还可以学习在规则上分配置信度。

表 3.12　Neural LP 在 FB15KSelected 上学习的逻辑规则示例

1.00 partially_ contains (C,A)＋ － contains(B,A) A contains (B,C)

0.45 partially_ contains (C,A)←contains (A,B) A contains (B,C)

0.35 partially－ contains (C,A)←contains (C,B) A contains (B,A)

1.00 ISA_location (C,A)←nationality (C,B)人 contains (B,A)

0.35 ISA_ location (B,A)←nationality (B,A)

0.24 ISA_location(C,A)← place_lived(C,B) A contains (B,A)

1.00 FK_ edited_ by (B,A)←－ nominated_ for (A,B)

0.20 FK_ edited. by (C,A)←award_nominee (B,A) ˆ nominated_for (B,C)

　　为了展示基于梯度编程框架的可微分系统的归纳学习优势,本节进行了实验,其中训练和测试使用不相交的实体集。为了创建这样的设置,首先,随机选择一个测试元组的子集作为测试集。其次,通过排除与所选测试元组共享实体的任何元组来过滤训练集。表 3.13 显示了此感应设置中的实验结果。

表 3.13　归纳知识库完成情况

	FCCMR 18	ISAMR 15K	ISAMR 15KSelected
TransE	0.01	0.48	0.53
Neural LP	94.49	73.28	27.97

　　归纳设置导致 TransE 模型的性能大幅下降,该模型使用转导学习方法,对于所有三个数据集,HITS@10 下降到接近于零。相比之下,Neural LP 受看不见的实体数量的影响要小得多,并且在与非归纳设置相同的规模上实现了性能,Neural LP 模型具有能够转移到看不见的实体的优势。

3.4.2.4　针对知识库的推理

　　本节进一步对知识推理任务进行了实验,其中查询是"部分结构化"的,因为查询部分是用自然语言提出的。部分结构化查询的示例是"故障在哪个部位/故障定位在某部附件上",而不是 Has fault In Area(Y,x)。Neural LP 非常自然地处理此类查询,因为神经控制器的输入是一个向量,可以对结构化查询或自然语言文本进行编码。数据集包含知识库和问答对。每个问题(即查询)都是关于一个实体的,答案是知识库中的实体集。有 186 956 个训练示例和 20 000 个测试示例。知识库有 47 290 个飞控系统维修相关实体和 9 个关系。本节处理数据集以匹配 Neural LP 的输入格式。对于每个问题,本节通过检查哪些词与知识库中的实体匹配来识别尾部实体。本节还过滤问题中的单词,只保留前 100 个常用词,每个问题的长度限制为 6 个单词。为了将自然语言中的查询表示为神经控制器的连续输入,本节共同学习了查询中出现的所有单词的嵌入查找表。查询表示被计算为其中单词嵌入的算术平均值。

将 Neural LP 与几个基于嵌入的 QA 模型进行比较。这些方法与本节的方法的主要区别在于,Neural LP 不嵌入知识库,而是学习组合在知识库上定义的算子。业绩对比总结在表 3.14 中。

表 3.14　业绩对比

模型	精度
Memory Network	78.6
QA system	93.6
Key – Value Memory Network	94
Neural LP	94.7

为了可视化学习模型,从测试数据集中随机抽取 590 个问题并计算每个问题的嵌入。实验结果表明,Neural LP 通过联合学习单词表示和逻辑规则,可以成功处理自然语言中提出的飞控系统故障维修相关查询。

3.5　端到端可微规则挖掘模型优化

知识库存储有关飞控系统 PHM 领域的故障文本、过程描述和修理数据等的结构化信息,由于人类知识、维修故障库和提取算法的局限性,即使是最大的知识库仍然不完整。目前已经开发了许多项目来缩短 KB 与人类知识之间的差距,其中,使用知识图中的现有元素来推断新元素的存在是一种较流行的方法。这一系列研究有两个突出的方向:表示学习,它获得知识图谱中所有实体和关系的分布式向量;规则挖掘,它使用在知识图谱中观察到的频繁模式的共现来确定逻辑规则。

基于逻辑学习的链路预测方法的主要优点之一是,它们可以应用于转导和归纳问题,同时表示学习方法不能用于归纳场景。表示学习技术需要在整个知识库上进行重新训练,以便找到答案。相比之下,规则挖掘方法可以将推理转移到看不见的事实上。此外,学习逻辑规则为本节提供了可预测的预测推理,而基于嵌入的方法则不是这样。这种可解释性可以使人类保持在循环中,促进调试,并提高用户的可信度。更重要的是,规则允许通过专家添加额外规则进行知识转移,在数据很少或质量低的场景中,与表示学习模型相比,这是一个强大的优势。

将知识图谱建模为事实 $G=\{(s,r,o) \mid s,o \in \varepsilon, r \in R\}$ 的集合,其中 ε 和 R 分别表示知识图谱中的实体集和关系。一阶逻辑规则的形式是 $B \Rightarrow H$,其中 $B=\wedge_i B_i(.,.)$ 是关系 B_i 的结合,例如,livesI(,),称为 Body,H 是称为头部的特定谓词。如果规则中的每个关系至少与另一个关系共享一个变量,则规则是连接的;如果每个关系都共享,则规则关闭规则中的变量出现在至少两个关系中。

本节的目标是找到所有 $T \in N$ 和关系 $B_1, B_2, \cdots, B_T, H$ 以及置信度值 $\alpha \in \mathbb{R}$,其中

$$B_1(x,z_1) \wedge B_2(z_1,z_2) \wedge \cdots \wedge B_T(z_{T-1},y) \Rightarrow H(x,y):\alpha \quad (3.33)$$

式中,z_is 是可以用实体替换的变量。这需要搜索离散空间以查找 B_is,并搜索连续空间以了解每个特定规则 α。

3.5.1 理论方法

定义 ε 和 $\{v_1, \cdots, v_n\}$ 的元素之间的一一对应关系,其中 n 是实体的数量,而 $v_i \in \{0,1\}^n$,是向量在位置 i 为 1,否则为 0。本节将 A_{B_r} 定义为知识库关于关系 B_r 的邻接矩阵;A_{B_r} 的元素 $(i,j)^{th}$ 当对应于 v_i 和 v_j 的实体,具有关系 B_r 时等于 1,否则为 0。

紧凑的可微分公式:

为了以可微分的方式处理这个固有的离散问题,用上述符号表示一对实体 (x,y) 存在一个关系链:

$$B_1(x,z_1) \wedge B_2(z_1,z_2) \wedge \cdots \wedge B_T(z_{T-1},y) \quad (3.34)$$

相当于是一个正标量 $v_x^T \cdot A_{B_1} \cdot A_{B_2} \cdots A_{B_T} \cdot v_y$。该标量等于长度为 T 的路径的数量,将 x 连接到 y 并遍历关系 B_{r_i}。对于每个头部关系 H,可以在下式中通过查找特定 α 学习逻辑规则:

$$w_H(\alpha) \doteq \sum_s \alpha_s \prod_{k \in p_s} A_{B_k} \quad (3.35)$$

最大化,得

$$O_H(\alpha) \doteq \sum_{(x,H,y \in KG)} v_x^T w_H(\alpha) v_y \quad (3.36)$$

式中,s 对最大长度为 T 的所有潜在规则进行索引,并且 p_s 是与由 s 索引的规

则相关的关系的有序列表。

然而,由于 $O_H(\alpha)$ 中可学习参数的数量可能非常大,即 $O(|R|^T)$,并且满足头部 H 的观察对 (x,y) 的数量通常很小,直接优化 $O_H(\alpha)$ 属于过度参数化的状态,无法提供有用的结果。为了减少参数的数量,可以将 $w_H(\alpha)$ 重写为

$$\Omega_H(\alpha) \doteq \prod_{i=1}^{T} \sum_{k=1}^{|R|} \alpha_{s,k} \boldsymbol{A}_{B_k} \tag{3.37}$$

这种重新制定显著减少了 TR 的参数数量。然而,新的公式只能学习固定长度 T 的规则。为了克服这个问题,本节将 $\Omega_H^l(a)$ 修改为

$$\Omega_H^l(a) \doteq \prod_{i=1}^{T} \left(\sum_{k=0}^{|R|} \alpha_{i,k} \boldsymbol{A}_{B_k} \right) \tag{3.38}$$

式中定义了一个新的关系 B_0,其邻接矩阵 $\boldsymbol{A}_{B_0} = \boldsymbol{I}_n$。有了这个变化,$\Omega_H^l$ 的扩展包括所有可能的长度为 T 或更小的规则模板,只有 $T(|R|+1)$ 自由参数。

尽管 Ω_H^l 考虑了所有可能的规则长度,但它在学习正确的规则信心。正如本节将在实验部分第 5.3 节中展示的那样,这个公式(以及 Neural LP)不可避免地会以高置信度挖掘不正确的规则。以下定理提供了关于由 Ω_H^l 获得的规则的受限表达能力的见解。

定理 1:若 R_o, R_s 是 Ω_H^L 相关目标优化得到的长度为 T 的两条规则,置信度值为 α_o, α_s,则存在 l 条规则长度 $T, R_1, R_2, \cdots, R_l$,置信度值为 $\alpha_1, \alpha_2, \cdots, \alpha_l$,使得对于 $1 \leqslant l \leqslant \ell, d(R_o, R_1) = d(R_l, R_s) = 1$ 并且 $d(R_o, R_s) \leqslant l+1, d(R_l, R_{l+1}) = 1$ 且 $\alpha_l \geqslant \min(\alpha_o, \alpha_s)$。其中 $d(.,.)$ 是两个相同大小的规则之间的距离,定义为它们之间不匹配的关系数。

证明如下:

定义:$a^* = \arg \max_a O_H^l(a) = \sum_{(x,H,y \in KG)} \boldsymbol{v}_x^{\mathrm{T}} \Omega_H^l(a) \boldsymbol{v}_y$,其中 $O_H^l(a)$ 是与 $\Omega_H^L(a)$ 模型相关的目标。长度 T 规则的置信度值,例如 S,具有主体 $B_{r1} \wedge B_{r2} \wedge \cdots \wedge B_{rT}, a_S^* = \prod_{i=1}^{T} a_{i,r_i}^*$。

因此,将 S 中的 B_{r_i} 更改为 $B_{r_i'}$,不会降低置信度值当且仅当 $a_{i,r_i}^* \leqslant a_{i,r_i^*}^*$。令 $a_{i,r_i^*}^*$ 为序列 $a_{i,1}^*, \cdots, a_{i,|R|}^*$ 的最大元素。通过因此改变 S 中 B_{r_i} 到 $B_{r_i^*}$(对于 is 这里 $r_i^* \neq r_i$)本节得到一个长度为 T 的规则序列,不递减置信度值。该序列中任意两个连续元素之间的距离为 1。序列的最后一个元素 (S^*) 是长度为 T 的规则中置信度值最高的规则,并且序列的长度为 $d(S, S^*) + 1$。

为证明定理,将 S 替换为 R_o 和 R_s 即可得到两个规则序列,长度为 $d(R_o, S^*) + 1$ 和 $d(R_s, S^*) + 1$。通过反转与 R_s 相关的序列并将其与另一个序列连

接,本节得到一个长度为 $d(R_o,S^*)+d(R_s,S^*)+1$ 的序列、满足证明定理所需的条件(排除 R_o 和 R_s 后)。序列中规则的置信度值满足条件 $\alpha_l \geqslant \min(\alpha_o,$ $\alpha_s)$,因为序列中的所有规则都与 $R_s(R_o)$ 和 S^* 的置信度值大于或等于 $R_s(R_o)$。由于 $d(.,.)$ 是一个有效的距离函数,它满足三角不等式,因此 $d(R_o,R_s) \leqslant d(R_o,S^*)+d(R_s,S^*)$,这意味着 $d(R_s,R_o) \leqslant ? +1$。

进一步解释定理 1,考虑一个示例知识库,其中只有两个体长 $T=3$ 的有意义的逻辑规则,即 R_o 和 R_s,因此它们不共享任何关系。根据定理 1,通过优化 $O_H^I(a)$ 学习这两个规则导致学习至少 $l \geqslant 2$ 个其他规则,因为 $d(R_o,R_s)=3$,置信度值大于 $min(\alpha_o,\alpha_s)$。这意味着本节不可避免地要学习至少 2 个额外的错误规则,这些规则具有很大的置信度值。

3.5.2 模型优化

长度为 T 或更小的规则的置信度值的数量是 $(|R|+1)^T$。这些值可以被视为 T 维张量的条目,其中每个轴的大小为 $|R|+1$。本节将规则的置信度值与主体 $B_{r1} \wedge B_{r2} \wedge B_{rT}$ 在位置 $(r_1,r_2,\cdots,r_T)$ 在张量中,称之为置信值张量。

可以证明,通过展开 $\Omega_H^I(a)$ 得到的最终置信度是置信值张量的秩一估计。这种解释使 $\Omega_H^I(a)$ 的限制更加清晰,并提供了与张量估计文献的自然联系。由于低秩逼近(不仅仅是秩一)是张量逼近的一种流行方法,用它来推广 $\Omega_H^I(a)$。与秩 L 近似相关的可以表述为

$$\Omega_H^L(a,L) \doteq \sum_{j=1}^{L}\left\{\prod_{i=1}^{T}\sum_{k=0}^{|R|}\alpha_{j,i,k}\boldsymbol{A}_{B_k}\right\} \tag{3.39}$$

在以下定理中,证明 $\Omega_H^L(a,L)$ 足够强大,可以学习任何一组逻辑规则,不包括无关的。

定理 2:对于任何一组规则 $R_1,R_2,\cdots,R_r$ 及其相关的置信度值 $\alpha_1,\alpha_2,\cdots,$ α_r 存在 L^* 和? a^*,使得:$\Omega^L(a^*,L^*)=\alpha_1 R_1+\alpha_2 R_2 \cdots +\alpha_r R_r$。

为了证明这个定理,将证明对于 $L^*=r$ 可以找到 a^* 以满足要求。假设 R_j(对于某些 $1 \leqslant j \leqslant r$)的长度为 t_0,由关系 $B_{r1},B_{r2},\cdots,B_{r_{t_0}}$ 组成。通过设置一个 $a_{j,i,k}^*$,即

$$a_{j,i,k}^* = \begin{cases} \alpha_j\delta_{r_1}(k) & \text{if } i=1 \\ \delta_{r_1}(k) & \text{if } 1<i<t_0 \\ \delta_0(k) & \text{if } t_0<i \end{cases} \tag{3.40}$$

很容易证明 a^* 满足定理 2 中的条件,对于每个 j 的 $\Omega_H^L(a^*,L^*)$,有

$$\prod_{i=1}^{T}\sum_{k=1}^{|R|}\alpha_{j,i,k}^*\boldsymbol{A}_{B_k}=\alpha_j\boldsymbol{A}_{B_{r_1}}\cdot\boldsymbol{A}_{B_{r_2}}\cdots\boldsymbol{A}_{B_{r_{t_o}}}\cdot\boldsymbol{I}\cdots\boldsymbol{I}=\alpha_jR_j$$

因此,$\Omega_H^L(a^*,L^*)=\sum\alpha_jR_j$。

Ω_H^L 中可学习参数的数量现在是 $LT(|R|+1)$。然而,这只是寻找单个头部关系规则的自由参数的数量,学习知识图中所有关系的规则需要估计 $LT(|R|+1)\cdot|R|$ 参数,即 $O|R|^2$ 并且可能很大。此外,本节还没有解决的主要问题是,直接优化与 Ω_H^L 相关的目标会分别学习不同头部关系的规则参数,因此学习一个规则无助于学习其他规则。

对于某些关系对不能相互跟随,或者出现在一起的概率非常低。这种信息可用于估计不同头部关系的逻辑规则,并可在它们之间共享。为了将这一观察结果纳入本节的模型并缓解上述问题,使用 LSTM(双向 RNN)估计方程 3.40 中的 $a_{j,i,k}$:

$$h_i^{(j)},h'^{(j)}_{T-i+1}=\mathrm{BiRNN}_j(e_H,h_{i-1}^{(j)},h'^{(j)}_{T-i}) \tag{3.41}$$

$$[a_{j,i,l},\cdots,a_{j,i,|R|+1}]=f_\theta([h_i^{(j)},h'^{(j)}_{T-i+1}]) \tag{3.42}$$

式中,h 和 h' 分别是前向和后向路径 RNN 的隐藏状态,两者都是零初始化的。隐藏状态的子索引表示它们的时间步长,它们的超级索引识别它们的双向 RNN,e_H 是头部关系 H 的嵌入。

3.5.3　实验验证

实验是在三个不同的数据集上进行的,包括飞控计算机维修记录(Flight Control Computer Maintenance record,FCCMR)、状态选择器(State Selector,SS)和伺服作动器维修记录(The Integrated - Servo - Actuator Maintenance Record,ISAMR)数据集。每个数据集的统计信息如表 3.15 所示。

表 3.15　统计关系学习的数据集

	三元组	关系	实体
FCCMR	29 367	12	3 008
SS	6 020	51	140
ISAMR	8 978	34	99

将 DRUM 与其最先进的可微规则挖掘替代方案基于梯度编程框架的可

微分系统。为了显示 DRUM 中排名大于 1 的重要性，本节测试了 DRUM - 1
和 DRUM - 4 两个版本，分别具有 $L=1$ 和 $L=4$。

NeuralLP 和 DRUM 是仅有的可扩展可微分方法，无需在测试时使用实
体的嵌入即可对 KB 进行推理，并且仅基于逻辑规则提供预测。其他方法，如
NTPs 在训练和测试时依赖某种类型的学习嵌入。由于规则是可解释的，而
嵌入不是，这将本节的方法和 NeuralLP 置于完全可解释的类别中，而其他方
法则没有这个优势（因此直接将它们相互比较是不公平的）。使用两个广泛的
知识图 FCCMR 和自由基。FCCMR 是为生成直观可用的字典而构建的知识
库，而 ISAMR 是一个不断增长的一般事实知识库。在实验中使用
FCCMR18RR 是 FCCMR 的一个子集，和 ISAMR - 237。

在 DRUM 实验中，为两个数据集设置了估计器 $L=3$ 的等级。结果报告
没有任何超参数调整。为了训练模型，将训练文件分成事实和新的训练文件，
比例为 3：1，使用过滤排名，结果如表 3.16 所示。

表 3.16　传导链路预测结果

	FCCMR18RR				ISAMR - 237			
	MRR	HITS@10	HITS@3	HITS@1	MRR	HITS@10	HITS@3	HITS@1
R - GCN	–	–	–	—	0.263	0.432	0.273	0.168
DistMult	0.445	49.015	0.455	0.405	0.256	0.434	0.278	0.17
ConvE	0.445	0.535	0.455	0.415	0.34	0.516	0.371	0.252
ComplEx	0.455	0.525	0.475	0.425	0.262	0.443	0.29	0.173
TuckER	0.485	0.541	0.497	0.458	0.373	0.559	0.409	0.281
ComplEx - N3	0.485	0.555	—	—	0.365	0.555	—	—
RotatE	0.491	0.586	0.507	0.443	0.353	0.548	0.39	0.256
NeuralLP	0.45	0.581	0.449	0.386	0.255	0.377	—	—
MINERVA	0.463	0.528	0.471	0.428	0.308	0.471	0.344	0.232
Multi－Hop	0.487	0.557	—	0.452	0.408	0.559	—	0.344
DRUM(T=2)	0.45	0.583	0.45	0.385	0.265	0.388	0.286	0.202
DRUM (T=3)	0.501	0.601	0.528	0.44	0.358	0.531	0.393	0.27

结果表明，对于两个数据集的所有指标，DRUM 在经验上都优于 Neural

—LP。在所有方法（包括基于嵌入的方法）中，DRUM 还实现了最先进的 HIT@1、HIT@3 以及 FCCMR18RR 上的 MRR。仅根据准确性将 DRUM 与基于嵌入的方法进行比较是不公平的，因为与 DRUM 不同，它们是不提供可解释性的黑盒模型。此外，基于嵌入的方法无法对以前看不见的实体进行推理。

对于归纳链接预测实验，测试和训练文件中的实体集需要是不相交的。为了构造这种数据，在随机选择一个测试元组的子集作为新的测试文件之后，省略了训练文件中包含新测试文件中的实体的任何元组，HITS@10 的归纳结果如表 3.17 所示。

表 3.17　归纳链路预测 HITS@10 指标

	FCCMR18	ISAMR–237 系列
TransE	0.021	0.55
NeuralLP	93.55	28.17
DRUM	94.29	29.31

可以合理地预期在归纳设置中基于嵌入的方法的性能会显著下降，展示了 DRUM 在归纳机制中优于基于梯度编程框架的可微分系统。同样对于 HITS@1 和 HITS@3，DRUM 的结果比 NeuralLP 高 1％，对于 TransE，所有值都接近于零。

3.6　本　章　小　结

针对飞控系统 PHM 知识推理中存在的基于嵌入的实体对齐、多关系推理、可微规则挖掘等问题，本章提出了一种具有程度感知的知识图谱嵌入的半监督方法进行实体对齐。设计了一个基于循环一致性的性能损失，以利用未对齐的实体来增强对齐能力。结果表明，实体度通过影响学习的嵌入进而降低下游应用程序的性能。为此，本章采用了对抗训练来改善嵌入结果，并对四组维修基地的数据集进行了测试验证，结果表明，本章所建立的模型在实体对齐任务上始终表现最优。

另外，本章建立了一个学习知识库中实体和关系表示的通用框架，可用于评估知识推理任务的不同嵌入模型。使用双线性模型公式获得了最优的链接预测嵌入模型，并从 KB 中提取逻辑规则来检查学习的嵌入。从双线性目标学习的嵌入可以捕获关系的组合语义,并成功地用于提取涉及组合推理的规则。通过逻辑规则重写优化了端到端规则挖掘方法并基于梯度编程框架的可微分操作,实现了飞控系统故障诊断推理。

第4章 融合失效物理与数据驱动的寿命预测方法

4.1 引　　言

第三章通过研究基于可微规则的故障推理技术,形成了基于故障现象推理的故障诊断能力。寿命预测是 PHM 系统的另一项关键能力,通过装备运维数据预测后期性能走势,达到提前故障预警的目的。寿命预测方法主要包括基于失效物理的方法(Physics Of Failure,POF)和数据驱动的方法(Data Driven,DD)。建立装备的退化模型是 PHM 系统寿命预测的关键环节。然而,飞控系统电动舵机服役环境多样,其退化往往呈多阶段、非线性等特点,对寿命预测建模的鲁棒性带来挑战。

为此,本章基于 Wiener 过程和 LSTM 的联合方法进行飞机伺服作动器的剩余寿命预测。首先,构建基于非线性 Wiener 过程生成数据的物理模型,通过 Wiener 过程生成数据和修正数据输入 LSTM 来实现飞机伺服作动器的高鲁棒性寿命预测;其次,针对电动舵机退化过程呈现的多阶段、非线性特点,建立数据驱动与失效物理融合的退化模型。最后,通过优化模型参数对剩余寿命预测结果进行更新,以实现电动舵机失效寿命的实时准确预测。

4.2 基于维纳过程与 LSTM 的伺服作动器寿命预测

伺服作动器(ISA)是飞控系统的重要执行部件,是民用和军用飞机的重要子系统,对飞机的飞行姿态、运动轨迹及飞行安全起决定性作用。在本质上,它是伺服子系统的执行元件,通过对负载产生作用力,实现对其的速度、方向、位移三个维度的控制。作动器伺服控制系统由于组成复杂、对数字计算机和模拟备份计算机的指令进行跟随,所面临的工况多变,所处的工作环境恶劣。ISA 是电传飞控系统的关键部件,可靠性及功能要求高,结构复杂,设计高度集成,实现状态估计和健康管理在一定程度上对飞行安全具有重要意义。

对于 ISA 的寿命预测,最重要的性能参数是零偏电流,零偏电流表征为 ISA 在伺服阀通电初始状态,液压流量为 0 时的电流。然而,在实测过程中,零偏电流仅能在伺服电机初始状态获取,且只有一维数据,导致模型鲁棒性差。为了解决这个问题,提出了一种基于改进 LSTM 和 Wiener 过程的混合方法。首先,通过专家公式对原始零偏电流数据进行修正,以减轻环境温度的影响。其次,根据归一化后零偏电流数据,利用分步估计法建立非线性 Wiener 过行参数估计模型。再次,利用具有零偏电流物理退化特性模型生成飞机 ISA 的多维退化数据。最后,利用石家庄海山飞控系统维修基地提供的真实零偏电流数据对所提出的方法进行评估,将校正后的数据和生成的数据都作为改进 LSTM 的输入来改进 RUL 预测结果。

4.2.1 总体结构

本书提出的一种飞机伺服作动器剩余使用寿命的混合预测方法包括 5 个部分,如图 4.1 所示。①数据预处理;②维纳过程建模;③训练 LSTM 网络;④基于 LMS 的参数优化算法;⑤LSTM 模型预测。具体步骤如下:

Step1　数据预处理。

1)通过专家公式对原始零偏电流数据进行修正,以减轻环境温度的影响。

2)对零偏电流进行归一化处理

Step2　维纳过程建模。

1)根据归一化后的零偏电流数据,利用分步估计法建立非线性 Wiener 过程参数估计模型。

2)利用具有零偏电流物理退化特性模型生成飞机 ISA 的多维退化数据。

Step3　训练 LSTM 模型。

利用训练集训练 LSTM 模型预测模型。

Step4　基于 LMS 的参数优化算法。

根据最小均方误差(LMS)准则,以最小化 LSTM 模型训练误差为目标,采用随机梯度下降法来对模型参数进行优化,从而达到预测误差最小。

Step5　LSTM 模型预测。

用测试集验证 Step4 训练好的 LSTM 预测。

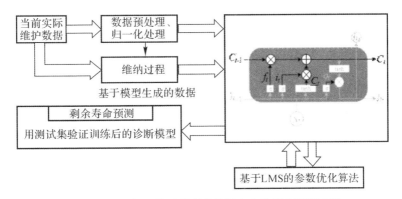

图 4.1　飞机伺服作动器剩余使用寿命的混合预测方法

4.2.2　维纳过程

受维纳过程在航空发动机上应用的启发,建立了伺服作动器性能参数(ZBC)的物理模型。基于维纳过程,退化模型可以表示为

$$y_k = a + \mu t_k + \sigma W(t_k) \tag{4.1}$$

式中,y_k 是时间 t 的零偏电流趋势值,a 是相对零偏电流的初始值,μ 是漂移参数,$W(t_k)$ 是代表退化过程随机动力学的标准布朗运动,σ 是扩散参数[128]。在式(4.1)中,3 个参数(a、μ 和 σ)对于提高伺服作动器的性能至关重要。这 3 个参数中,a 很容易得到。a 的值可以设置为测得的零偏电流数据的初始值。然而,μ 和 σ 需要计算。以下步骤显示了如何获得这两个参数。

$$\Delta y_i = a + \mu t_i + \sigma W(t_i) - [a + \mu t_{i-1} + \sigma W(t_{i-1})] =$$
$$\mu(t_i - t_{i-1}) + \sigma[W(t_i) - W(t_{i-1})] =$$
$$\mu \Delta t_i + \sigma \Delta W(t_i), \quad (i = 1, 2, \cdots, n) \tag{4.2}$$

基于 $\Delta W(t_i) \sim N(0, \Delta t_i)$,通过 Wiener 过程推导出

$$\Delta y_i \sim N(\mu \Delta t_i, \sigma^2 \Delta t_i) \tag{4.3}$$

然后,需要计算增量集的联合密度函数($\Delta y_1, \Delta y_2, \cdots, \Delta y_n$)。在维纳过程的基础上,样本的似然函数 $L(\mu, \sigma)$ 可通过下式实现

$$L(\mu, \sigma) = f(\Delta y_1, \Delta y_2, \cdots, \Delta y_n) = f(\Delta y_1)f(\Delta y_2)\cdots f(\Delta y_n) \tag{4.4}$$

关于 μ 的偏微分方程可以表示为

$$\frac{\partial \ln L}{\partial \mu} = \frac{1}{n}\sum_{i=1}^{n} \frac{\Delta y_i - \mu \Delta t_i}{\sigma^2 \Delta t_i} = 0 \tag{4.5}$$

根据式(4.4)和式(4.5),关于 μ 的最大似然估计 $\hat{\mu}$ 由下式实现

$$\hat{\mu} = \frac{1}{n} \sum_{i=1}^{n} \frac{\Delta y_i}{\Delta t_i} \tag{4.6}$$

$$\frac{\partial \ln L}{\partial \mu} = \sum_{i=1}^{n} -\frac{1}{\sigma} + \frac{(\Delta y_i - \mu \Delta t_i)^2}{\sigma^3 \Delta t_i} = 0 \tag{4.7}$$

根据式(4.4)和式(4.7),关于 σ 的最大似然估计 $\hat{\sigma}$ 由下式实现零偏电流数据。基于维纳过程生成的数据与实测数据共享相同的 μ 和 σ。因此,这个维纳过程可以以一种实用的方式反映一个伺服作动器的退化过程。

$$\hat{\sigma} = \sqrt{\frac{1}{n} \sum_{i=1}^{n} \frac{(\Delta y_i - \mu \Delta t_i)^2}{\Delta t_i}} \tag{4.8}$$

LSTM 是基于循环神经网络(RNN)开发的,用于实现 RUL 预测。RNN 模型(见图 4.2)具有非线性表征能力、精度和收敛速度等特点,适用于处理带有时间信息的序列数据。在图 4.2 中,X_t 是输入,h_t 是输出。循环允许信息从一个步骤传递到下一步网络。

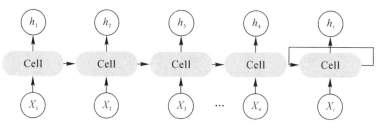

图 4.2　RNN 结构

然而,在错误反馈过程中,传统的 RNN 会丢失一些信息。当时间累积到一定程度时,初始信息会退化,会出现渐变消失效果。LSTM 可以解决通过引入存储单元来解决这个问题,这是明确的旨在避免长期依赖问题。

3 个控制门通过连接乘法单元来影响 LSTM 的记忆。它们分别是输入控制门 i_t、输出控制门 O_t 和遗忘控制门 f_t。LSTM 的一个单元如图 4.3 所示。

LSTM 具有删除或添加信息的能力,到单元状态,由称为门的结构仔细调节。sigmoid 层输出 0 到 1 之间的数字,描述每个组件应该通过多少。LSTM 有 3 个保护和控制单元胞状态。

单元状态是 LSTM 的关键,表示 C_t 和 C_{t+1} 分别作为时间 t 和 $t-1$ 时单元的状态。 LSTM 的单元状态更新如图 4.4 所示。

从图 4.4 可以看出,LSTM 的单元状态更新主要由输入门和遗忘门决

定。遗忘门的公式表示为

$$C_t = f_t * C_{t-1} + i_t * \underline{C}_t \tag{4.9}$$

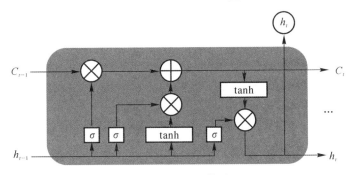

图 4.3　LSTM 单元

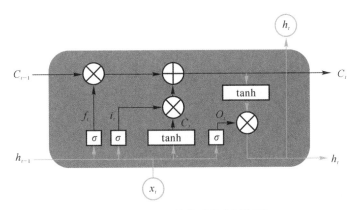

图 4.4　LSTM 的单元状态更新图

遗忘门层通常包含一个 sigmoid 层,如图 4.5 所示。在图 4.5 中,遗忘门可以决定 sigmoid 层从最后一个单元状态中忘记了哪些信息。遗忘门的输入由 X_t 和 h_{t-1} 组成,并且,遗忘门的输出 f_t 为

$$f_t = \text{sigm}(W_f x_t + W_f h_{t-1} + b_f) \tag{4.10}$$

可以影响单元状态的另一部分是输入门。输入门可以决定将哪些新信息存储在单元状态中。图 4.6 显示了 LSTM 的组合信息分别通过 sigmoid 层和 tanh 层。遗忘门的公式表示为

$$i_t = \text{sigm}(W_i x_t + W_i h_{t-1} + b_i) \tag{4.11}$$

$$\underline{C}_t = \tanh(W_g x_t + W_g h_{t-1} + b_g) \tag{4.12}$$

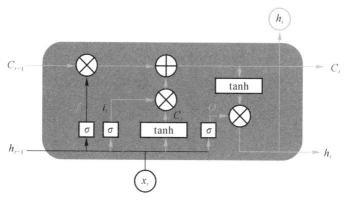

图 4.5　LSTM 遗忘门

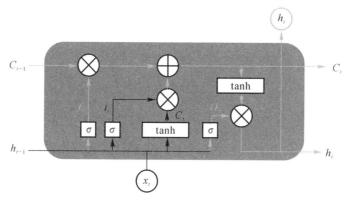

图 4.6　LSTM 输入门

　　然后,单元状态通过一个 tanh 层,它与 sigmoid 的输出相乘。这样,只会输出选定的部分。基于以上描述,输出门的公式可以表示为

$$O_t = \text{sigm}(W_o x_t + W_o h_{t-1} + b_o) \tag{4.13}$$

$$h_t = O_t \tanh(C_t) \tag{4.14}$$

LSTM 单元的输出基于当前单元状态。但是,它被过滤而不是直接输出。LSTM 神经网络由许多单元组成。

4.2.3　基于 Wiener 过程和 LSTM 的剩余寿命预测

　　伺服作动器的退化是一个具有很强非线性的过程。在实际应用中,伺服作动器的退化过程也受区域因素的影响。因此,要准确预测伺服作动器的剩

余寿命,需要同时考虑数据和预测模型。在本研究中,基于校正数据和维纳过程,生成基于物理的数据。然后,将基于物理的数据和校正后的数据组合起来作为 LSTM 的输入。

在实际应用中,标准(常温 20 ℃)零偏电流是伺服阀线圈通电时的线圈电流,为了消除环境温度对伺服作动器退化程度的影响,依据式(4.35),在工程领域通常采用测试伺服阀通电时的线圈阻值 R_t 进行推算,利用调节系数 R_{20} 将某维修基地提供的真实数据修正为去除温度影响的零偏电流 I_{Adjust}。

$$R_{20} = \frac{254}{234+t} \cdot R_t \qquad (4.15)$$

$$I_{Adjust} = I_{True} \cdot R_{20} \qquad (4.16)$$

式中,I_{Adjust} 正比于 R_{20}。

为了评估剩余寿命预测结果,使用了适当的指标,分别是平均绝对误差(Mean Squared Error,MSE)和均方根误差(RMSE)。MSE 和 RMSE 的定义如下所示,选取归一化均方根误差(NRMSE)和平均绝对百分比误差(MAPE)作为判断预测效果的依据,其计算公式为

$$NRMSE = \sqrt{\frac{1}{T\sigma^2}\sum_{t=1}^{T}\left[y(t)-y_d(t)\right]^2} \qquad (4.17)$$

$$MSE = \frac{1}{T}\sum_{t=1}^{T}\left[y(t)-y_d(t)\right]^2 \qquad (4.18)$$

$$MAPE = \frac{100}{T}\sum_{t=1}^{T}\frac{\left|y(t)-y_d(t)\right|}{y_d(t)} \qquad (4.19)$$

式中,T 为预测样本点个数,$y(t)$ 为预测值,$y_d(t)$ 为样本实际值,σ^2 为被预测序列的方差,NRMSE 和 MAPE 的数值越小,意味着 RUL 预测结果的准确性和稳定性越好。

$$RUL_{AE} = \left|ISA_{Lop} - ISA_{Eol}\right| \qquad (4.20)$$

式中,ISA_{Lop} 表示伺服作动器的预测寿命(h),ISA_{Eol} 表示预测零偏电流达到大修翻修期时的寿命(h)。本书使用 RUL 绝对误差(absolute error)RUL_{AE} 评估所提出的方法,使用伺服作动器的真实数据来评估所提出方法的有效性。

在本节中,通过实验来评估所提出方法的有效性。首先,说明真实的零偏电流数据和生成的零偏电流数据。其次,实施和讨论比较实验以评估所提出的方法。

4.2.3.1　伺服作动器退化健康因子获取

伺服作动器工作模式分为正常工作模式、主/备一次工作模式和故障回中

3 种,对应的数据由机上自检收集,这些数据通常由 13 个段组成,包括飞机编号、伺服作动器产品编号、绝缘电阻、激磁、输出绕组、工作行程、零位电压、功率等。

在这些数据中,零偏电流能够在很大程度上反映伺服作动器的退化程度,是行业内常用的关键性能参数。然而,伺服阀的电气零位会因 ISA 工作的状态不同而存在偏左或偏右的情况,导致伺服阀零流量时的控制电流(零偏电流)存在正负波动的情况;另外,工作条件变化会使伺服阀零部件产生影响,导致零偏电流在正负间波动。因此,为了消除环境温度对伺服作动器退化程度的影响,本节将某维修基地提供的真实数据修正为去除温度影响的零偏电流,修正后的零偏电流数据如图 4.7 所示。

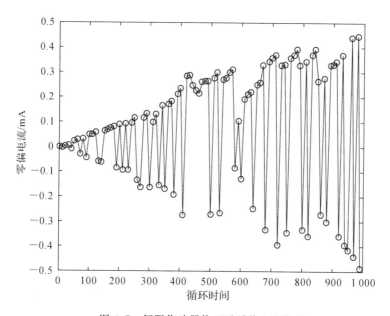

图 4.7　伺服作动器修正后零偏电流数据

4.2.3.2　零偏电流数据预处理和生成

在实际应用中,在低温下,伺服执行器所使用的油会变得非常黏稠,这直接增加了安装的电液伺服阀工作时阀芯在阀套内运动的摩擦力,导致电液伺服系统零点偏置增大。此外,在低温下,电液伺服阀的阀芯和阀套会产生冷缩现象,但由于阀套方孔流槽附近的壁面比较小,相对于阀肩收缩,此时,阀芯负开度电液伺服阀对阀套方孔流槽的覆盖变大,工作死区也较大,直接性能为零不稳定,零偏置电流范围较大。将伺服作动器参数进行初步的数据清洗,得到全寿命周期退化数据如图 4.8 所示,零偏电流上升过程中有一个较大幅度的突降(绿圈标注)。

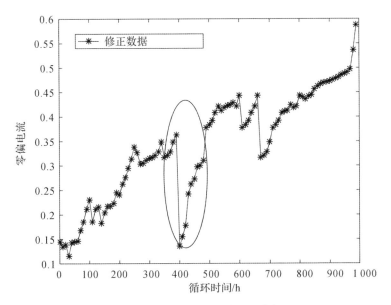

图 4.8　归一化的零偏电流数据

　　伺服作动器的退化一般为缓慢变化,不会出现突降与突升,因此判断在绿圈区域可能发生了伺服作动器功能故障,以至零偏电流突升,进而触发故障报警"伺服作动器功能异常"。地面机务人员通过飞机机载设备自检测系统监测故障信息与相关其他信息定位故障外场可更换最小单元位置为伺服作动器,然后更换伺服作动器,伺服作动器零偏置电流恢复正常状态,出现绿圈零偏置电流降。通过检查维修状态,查询回厂零件的维修记录,发现伺服作动器的故障原因为异常零偏电流,与分析结果一致。

　　由于零偏电流数据是从飞机伺服作动器飞行过程的真实场景中获取的,不可避免地含有异常值,需要对原始零偏电流数据进行修正。如图 4.9 所示,使用航空维修单位的经验公式修正零偏电流,避免可能会出现偏离真实值的异常值。

　　为进一步验证伺服作动器的退化模式,通过对实际服役环境下伺服作动器的退化数据进行建模,并对比试验环境下的退化数据与基于非线性 Wiener 过程的建模过程以验证模型的准确性。

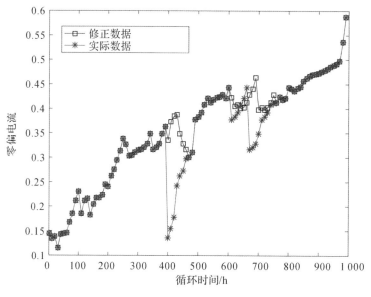

图 4.9　校正后的零偏电流归一化

根据维纳过程,基于归一化生成的零偏电流数据如图 4.10 所示。可以通过校正后的零偏电流获得两个性能退化特征的扩散参数 σ_1,σ_2,然后,基于关键参数,可以通过定义来制定基于非线性 Wiener 过程的性能退化特征建模过程。相关系数用于测量生成的数据与校正后的数据。如果相关系数的值大于 0.8,则表明相关性很强,生成的数据将被选择用于后续的预测。在实验中,有 6 组生成的数据符合这个指标。

4.2.3.3　实验结果与讨论

为验证本书所提方法的有效性,在本节中,选择已广泛应用于剩余使用寿命预测的 SVM 作为比较算法进行对比验证,仿真验证分两种情况进行。第一种是仅使用校正后的零偏电流数据预测伺服作动器剩余使用寿命。另一种是用修正后的零偏电流数据和基于非线性 Wiener 过程生成的数据一起预测伺服作动器剩余使用寿命。然后,通过仿真实验进一步验证本书方法的有效性。

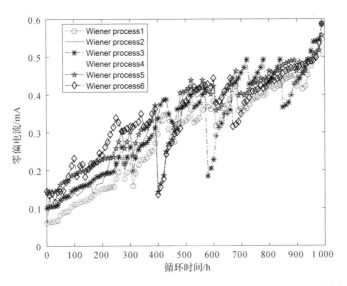

图 4.10　基于非线性 Wiener 过程的建模过程生成的零偏电流数据

使用 SVM 的实验:校正后的零偏电流数据用作 SVM 的输入。通过数据预处理提高模型的准确率,训练样本数设为 850,后面 100 h 为伺服作动器剩余寿命验证样本,预测结果如图 4.11 所示。

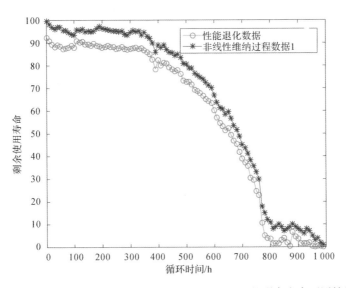

图 4.11　仅使用校正后的零偏电流数据的 SVM 的剩余寿命预测结果

图 4.12 中,圆圈代表真实的剩余寿命预测,星型线代表预测的剩余寿命预测。可以看出,预测剩余寿命预测严重偏离真实剩余寿命预测,这意味着 SVM 的预测性能偏差较大。预测的 RUL 最大值 120,最小值接近 5。作为对比实验,利用修正后的零偏电流数据和 Wiener 过程建模生成数据,使用 SVM 实现伺服作动器的 RUL 预测。实验结果如图 4.12 所示。以上两个实验的对比分析如下。图 4.12 中的剩余寿命预测结果明显优于图 4.11 中的结果。证明 Wiener 过程建模生成数据有助于提升 RUL 预测结果。

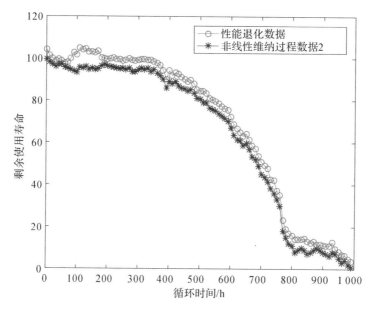

图 4.12 使用校正后零偏电流数据和 Wiener 过程建模生成数据 SVM 预测结果

与使用 SVM 的仿真实验类似,本节使用 LSTM 进行两次仿真实验,第一次是基于修正后的零偏电流数据,采用改进 LSTM 进行预测,网络输入维数为 60,储备池节点个数为 100,储备池权值矩阵的稀疏连接率为 5%,内部激活函数采用 tanh() 函数,输出节点个数为 1,输出单元采用线性激活函数,LSTM 的参数更新率取 0.05。

选取某型飞机 2015 年 6 月—2020 年 7 月这段时间内的连续 900 h 的数据作为训练样本,测试 2020 年 8 月—2021 年 2 月正常工作 100 h 的寿命情况,预测结果如图 4.13 所示。另一种是基于校正后的零偏电流数据和 Wiener 过程建模生成数据。LSTM 的两个实验的剩余寿命预测结果分别如

图 4.13 和图 4.14 所示。由图可知,使用校正后的零偏电流数据和生成的数据组合的实验结果优于直接使用真实数据,预测的剩余寿命预测结果接近真实的剩余寿命预测值。为了比较图 4.11 和图 4.14 的实验结果,本节计算了评估指标(NRMSE、MAPE、MSE)。数值列于表 4.1。与 SVM 相比,本书提出的基于非线性 Wiener 过程和 LSTM 相结合的方法可以获得更好的准确性和稳定性。通过结果测算,本书所提出方法的 NRMSE、MAPE、MSE 分别为 0.012、0.96 和 5.56。基于非线性 Wiener 过程和 SVM 算法的 NRMSE、MAPE、MSE 分别为 0.024、2.442 和 7.76。

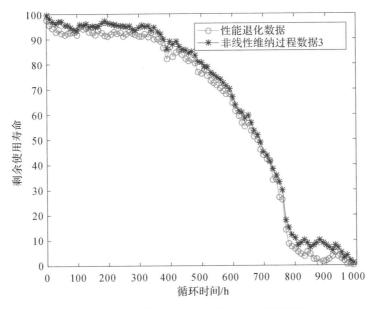

图 4.13　仅使用修正后零偏电流的预测结果

由计算结果可知,LSTM 和 SVM 不利用非线性 Wiener 过程生成数据,则 NRMSE、MAPE、MSE 的值都比较大。因此,验证了非线性 Wiener 过程可以对飞机伺服作动器的剩余寿命预测结果带来积极的影响。为了进一步评估本书所提出的方法,比较了一些典型的方法,包括 STAR(Smooth Transition Auto - Regression,平滑过渡自动回归)、GARCH(Generalized Autoregressive Conditional Heteroskedastic,广义自回归条件异方差)、CNN (Convolutional Neural Network,卷积神经网络)、DBN(deep belief network,深度信念网络)、WPRLP(Residual Life Prediction Based on Wiener Process

Variation Coefficient,基于维纳过程变异系数的剩余寿命预测)如表 4.1
所示。

表 4.1 基于 SVM 和 LSTM 算法的伺服作动器仿真预测结果

Index	Method	NRMSE	MAPE	MSE	RUL$_{AE}$
1	SVM	0.030	3.11	44.58	45
2	LSTM	0.026 1	2.66	33.04	32
3	NWP+SVM	0.024	2.44	27.76	25
4	NWP+LSTM	0.012	0.96	5.56	6

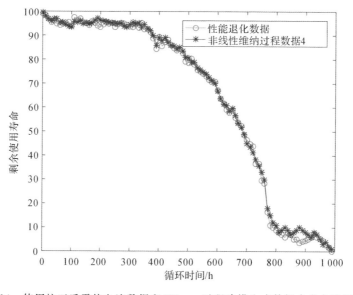

图 4.14 使用校正后零偏电流数据和 Wiener 过程建模生成数据本书方法预测结果

在表 4.2 的 5 种算法对比实验结果中,WPRLP 可以取得相对较好的剩
余寿命预测结果。然而,NRMSE、MAPE、MSE、RUL$_{AE}$ 都比所提出的方法
(即 0.012、0.96 和 5.56)大得多。原因可以从两个方面来理解:首先是生成
的数据可以提供更多有价值的零偏电流退化信息,它验证了所提出方法中基
于非线性 Wiener 过程生成数据是有价值的;另一个是机器学习方法需要大量
训练才能达到更好的剩余寿命预测结果。因此,对于应用深度学习的场景,需
要提取有效数据特征进行训练。

表 4.2　基于 5 种不同算法的伺服作动器仿真预测结果

序号	方法	NRMSE	MAPE	MSE	RUL$_{AE}$
1	STAR(Smooth Transition Auto - Regression)	0.047 4	39.67	193.87	24
2	GARCH(Generalized Autoregressive Conditional Heteroskedastic)	0.0402	39.64	136.17	23
3	Convolutional Neural Network(CNN)	0.0355	36.36	87.46	19
4	Deep Belief Network(DBN)	0.030	6.22	33.04	9
5	WienerProcess Residual Life Prediction	0.0266	2.66	8.48	4

为了进一步验证模型的推广效果,选取不同的训练样本进一步进行对比仿真仿真结果如表 4.3 所示,虽然基于非线性 Wiener 过程生成数据可提高预测效能,为了提高模型的泛化能力,本书利用某型伺服作动器实际采集数据,使用 SVM、LSTM、基于非线性 Wiener 过程生成数据＋SVM、本书方法进行对比仿真实验。训练样本数从 523 到 895 不等,剩余 100 h 用于实现伺服作用其剩余寿命验证。

表 4.3　选取不同的训练样本进一步进行对比仿真结果

训练样本数	方法	NRMSE	MAPE	MSE	RUL$_{AE}$
523	SVM	0.047 384	39.442 3	193.847 5	39
523	本书方法	0.044 969	6.225 7	173.984 3	7
630	SVM	0.0402 04	37.447 8	130.568 5	35
630	本书方法	0.040 028	5.255 4	87.467 2	5
700	SVM	0.035 497	39.664 2	136.199 1	39
700	本书方法	0.026 071	2.663 6	27.752 3	3
805	SVM	0.034 075	15.051 9	122.685 9	16
805	本书方法	0.030 368	8.297 7	33.045 1	8
895	SVM	0.029 99	5.253 5	62.679 2	5
895	本书方法	0.034 075	15.051 9	8.482 8	15

如表 4.3 所示,NRMSE、MAPE、MSE、RUL$_{AE}$ 的值在不同的训练样本数

量下会动态变化,主要原因是训练样本波动会对数据驱动方法产生不利影响。虽然零偏电流可以在一定程度上表征伺服作动器的退化,但它只能反映复杂伺服作动系统的故障模态走势。另一方面,训练数据的数量直接影响模型泛化能力,NRMSE、MAPE、MSE、RUL$_{AE}$在这些仿真中波动是正常的。

通过仿真验证,本节方法的 NRMSE、MAPE、MSE 优于 SVM,同时,当训练样本数在 630 到 895 之间时,本节方法在每个仿真实验中 NRMSE、MAPE、MSERUL$_{AE}$都是预测性能最好的。因此,表 4.3 表明所提出的方法可以在不同的训练样本下获得更好的预测结果。为了进一步验证模型性能,本书对比 SVR、LSTM、基于非线性 Wiener 过程生成数据+SVM、本书方法的 MSE 、MAPE 、NRMSE 的评估指标,统计结果如图 4.15~图 4.17 所示。

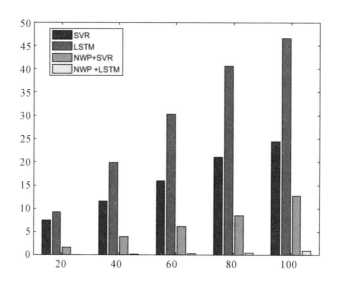

图 4.15　SVM、LSTM、基于非线性 Wiener 过程生成数据+SVM、本书方法的 MSE 值
用于实现伺服作动器的剩余寿命预测

图 4.15 显示了使用不同训练样本下 SVR、LSTM、基于非线性 Wiener 过程生成数据+SVR、本书方法的 NRMSE、值用于实现伺服作动器的剩余寿命预测。深蓝色柱型条显示 SVR 的 MSE,浅蓝色为 LSTM 的 MSE,绿色为基于非线性 Wiener 过程生成数据+SVR 方法仿真得出的 MSE,而黄色条显示所提出方法的 MSE。从图 4.15 可以看出,所提出的方法在不同的训练样本下都能取得更好的预测结果。在图 4.15 中,本书方法的 MSE 值最小,当

RUL 为 60,MSE 仅为 0.487 6。与图 4.15 类似,深蓝色柱型条显示 SVR 的 MAPE,浅蓝色为 LSTM 的 MAPE,绿色为基于非线性 Wiener 过程生成数据＋SVR 方法仿真得出的 MAPE。

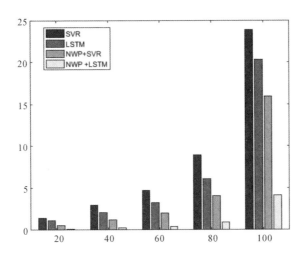

图 4.16 SVM、LSTM、基于非线性 Wiener 过程生成数据＋SVM、本书方法的 MAPE 值用于实现伺服作动器的剩余寿命预测

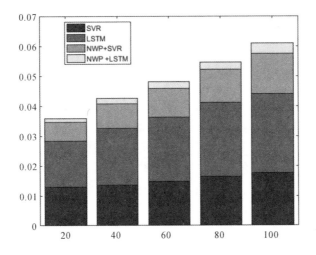

图 4.17 SVR、LSTM、基于非线性 Wiener 过程生成数据＋SVR、本书方法的 NRMSE 值用于实现伺服作动器的剩余寿命预测

从图 4.16 可以看出,在不同的训练样本下,提出的方法可以取得更好的预测结果。与图 4.15 不同的是,深蓝色柱型条显示 SVR 的 NRMSE,浅蓝色为 LSTM 的 NRMSE,绿色为基于非线性 Wiener 过程生成数据＋SVR 方法仿真得出的 NRMSE。图 4.15～图 4.17 表明所提出的方法在准确性和稳定性方面可以获得更好的 RUL 预测结果。

4.3 失效物理与数据驱动融合的电动舵机在线寿命预测

电动舵机工作过程中往往受到振动、过载、高低温转换、环境应力等复杂多变工况,导致其经常会出现磨损、腐蚀、裂纹等故障,进而造成性能下降,影响飞行安全及作战任务的顺利完成。因此,有必要对电动舵机失效寿命进行预测。

本书采用基于失效物理与数据驱动融合的退化建模与寿命预测方法,首先针对退化过程多阶段问题,采用开关卡尔曼滤波器(Switching Kalman Filter,SKF)对退化阶段进行识别,对识别到的快速退化阶段采用失效物理与数据驱动融合的方法对其进行退化建模,并采用无迹卡尔曼滤波器(Unscented Kalman Filter,UKF)对模型参数进行在线更新,最后使用更新后的模型对失效寿命进行预测。

4.3.1 性能退化阶段识别与退化模型的建立

4.3.1.1 基于 SKF 的性能退化阶段识别

SKF 方法最早由 Murphy 提出,广泛应用于生物医学、控制系统和寿命预测等领域。基于 SKF 的性能退化阶段识别的基本思想是:首先,针对系统不同的退化状态构建多个标准卡尔曼滤波器。其次,分别计算每个时刻退化数据对应的各个标准卡尔曼滤波器的概率,从而获得各退化阶段的置信度水平。最后,根据概率大小确定其所处的退化阶段。采用 SKF 进行退化阶段识别的流程如图 4.18 所示,具体步骤如下:

(1)建立多个退化模型。根据积累的电动舵机退化过程经验知识,判断其可能经历的退化阶段,进而建立各阶段对应的退化模型。

(2)数据滤波处理。将实时获得的退化数据输入到各个滤波器模型,计算各滤波器对应的后验状态估计 X_k^i、后验估计协方差 P_k^i、测量残差 V_k^i 以及残

差协方差 C_k^i。

（3）退化阶段识别。计算各滤波器模型的概率 S_k^i。由于各模型的概率随着退化阶段的变化而变化。因此可根据各模型概率的大小即可判断当前所处的退化阶段。

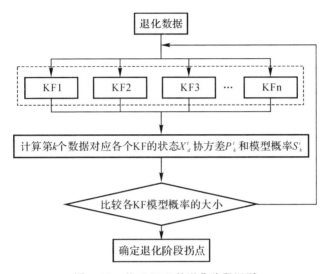

图 4.18　基于 SKF 的退化阶段识别

4.3.1.2　基于 Archard 磨损模型的某型电动舵机退化模型建立

基于失效物理的寿命预测方法的基本思路为：通过对设备的结构、材料及失效机理的分析，明确设备因各种应力作用产生腐蚀、磨损、疲劳、蠕变、断裂进而导致设备失效的退化过程，最终外推到对失效寿命的预测。然而，实际应用中其模型参数一般很难确定，而且不能充分利用设备的运维数据，导致其无法反应设备的实际退化情况。因此，本书采用基于失效物理与数据驱动融合的退化建模与寿命预测方法。

电机轴承磨损是电动舵机主要失效模式之一，本节基于 Archard 磨损模型[15]建立某型电动舵机空载转速退化模型。

轴承磨损中主要包括黏着磨损和磨粒磨损两种磨损方式，基于 Archard 模型的黏着磨损计算公式为

$$V = k_s \frac{F_N}{3\delta_s} x \tag{4.21}$$

基于 Archard 模型的磨粒磨损计算公式为

$$V = k_s \frac{F_N}{H} x \qquad (4.22)$$

式中,V 为磨损体积,k_s 为磨损系数,x 为相对滑动距离,δ_s 为接触对中较软材料的受压屈服极限,H 为接触对中较软材料的硬度。由黏着磨损公式(4.21)和磨粒磨损公式(4.22)可以看出,磨损体积 V 取决于接触面的法向载荷 F_N、相对滑动距离 x 以及接触面的特性。磨损系数 k_s 与接触面的接触状况有关,根据磨损类型可以将其分为黏着磨损系数和磨粒磨损系数。

由于在轴承磨损过程中两种磨损方式同时存在,而它们的 Archard 公式又具有相似的表达形式,因此本书将二者进行融合,使用强度 δ_s 作为衡量接触对中较软材料的磨损特性,将轴承磨损公式统一定义如下:

$$V = k_s \frac{F_N}{\delta_s} x \qquad (4.23)$$

由于轴承位于电机内部,实际工作过程中无法直接采集其接触面的空载转速,因此可通过有限元仿真模拟的方法获得其大小,强度 δ_s 的值与材料的特性有关。

借助有限元仿真分析可以获得空载转速与磨损体积之间的关系,如图4.19 所示。

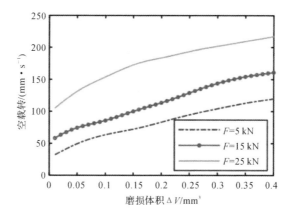

图 4.19 空载转速与磨损体积的关系

可以发现,轴承接触面的空载转速随随磨损量的变化而变化,而非保持不变,因此在整个寿命周期内不能直接使用式(4.23)计算轴承磨损体积。然而,在一个微小的相对滑动距离 dx 内,其空载转速 F_N 可以近似认为是恒定

的,因此式(4.23)可表示为

$$dV = k_s \frac{F_N}{\delta_s} dx \tag{4.24}$$

式中,dV 为 dx 滑动距离内的磨损体积。

在电动舵机工作过程中,其电机内部的石墨轴承高速旋转,以 n 表示转速,R 表示轴承半径。则 dt 时间内石墨轴承与轴相对滑动距离 dx 可表示为

$$dx = 2\pi R n \, dt \tag{4.25}$$

基于式(4.24),式(4.25)可进一步表示为

$$dV = \frac{2\pi R}{\delta_s} k_s(V) F_N(V) n(t) \, dt \tag{4.26}$$

对式(4.26)进一步变形,可得单位时间内的磨损体积变化,即轴承的磨损率为

$$\omega = \frac{dV}{dt} = \frac{2\pi R}{\delta_s} k_s(V) F_N(V) n(t) \tag{4.27}$$

由式(4.27)可知,磨损率会随着接触状态的变化而变化。由于在 dt 时间内,磨损体积 dV 非常小,因此可认为磨损系数 k_s 和空载转速 F_N 保持不变,而磨损量又为时间的函数,因此 k_s 和 F_N 也都是时间的函数,于是式(4.27)可表示为

$$\omega(t) = \frac{2\pi R}{\delta_s} k_s(V(t)) F_N(V(t)) n(t) \tag{4.28}$$

因此,在时间 t_0 至 t_T,轴承磨损量可表示为

$$V = \int_{t_0}^{t_T} \omega(t) \cdot dt = \frac{2\pi R}{\delta_s} \cdot \int_{t_0}^{t_T} k_s(V(t)) F_N(V(t)) n(t) \cdot dt \tag{4.29}$$

考虑到电动舵机的电机为恒速电机,即 $n(t)$ 与 t 无关,为一固定常数,于是式(4.29)可进一步表示为

$$V = \frac{2\pi R n}{\delta_s} \cdot \int_{t_0}^{t_T} k_s(V(t)) F_N(V(t)) \cdot dt \tag{4.30}$$

式中,磨损系数 k_s 表示磨擦副的本质特性,它取决于材料的性质以及磨擦副的接触特性,并随着磨损体积 V 的变化而变化。有研究表明,在同一个磨损阶段内磨损系数 k_s 可认为保持恒定,因此式(4.30)可进一步表示为

$$V = \frac{2\pi R n}{\delta_s} k_s \cdot \int_{t_0}^{t_T} F_N(V(t)) \cdot dt \tag{4.31}$$

由式(4.31)可知,只需知道轴承转动过程中各个时刻磨擦副的接触应力,便可以计算出轴承的磨损状态,然后根据电动舵机空载转速失效阈值所对应的轴承磨损状态便可以计算出某型电动舵机的寿命。

空载转速 F_N 与相对滑动距离 x 之间近似满足双指数模型,而 $x=nt$,即空载转速 F_N 与时间 x 也满足双指数模型,假设其关系式为 $F_N=a\mathrm{e}^{bt}+c\mathrm{e}^{dt}$,则式(4.31)可以写为

$$V=\frac{2\pi Rn}{\delta_s}k\cdot\int(a\mathrm{e}^{bt}+c\mathrm{e}^{dt})\cdot\mathrm{d}t=\frac{2\pi Rn}{\delta_s}k\cdot\left(\frac{a}{b_s}\mathrm{e}^{bt}+\frac{c}{d_s}\mathrm{e}^{dt}+m\right)=$$
$$p_1\cdot\mathrm{e}^{p_2t}+p_3\cdot\mathrm{e}^{p_4t}+p_5 \tag{4.32}$$

因此根据式(4.32)建立空载转速的退化模型为

$$y=q_1\cdot\mathrm{e}^{q_2t}+q_3\cdot\mathrm{e}^{q_4t}+q_5 \tag{4.33}$$

式中,q_1,q_2,q_3,q_4,q_5 为待拟合参数,y 为某型电动舵机空载转速。

4.3.2 在线寿命预测方法

4.3.2.1 基于 UKF 的模型参数更新方法

卡尔曼滤波器(Kalman Filter,KF)仅能用于处理线性系统问题,考虑到电动舵机的退化过程大多呈非线性,因此标准的 KF 方法不能再适用。UKF 是在基于 KF 建立的,通过无迹变换(Unscented Transform,UT)将非线性系统的原状态用符合高斯分布的一些采样点代替,进而避免了系统线性化过程引起的线性化误差,因此可以用于非线性系统的状态估计与参数更新。

为了使建立的退化模型能够更好地描述电动舵机的退化过程,需要使用最新获取的退化数据对模型参数进行不断更新,首先需要建立如式(4.34)和(4.35)的模型参数的非线性状态空间模型:

$$\boldsymbol{x}_{k+1}=f(x_k,u_k)+w_k \tag{4.34}$$
$$\boldsymbol{y}_k=g(\boldsymbol{x}_k,u_k)+v_k \tag{4.35}$$

式中,f,g 代表非线性函数,$\boldsymbol{x}_k$ 为系统状态向量,$\boldsymbol{y}_k$ 为系统输出向量,u_k 为系统输入,w_k 为协方差为 Q_k 的系统噪声,v_k 为协方差为 R_k 的测量噪声。

接下来对状态变量采用 UT 变换,即根据一定的采样规则对状态先验分布进行采样,采样时应保证采样点(也即 sigma 点)的均值和协方差状态分布与被采样对象的均值和协方差相同,即 $\mathrm{mean}(\widetilde{x}_i)=\bar{x}$,$\mathrm{cov}(\widetilde{x}_i)=P_{xx}$。通过对这些 sigma 点进行非线性变换得到对应的非线性函数点集 $\widetilde{y}_i=f(\widetilde{x}_i)$,这些变换后的点集的均值及协方差与系统实际测量值的均值及协方差近似相等,即 $mean(\widetilde{y}_i)=\bar{y}$,$\mathrm{cov}(\widetilde{y}_i)=P_{yy}$。

通常采用 $2n+1$ 个 sigma 点进行对称采样,其值及对应的权值如下:

$$\tilde{x}_i = \begin{cases} \bar{x}, & i = 0 \\ \bar{x} + \sqrt{(n+\lambda)\boldsymbol{P}_{xx}}^{(i)}, & i = 1, 2, \cdots, n \\ \bar{x} - \sqrt{(n+\lambda)\boldsymbol{P}_{xx}}^{(i)}, & i = 1, 2, \cdots, 2n \end{cases} \tag{4.36}$$

$$\omega_i^m = \begin{cases} \lambda/(n+\lambda), & i = 0 \\ 1/2(n+\lambda), & i = 1, 2, \cdots, 2n \end{cases} \tag{4.37}$$

$$\omega_i^c = \begin{cases} \lambda/(n+\lambda) + (1+\alpha^2+\beta), & i = 0 \\ 1/2(n+\lambda), & i = 1, 2\cdots, 2n \end{cases} \tag{4.38}$$

式中,$\bar{x}$ 为均值,$\boldsymbol{P}_{xx}$ 为协方差,$\lambda = \alpha^2(n+\kappa)$ 为比例系数,κ 要使 $(n+\lambda)\boldsymbol{P}_{xx}$ 为半正定矩阵,$(\sqrt{(n+\lambda)\boldsymbol{P}_{xx}})^i$ 为加权协方差矩阵的平方根的第 i 列,α 为比例系数,其大小表示 sigma 点与均值 $\bar{x}$ 的距离,β 为包含先验分布高阶矩信息的量。基于 UKF 的模型参数更新步骤如表 4.4 所示,主要包括初始化、预测步和更新步。首先经过初始化步骤,获取初始 sigma 点;然后通过式(4.37)和(4.38)对初始 sigma 点进行处理获得下一时刻系统状态预测值 $\hat{x}(k \mid k-1)$ 和系统输出预测值 $\hat{y}(k \mid k-1)$,并根据预测值计算方差矩阵 $\boldsymbol{P}(k \mid k-1)$ 的值;最后根据预测值分别计算协方差 $\boldsymbol{P}_{yy}$、$\boldsymbol{P}_{xy}$ 和卡尔曼增益 K_k,并通过实际获取的退化数据 y_k 对退化模型参数 $\hat{x}_k$ 进行迭代更新,同时获取状态后验方差矩阵 $P(k)$,用于下一时刻退化模型参数的更新。

4.3.2.2　融合的在线寿命预测方法

基于 POF 与 DD 融合的在线寿命预测方法的具体步骤如下:

(1)退化阶段识别:采用 SKF 对退化过程进行在线阶段识别,当识别到进入快速退化阶段时,转步骤(2);

(2)建立初始退化模型:采用已获取的快速退化阶段的数据对失效物理模型进行参数拟合,获取初始退化模型;

(3)模型更新:根据新获取的退化数据采用 UKF 对建立的模型参数不断更新,获取最新退化模型;

(4)失效寿命预测:对更新后的退化模型进行外推,结合失效阈值对其失效寿命进行预测。

表 4.4　基于 UKF 的模型参数更新

初始化	1.计算样本均值和协方差: $\bar{x}_0 = E(x_0)$ $\boldsymbol{P}_0 = e((x_0-\bar{x})(x_0-\bar{x})^\mathrm{T})$ 2.由式(16)生成 sigma 点: $\tilde{x}_i(k-1 \mid k-1)$

续表

预测步	3.计算系统状态下一时刻预测值： $$\tilde{x}(k \mid k-1) = f(\tilde{x}_i \mid k-1 \mid k-1, u(k-1))$$ $$\hat{x}(k \mid k-1) = \sum_{i=0}^{2n} W_i^m \tilde{x}_i(k \mid k-1)$$ 4.计算系统输出下一时刻预测值： $$\tilde{y}(k \mid k-1) = h(\tilde{x}_i(k \mid k-1), u(k))$$ $$\hat{y}(k \mid k-1) = \sum_{i=0}^{2n} W_i^m \tilde{y}_i(k \mid k-1)$$ 5.计算方差矩阵下一时刻预测值： $$P(k \mid k-1) = \sum_{i=0}^{2n} W_i^c (\tilde{x}_i(k \mid k-1) - \hat{x}(k \mid k-1))$$ $$(\tilde{x}_i(k \mid k-1) - \hat{x}(k \mid k-1))^T + Q_k$$
更新步	6.计算系统协方差： $$P_{yy} = \sum_{i=0}^{2n} W_i^c (\tilde{y}_i(k \mid k-1) - \hat{y}(k \mid k-1))$$ $$(\tilde{y}_i(k \mid k-1) - \hat{y}(k \mid k-1))^T + R_i$$ $$P_{yy} = \sum_{i=0}^{2n} W_i^c (\tilde{x}_i(k \mid k-1) - \hat{x}(k \mid k-1))$$ $$(\tilde{x}_i(k \mid k-1) - \hat{x}(k \mid k-1))^T + R_i$$ 7.计算卡尔曼增益： $$K_k = P_{xy} P_{yy}^{-1}$$ 8.计算状态更新后的值： $$\tilde{x}(k) = \tilde{x}(k \mid k-1) + K_k(y(k) - \hat{y}(k \mid k-1))$$ 9.计算状态后验方差矩阵： $$P(k) = P(k \mid k-1) - K_k P_{yy} K_k^T$$

4.3.3 电动舵机退化数据实例验证

4.3.3.1 退化数据获取

本节选用机载电动舵机性能退化试验获取的电动舵机空载转速退化数据进行退化建模与寿命预测研究,该试验数据为机载电动舵机在电应力和机械振动耦合作用下的空载转速数据。经过初步分析,由于第 9 组试验数据获取了电动舵机的实际失效寿命,便于对所提退化建模与寿命预测方法的有效性进行验证,故以该组数据为对象进行研究。

　　某型飞控系统电动舵机空载转速(单位:mm/s)退化曲线如图 4.20 所示,可以看出,其退化过程包含两个特征明显不同的阶段,且由于电动舵机个体之间存在差异,退化曲线也略有不同。另外,试验件 43 的退化曲线明显与其他 4 件不同,可能的原因是该电动舵机退化失效的主要模式发生了变化。因此舍弃该台电动舵机的试验数据。在剩余的 4 组退化数据中,选用试验件 42 的空载转速退化数据进行退化建模与寿命预测研究。试验共采集空载转速 450 次,当采集到第 432 次时,电动舵机空载转速已小于其失效阈值,因此判定其失效寿命为 432 h。

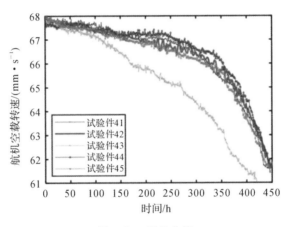

图 4.20　退化曲线

4.3.3.2　退化阶段识别

　　采用基于 SKF 的性能退化阶段识别方法对电动舵机的退化过程进行在线识别,针对电动舵机退化数据的不同退化状态,构建一阶和二阶卡尔曼滤波器来分别描述平稳退化过程和快速退化过程,计算每个时刻的退化数据对应的这两个标准卡尔曼滤波器的概率,并绘于同一坐标图中,如图 4.21(d)所示。通过比较各模型概率的大小来判断退化数据所处的退化阶段。另外,针对因个别异常数据点导致的模型概率变化进而造成退化阶段误判的情形,设置只有连续 30 次出现模型概率发生变化时,才判定退化阶段真正发生了变化。由图 4.21(d)可以看出,虽然在 $t=219$ h 之前模型概率发生了变化,但由于未满足连续发生 30 次的条件,因此认为退化模式未发生改变,直至 $t=219$ h 时,才判定电动舵机开始进入快速退化阶段。图 4.21(a)(b)(c)分别给出了当 $t=50$ h,150 h 和 250 h 时,基于 SKF 的性能退化阶段识别方法对退化阶段的识别过程,通过对比图 4.21(a)(b)(c)(d)可知,SKF 方法对退化阶段的识别效果不受已获取退化数据量的限制,因此可以用于在线退化阶段识别。

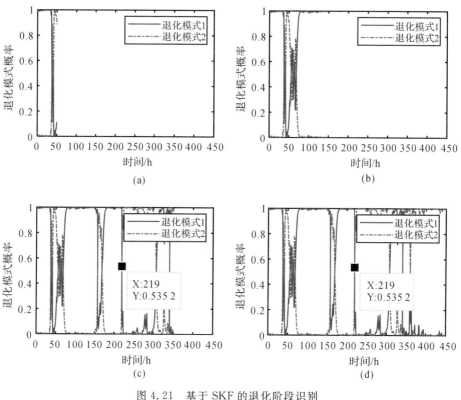

图 4.21　基于 SKF 的退化阶段识别

(a)$t=50$ h；　(b)$t=150$ h；　(c)$t=350$ h；　(d)$t=450$ h

为了验证基于 SKF 的方法对电动舵机性能退化阶段识别的有效性,采用多项式逼近的性能退化阶段识别方法对上述电动舵机空载转速退化数据进行退化阶段识别。对电动舵机退化数据按照式(4.39)进行多项式拟合,通过式(4.40)计算其曲率变化曲线。

$$y=f(t)=p_1 t^n + p_2 t^{n-1} + \cdots + p_n t + p_{n+1} \tag{4.39}$$

$$K_p = \frac{|f''(t)|}{[1 + f'(t)^2]^{3/2}} \qquad (4.40)$$

如图 4.22 所示,结合曲率变化曲线和多项式拟合曲线,判定其退化轨迹的拐点为 $t = 201$ h,这与 SKF 方法计算得到的 $t = 219$ h 的误差百分比为 3.65%,在可接受的范围内,因此验证了 SKF 方法计算结果的正确性。

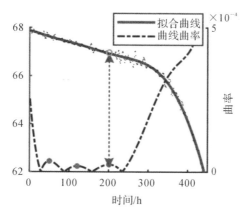

图 4.22　基于多项式逼近的退化阶段识别

由于基于多项式逼近的性能退化阶段识别方法需要获取完整的退化过程数据才能进行退化阶段识别,无法像 SKF 方法那样进行在线退化阶段识别,因此,本书选用 SKF 方法进行退化阶段的在线识别。

4.3.3.3　模型建立、更新与失效寿命预测

当识别到进入快速退化阶段时,便使用新的退化阶段的电动舵机空载转速退化数据来建立退化模型。选取新的退化阶段的前 100 次测量数据(即第 $220 \sim 319$ h 的退化数据)对模型参数进行初始化,基于最小二乘法计算得到模型参数的初始值分别为:$q_1 = -0.45\ 3$,$q_2 = 7.4 \times 10^{-3}$,$q_3 = 86.471$,$q_4 = 2.262 \times 10^{-4}$,$q_5 = 26.867$。通过新获取的电动舵机空载转速退化数据,并采用 UKF 对模型参数进行不断更新,同时使用更新后的退化模型对电动舵机的失效寿命进行预测。图 4.23 给出了新的数据分别更新 10、50 和 100 个数据点时电动舵机的寿命预测曲线,图 4.24 给出了寿命预测结果及百分比误差随数据更新数量变化的曲线。从图 4.23 和图 4.24 可知,随着新的退化数据的不断获取与模型参数的更新,对电动舵机失效寿命的预测也越来越准确。

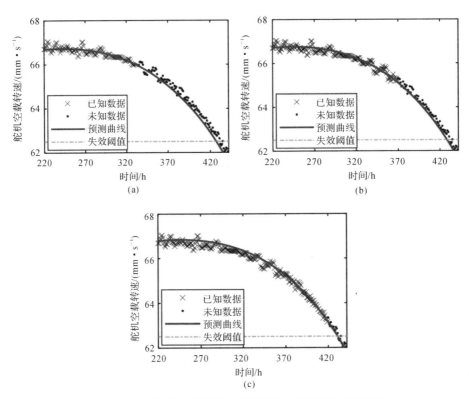

图 4.23　不同数据更新个数条件下电动舵机寿命预测曲线

(a)更新 10 个数据点； (b)更新 50 个数据点； (c)更新 100 个数据点

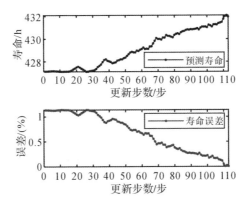

图 4.24　寿命预测结果与误差百分比随数据更新数量变化曲线

4.3.3.4　结果分析

本章将本书提出的基于 SKF - UKF 的 POF 与 DD 融合的退化建模及寿命预测方法分别与纯数据驱动的方法、不进行退化阶段识别以及不进行参数更新的融合方法进行比较以验证该方法的优越性,用于对照验证的方法具体设置如表 4.5 所示:方法 1 为纯数据驱动的方法,通过对退化数据的分析,选用 4 阶多项式模型进行退化建模,并进行退化阶段识别和模型参数更新,其他设置与本书方法相同;方法 2 为 POF 与 DD 融合的方法,只进行模型参数更新而不进行退化阶段识别,退化数据前 319 h 的所有数据(即第 1～319 h 的数据)用于初始参数的计算;方法 3 同样采用 POF 与 DD 融合的方法,只进行退化阶段识别而不进行参数更新,其他设置与本书方法相同;方法 4 为本书所提出的基于 SKF - UKF 的 POF 与 DD 融合的退化建模及寿命预测方法。

表 4.5　不同退化建模方法配置情况

方法序号	建模方法	是否退化阶段识别	是否参数更新
1	数据驱动	是	是
2	融合方法	否	是
3	融合方法	是	否
4	融合方法	是	是

以下分别采用拟合均方根误差和寿命预测百分比误差对 4 种方法进行比较:

1. 拟合均方根误差

采用均方根误差来衡量 4 种退化建模方法对快速退化阶段退化数据的拟合效果。

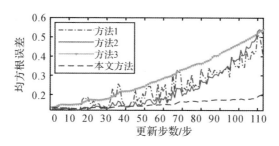

图 4.25　拟合均方根误差随新获取退化数据的变化曲线

图 4.25 为拟合均方根误差随参数更新步数的变化过程。可以发现,本书方法建立的退化模型拟合结果的均方根误差基本维持不变;而由于纯数据驱动的方法对数据依赖性较强,受数据变化影响较大,导致方法 1 拟合结果的均方根误差波动较大;方法 2 拟合结果的均方根误差初始较小,但随着退化数据的不断获取其值逐渐增大,这是由于方法 2 初始参数包含了缓慢退化阶段的信息,在刚进入快速退化阶段,退化规律与缓慢退化阶段相似度较高,因此刚开始的拟合效果较好,但随着快速退化阶段的加深,此时包含缓慢退化阶段信息的模型对快速退化阶段数据的拟合效果逐渐变差,结果导致方法 2 拟合结果的均方根误差逐渐增大;方法 3 由于其模型参数得不到有效更新,模型对于后期数据的拟合能力变差,因此其均方根误差随着新数据的不断获取而逐渐增大。

2.寿命预测百分比误差

使用百分比误差来衡量 4 种方法对电动舵机寿命预测结果的准确性,图 4.26 给出了寿命预测百分比误差随参数更新步数的变化过程。总体来看,除方法 3 外,其他 3 种方法的百分比误差均随退化数据更新数量的增加而逐渐减小,表明模型参数随着新的退化数据的不断获取而不断更新,因此该退化模型更加符合退化过程,这进一步验证了所提模型参数更新方法的有效性;方法 3 的百分比误差近似为斜率较小的直线,这是由于该方法未能对模型参数进行在线更新,因此即使获取了新的退化数据,其退化模型依然保持不变,故该模型的寿命预测值也保持不变;本书方法的预测寿命百分比误差波动最小,且整个参数更新过程其值均处于较低水平;由于纯数据驱动的方法不能有效描述电动舵机的失效物理过程,因此在前期退化数据量较小的情况下对退化过程的描述误差较大,表现为方法 1 在初始阶段其寿命预测的百分比误差较大。而随着新的退化数据的获取,模型对退化过程的描述能力逐渐增强,其寿命预测的百分比误差迅速减小,甚至最后时刻小于本书提出的方法;方法 2 由于未进行退化阶段的划分,其模型参数初值包含了缓慢退化阶段的大量信息,其退化模型对快速退化阶段的拟合误差较大,因此其寿命预测误差百分比较其他 3 种方法大。

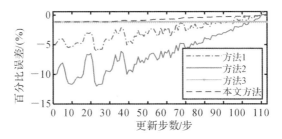

图 4.26 百分比误差随更新步数变化曲线

4.4 本 章 小 结

本章基于 Wiener 过程和 LSTM 的方法建立了飞机伺服作动器寿命预测模型。通过引入周围环境对原始数据的影响来校正退化数据,并将 Wiener 过程生成数据和修正数据共同输入 LSTM 进行模型训练,建立了飞机伺服作动器的高鲁棒性寿命预测方法,并借助石家庄维修基地提供的真实数据对该方法进行实验验证。实验结果表明,与其他方法相比,本章的方法的 RUL 预测结果更准确。

针对机载电动舵机退化过程呈现的多阶段、非线性特点,同时考虑到寿命预测实时性的要求,提出了融合失效物理与数据驱动的在线寿命预测方法。针对快速退化阶段建立失效物理与数据驱动融合的退化模型,对模型参数不断更新,并采用更新后的模型预测剩余寿命。通过与纯数据驱动、不进行退化阶段识别以及不进行参数更新融合等方法进行比较,本章所提方法在整个参数更新过程中对快速退化阶段数据拟合结果的均方根误差不超过 0.3,寿命预测百分比误差不超过 2%,均优于其他三种方法预测结果,验证了本书所提方法在预测电动舵机的失效寿命方面的合理性和有效性。

第5章 面向飞控系统 PHM 的嵌入式加速计算研究

5.1 引　　言

在 PHM 系统中,模型的建立是系统能否实现的关键,而模型在平台上的部署应用是 PHM 技术落地的核心。前文分别通过基于可微规则的故障推理技术和失效物理与数据驱动融合技术,建立了基于故障案例的故障诊断模型以及电动舵机寿命预测模型,这些模型保证了 PHM 系统功能的实现。而为满足飞机机载 PHM 在线预测实时化的需求,实现 PHM 的平台应用,数据算法要在低延时条件下完成数据的故障逻辑运算、产品故障预测和监控、寿命预测结果输出等工作。但是,飞控系统涉及部件多、监测数据量大、数据采集周期低至毫秒级,导致数据量异常庞大。采用以基本处理器为基础的硬件系统难以满足飞控系统 PHM 算法的大数据量、高复杂度、实时性的要求。

为此,本章提出一种融合总线功能和存储功能的 DPU 硬件加速方案,建立了硬件加速的基本架构。针对飞控系统 PHM 系统的需求,建立基于 FPGA 的 LSTM 网络硬件加速模型,通过数据的 Delta 稀疏网络模型减少模型计算量,并采用平衡稀疏模型和重复训练以实现模型的不损失精度压缩。基于 CSB 存储模型优化了模型的存储空间,实现了 $9.7 \sim 47.8$ 倍的加速效果,为飞控 PHM 的应用提供了硬件加速方法。

5.2　基于 DPU 硬件加速的飞机飞控系统PHM技术

5.2.1　基于 DPU 的硬件加速技术

处理器为满足特定领域的使用要求,其处理器架构差别较大,如图 5.1 所示。通用处理器(CPU)需要配备完备的指令集,通过编程来实现计算任务,这就需要灵活的编程方式作为基础,CPU 主要通过软件任意定义计算逻辑,从而实现硬件的通用性。然而,CPU 需要同时实现内存管理、并行度开发等功能的以处理器为中心的设计,会使高带宽数据处理产生极大的延时,无法满足飞机飞控系统 PHM 要求。通过上述分析,本章分别基于 DPU 与 FPGA 对飞机飞控 PHM 系统硬件加速方案进行设计。

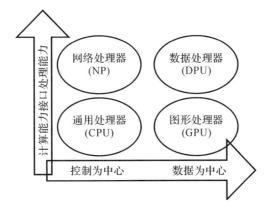

图 5.1　不同类型处理器的特征结构

5.2.2　基于 DPU 的硬件加速的飞机飞控系统 PHM 硬件架构

DPU 是以数据处理为中心的硬件架构,通过集成更多的专用极速器,虽在一定程度上降低通用指令的灵活度,但实现了更加优秀的数据处理性能。DPU 可以应用更多的高速网络接口,包括以太网、1394、FC 等,实现数据包级并行处理能力,从而实现高速数据处理能力。DPU 还可以配置一定量的通用控制核心(如 RAM、CPU 等)实现处理控制和计算等相关任务,以及建立专用操作系统来管理 DPU 中异构核,实现硬件系统的性能最大最优化。

为满足飞机飞控系统 PHM 系统对硬件的需求,本章对 DPU 的架构进行设计。当前 DPU 的架构演变较快,DPU 既可以作为 CPU 的协处理器,与其配合完成数据处理功能,也可以作为一个主设备,完成单独的数据处理功能。随着虚拟化、高速数据处理等技术的广泛应用,DPU 作为主处理器的特征越来越突显。总体上看,DPU 主要由控制平面、片上存储器、数据平面、网络接口、系统接口、存储器接口等核心部件组成,如图 5.2 所示。

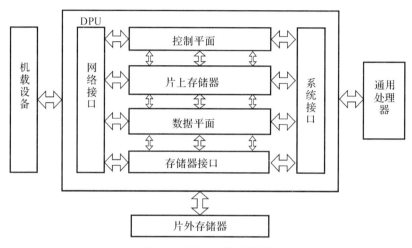

图 5.2　DPU 架构示意图

控制平面主要完成 DPU 的总体管理、计算及其资源的配置等任务。总体管理主要包括安全管理和实时监控两个方面:①安全管理包括产品启动、软件升级、应用实现、生命周期管理等功能;②实时监控主要完成对 DPU 各子系统、处理器部件的性能实施动态检测,以及对系统设备流量、功率等性能进行周期收集,并生成日志等。计算任务及其资源管理、配置主要根据 DPU 的任务计算需求实时配置数据处理的路径,对各单元的性能参数进行管理,实现计算任务的均衡;根据资源利用率对各任务进行调度和部署;对虚拟机进行管理和数据、资源配置,合理控制虚拟机任务的迁移;对 GPU、FPGA 等计算资源进行管理和任务调度、配置。

系统接口、网络接口和主存储器接口等三大类接口组成 DPU 的接口子系统。系统接口主要负责 DPU 与其他处理平台或高速存储器之间的数据处理。根据 DPU 与外设之间的关系可以分为两类:一类是 DPU 作为从设备与外部 X86、ARM 等处理器平台进行数据交换,这类接口要求 DPU 具备强大的设备虚拟化功能,能够支持多种设备;另一类是 DPU 作为主设备与 GPU、FPGA 等各类加速硬件、存储器之间的接口,该方式可以将数据处理功能卸载到从设备中,数据传输量大,具备较强的直接处理器访问能力。

网络接口完成 DPU 与高速网络之间的数据传输功能。通用的网络接口主要由以太网和光纤等,对于飞机还包括 1553B 总线、1394B 总线等。鉴于总线传输带宽的不断升级,通常在 DPU 中设置专用网络协议处理核心,用于网络包的解析,实现网络协议处理、数据包交换协议等协议,实现网络包的快速处理。

主存储器接口完成系统、网络接口数据的数据缓存,实现不同处理器之间的数据交换暂存,当前主流的接口类型有 DDR 和 HBM 两类。DDR 内存可以提供高达 512 G 的内存容量,HBM 类型存储数据带宽可达 1 024 位,传输速度高达 500 GB/s 以上,两种类型可以满足不同存储需求。

数据平面主要完成高速数据通路的相关功能,包括数据包处理、传输协议加速、安全加密、数据压缩,以及其他相关加速算法。数据包处理主要完成对各种网络数据包的解析,进行针对性的处理,并完成各种网络协议的无缝切换,通过虚拟化技术对网络通信协议进行加速,根据安全算法规则的要求对各种标准进行加解密处理,并提供较高的处理性能,以匹配其余部分的加速操作;数据压缩完成对网络数据包的实时解压、存储、压缩,并完成数据地址转换和映射等功能;数据平面还要完成数据分析、安全协议等其他相关功能的加速。

5.2.2.1　总线功能硬件加速

总线功能硬件加速主要通过将计算机主机上的网络交换能力卸载到硬件上,从而减少网络数据交换对处理器算力的占用,由专用网络硬件实现总线数据接收、解析、交换、发送等功能,实现计算水平的整体提升。

基于 DPU 的总线功能硬件加速架构如图 5.3 所示。硬件加速部分根据总线的时间表对总线网络上的数据进行提取,并按照总线协议对总线数据进行解析,得到硬件能够识别的数据流,同时接收应用程序下发的软件规则库,对总线数据流进行匹配、识别形成数据流,再根据应用程序下发的数据处理策略采取相应的动作,实现数据流的计数、镜像、丢弃和转发等数据。通过硬件加速可以在节省处理器的基础上,提升数据侧吞吐量,并降低数据总体消耗成本。日志系统和统计数据,可以作为网络维护的依据,为机载系统故障系统处理提供数据支持。

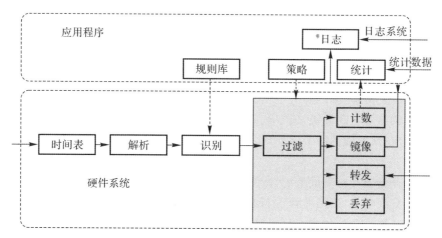

图 5.3　DPU 总线硬件加速架构示意图

由于机载系统总线类型、数据量不断增加,数据分析和浪涌性高、并发数大,以及系统对总线时延低等要求,现在的软硬件架构和高 CPU 消耗的特征已经不能满足应用系统的使用要求。总线数据的主要消耗用于处理时延,完成数据在内存之间的多次复制,数据处理中断的嵌套,数据前后文的频繁切换,以及数据包的丢包重发等工作。DPU 硬件加速采用硬件的方式,实现总线的解析、识别、处理、转发等流程的底层处理,无需操作系统和应用程序直接接入,采用共享存储器的方式实现数据共享,能够有效的减少数据处理和搬移的过多资源消耗,实现总线网络的处理加速功能。

5.2.2.2　存储功能硬件加速

为研究飞机飞控系统 PHM 技术,需要收集大量的产品历史数据,并对其进行梳理、归类、分析,如机载设备故障信息、飞参数据等机载实时数据,以及地面故障分析、故障归零、故障处理手册、研制资料、疲劳试验等资料。资料数据分别存放于不同的地点,存储设备购置时间相差数年或数十年,设备运行操作系统跨带较大,具有典型的分布式特征;并且数据资料数量巨大,要想实现数据的高效处理,需要对存储功能进行硬件加速。

当前数据存储的协议主要有以太网小型计算机系统接口(iSCSI)、光纤通道、串行小型计算机系统接口(SAS)三种。iSCSI 协议以 TCP/IP 网络协议为基础,实现 SCSI 命令的交换,连接服务器数量不受限制,可以实现服务器架构下的在线扩容和动态部署。光纤通道是以光纤为基础的 GB 级数据传输协议,用于局域网中高可靠性要求的存储业务中。SAS 是以串行连接技术和 SCSI 技术为基础,结合各自优点实现串行通信协议架构,实现点到点的数据传输。随着存储数据的爆发式增长,上述存储协议已经不能满足当前输出存储的要求,需要采用更加有效的存储加速技术。

NVMe over Fabric(为 NVMe - oF)为高速传输领域最为成熟的技术,能够有效的应对超高数据量的传输问题。该技术具有分布式结构,可应用程序横向扩展能力,能够有效降低 CPU 的占用率,并提高服务器和存储器之间的数据传输速度。NVMe - oF 支持光纤、InfiniBand、以太网传输选项这三大类为当前应用最广泛且传输速度最快的协议。NVMe - oF 的体系架构如图 5.4 所示。针对三类传输网络,NVMe - oF 分别支持光纤通道(FC)、InfiniBand、远程直接数据存取(RDMA)和 TCP 技术协议,其中 RDMA 技术支持 RoCE 和 iWARP 技术。

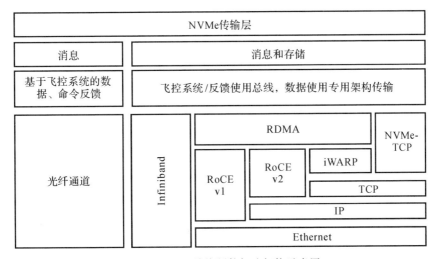

图 5.4 DPU 总线硬件加速架构示意图

基于 FC 的 NVMe - oF 技术,可以结合第六代的 FC 公用基础设置,使技术的可扩性和应用性得到提高,同时 FC 的传输速度较以太网具有较大的优势。RDMA 网络能够提供低延时和更低的 CPU 占用率的传输协议,可以最大限度地利用硬件解决传输速度的瓶颈,减少软件协议栈的消耗,能够有效的体现硬件加速度效果。TCP 技术协议具有较高的传输可靠性、广泛性和良好的互操作性,在对性能要求不高、性价比要求高的场景中被广泛采用。

NVMe - oF 技术能够同时支持多种通信协议,在 DPU 的支持下可以实现对多种通信协议的支持,能够有效提升系统布置的分布性。NVMe‐oF 的优势需要在计算单元与存储模块分布结构下,即通过网络实现服务器与存储单元之间的连接,该方式能够提升系统存储的可扩展性和共享性。基于 DPU 的数据处理能力,采用硬件卸载的方式,结合 NVMe‐oF 技术实现高速、大容量存储系统的解决方案,能够最大限度地解决飞机机载系统故障处理系统网络连接方式多样、存储管理方式复杂的难题,提升系统的总体性能。

5.2.3　基于 DPU 的硬件加速软件架构

基于计算机硬件的指令集(ISA)主要有复杂指令集(CISC)和精简指令集(RISC)两种主流指令集。在执行程序时,CISC 绝大多数指令仅在极少数的时间内被调用,导致指令的使用效率较低。RISC 克服了复杂指令集的缺点,对指令进行简化,有效降低指令流水的设计复杂度,大大提高运行效率,因此得到广泛的应用。另一种指令架构为超长指令字(VLIW),通过将多个操作整合成一个长指令,实现一个指令完成多个操作的设计思想。VLIW 的缺点在于无法有效的对程序分支进行预测,从而导致编译器设计困难。以上指令集都是基于通用处理器硬件开发的指令集架构,随着摩尔定律的发展受限,以及处理器功耗瓶颈限制,要想实现处理技术的发展,以异构处理器为基础的针对应用领域优化的处理器架构(DSA)应运而生,将软件和硬件深度结合,从而最大限度地发挥软硬件的潜能。

针对 DPU 芯片的应用需求,本节结合处理器软件架构的设计思路,按照职责分层原则,将软件各职责进行分层,实现不同职责之间的有效隔离。按照功能抽象的思路,将各层的功能进行抽象提出,设计了基于 DPU 芯片应用的五层软件架构模型。该模型适用于异构计算场景下的通用软件架构,能够有效兼容各硬件之间的兼容性,实现硬件到软件架构的有效衔接,提供系统的维护性和开发效率。

DPU 的硬件加速软件架构(见图 5.5)由飞机飞控系统 PHM 系统层、应用服务层、计算引擎层、DSA 操作层、DSA 设备层组成。各层结构之间通过相应的功能通道实现数据的传输,完成各层之间的数据通信,并将各层职责进行有效的分隔和封装,实现各层之间的功能抽象。DSA 设备层直接作用于底层硬件设备,完成硬件设备的支持和功能抽象;DSA 操作层是硬件资源的抽象,将底层设备的操作进行封装,实现底层设备对上层设备的透明;计算引擎层完成计算资源的抽象,应用 DSA 操作层提供的资源接口,满足上层应用软件对算力资源的需求;应用服务层是对软件功能的抽象,通过各类数据处理软件,完成算力资源到应用功能的转换;顶层业务开发层为针对特定的业务领域开发的软件系统,通过调用底层各种资源,实现高效、低延时的处理功能,完成顶层软件的特定功能。

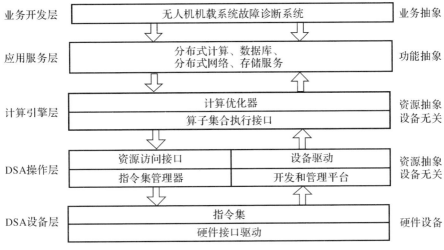

图 5.5 DPU 软件架构示意图

(1)DSA 设备层

DSA 设备层主要针对 DPU 处理器相关硬件进行软件开发,以专用处理器计算操作指令集为基本工具,并兼容其他相关的硬件资源,实现底层相关处理核心(如 CPU、FPGA、RAM 等)的基本操作。同时为实现 DPU 与外设之间的数据交互和控制,需要针对不同的硬件接口开发相应的标准通信接口,如 PCIe、以太网口、InfiniBand、FC 等,为上层软件的功能实现提供底层支持。

(2)DSA 操作层

DSA 操作层是对底层指令的抽象和计算资源的封装,使上层软件对底层计算和接口资源透明,该层为软件和硬件之间的边界,使上层软件无需关注底层的硬件设置,仅需关注软件与开发和访问接口、设备监控接口之间的操作,将更多的精力应用于软件逻辑的开发。该层主要由指令集管理器、资源访问接口、设备驱动器、开发和管理平台等模块组成。

指令集管理器是 DSA 设备层指令集的管理抽象,完成对 DSA 设备层指令集的管理,通过对指令集的封装和组合,为顶层编程提供更加便捷的编程接口。资源访问接口将各种硬件驱动器、接口资源等进行进一步的抽象和封装,以资源接口的方式为顶层软件的访问提供入口,方便顶层逻辑的执行。设备驱动器按照顶层操作系统的标准架构和协议要求,对硬件设备进行软件抽象,实现设备指令的执行和基本存储操作。在各基本模块的基础上,为方便开发人员编程,需要建立开发和管理平台,实现指令集编译、监控管理、日志记录等功能。

(3)计算引擎层

计算引擎层对底层的计算逻辑进行封装,以 DSA 操作层的资源接口为输入,根据上层应用服务层软件对算子的需求,为其提供算子集合及其执行接口。算子为实现特定功能的算法、函数等集合,是计算功能的抽象。例如网络处理中的堆栈、NVMe 等算子,标准数据库软件中的搜索、连接、组等操作算子,以及在指定条件对数据进行过滤函数的过滤算子等。在 DPU 中,不同硬件设备上的算子实现形式有所不同,所以针对不同的平台,需要开发相应的支持算子,实现多种硬件的支持。DPU 作为硬件计算的异构平台,需要寻求计算效率的最大化,因此需要构建计算优化器,通过对应用场景、数据规模、计算能力等因素的评估,选择合适的策略,综合选择最优的算子匹配,实现计算效率的最大化。

(4)应用服务层

应用服务层由通用功能的软件组成,为计算算力的需求方,通过计算引擎层提供的计算算子进行优化计算。常见的应用层软件有分布式计算软件、数据软件、分布式网络软件以及存储服务软件等,通用服务型的系统都可以作为该层的软件应用。为有效发挥 DPU 计算算力的优势,需要对应用服务层软件进行有效的管理和调度,以最大限度地发挥系统性能。

随着应用软件的规模增加,对计算资源、网络资源的需求越来越多地体现出数据的高并发和大吞吐等性能瓶颈,这就要求应用服务层提供性能瓶颈识别的能力。性能的瓶颈主要来源于智能计算、大数据搜索等对处理器性能的竞争,高清晰视频、高速数据传输对网络延迟的竞争,以及网络存储对接口速度的竞争等,瓶颈识别是完成计算加速的基础。在瓶颈识别的基础上,需要针对各个限制瓶颈的特点采取针对性的手段进行解决,解决方法主要有两种,一种为算力方式,一种为算法方式。算力不足可以通过针对性的异构计算来解决,如对图形计算机、并行计算要求高的算力需求,可以采用 DSP 或 FPGA 实现,从而降低处理器的占用率。

算子作为 DPU 计算的执行单元,需要将算子集成到各个应用的执行路径上,以实现算子的加速,通过合理安排算子的执行顺序和调用策略,可以使软件性能得到最大的发挥,实现软件级的加速。应用服务层的搭建还要解决应用软件与业务开发层的兼容性问题,实现应用软件对业务层软件的透明。在对应用层软件进行迭代时,不会对业务层的运行产生影响,实现整个软件加速机构的稳定和灵活。

(5)业务开发层

业务开发层是最贴近实际应用的软件层,针对飞机飞控系统 PHM 的需要,进行针对性的开发,系统的目的在于通过收集飞机机载系统的实时数据、历史数据、设计数据、使用数据等各种数据,通过各种算法提取故障特征,为机载系统产品的 PHM 提供实时预测和告警。

5.2.4　基于 DPU 的硬件加速实现

飞机飞控系统 PHM 需要完成相关数据的采集、处理,并对数据进行处理和挖掘,得到飞机飞控系统相关状态监控信息,并根据产品寿命试验数据、硬件设计等文档,结合健康管理相关算法,对产品健康状态进行预测,同时考虑飞机运行状态等相关信息,对飞机飞控系统数据进行融合处理,根据自推理算法进行产品健康状态的综合管理。由于飞机飞控系统涉及产品数量多,产品设计过程中产生的相关资料数据量大,文件格式千差万别,同时数据存储在不同的设备中,传统的数据传输需要依赖 CPU 的控制完成不同存储设备之间的数据复制,这使得 CPU 成为数据输入输出的瓶颈,数据处理速度受到处理器算力限制,导致传输效率低下,无法满足系统整体计算性能要求。系统健康预测算法需要同时处理各类型、各层次的信息,而并行计算需要较高的网络吞吐量来实现数据同步,大量的数据同步操作将导致网络拥堵增加,丢包和网络传输效率的急剧下降,最终导致整体计算效率下降。要实现海量数据的存储需要大量的数据存储磁操作,传统的存储读写很难满足系统对高性能计算的数据要求,需要在系统设计中进行有效的克服,从而实现系统的高效运行。

5.2.4.1　系统加速方案

为实现飞机飞控系统 PHM 系统的高效运行,对当前主流 DPU 产品进行分析、对比,从而建立飞机飞控系统硬件加速平台。NVIDIA 采用 BlueField 硬件架构和 DOCA 软件栈的组合方式,NVIDIA 的 BlueField 系列 DPU 在支持网络和存储基本功能的基础上,实现网络的虚拟化和硬件的资源池化等服务,使系统的适应性更强。NVIDIA 采用 DOCA 专用软件开发平台,能够支持行业主流 API 在 BlueField 系列 DPU 上的应用和服务,利用 DOCA 专用软件实现硬件细节的隐藏,保证了系统的兼容性。Intel 采用 IPU

(Infrastructure Processing Unit)硬件架构和 OneAPI 编程模型的组合,IPU
将基础设施任务与用户工作负荷分开,由 IPU 完成基础任务的加速,实现整
体性能的最大化。Intel 基于 OneAPI 编程模型实现跨平台编程,结合扩展软
件开发工具包,实现 IPU 的软件栈。Marvell 采用 OCTEON 10 系列 DPU 和
OCTEON DPU 开放软件平台,DPU 以 ARM 核配备多种硬件加速模块实现
产品功能,软件支持多用平台,具有较强的适应性。Fungible 采用 F1 DPU 处
理器和 FunOS 软件栈的软硬件组合方式,硬件凭借 TrueFabric 互联技术提
出一种新型大规模数据中心网络标准,基于该技术的 F1 DPU 可以作为不同
类型服务器的网络接入点。软件上 FunOS 通过管理 DPU 数据路径,提供
DPU 的数据面加速器编程接口,增加了系统的操作灵活度。国内,中科驭数
开发了基于 KPU 硬件架构和 HADOS™ 软件框架的 DPU 系统,基于 KPU
的原创软件定义计算架构,实现计算效率的整体提升,并针对不同的领域开发
出多个系列芯片架构,为产品的应用提供了大量可选择余度。HADOS
(Heterogenous Agile Developing & Operating System)软件架构是中科驭数
专为计算敏捷异构开发的平台,能够兼容标准软件应用系统,降低软件开发难
度,完善的架构体系为系统的开发提供了广泛的技术支持。

本章在基于 DPU 加速的飞机飞控系统 PHM 系统中采用中科驭数研制
的 DPU 加速卡、主流处理器实现系统的处理核心,结合高速存储器及 DPU
加速卡存储系统、无损网络、及其他计算机为组成系统的硬件主体,软件架构
采用中科驭数 HADOS™ 软件开发平台,通过软件实现网络、存储、虚拟 IO 以
及数据计算等基础应用,将外围处理通过 DPU 硬件进行加速和负载卸载,提
升系统的整体效率。

DPU 加速板卡采用 FFPUG201SPEA 加速板卡,该板卡采用 Intel Atom
C3958 处理器,主频为 2.0 GHz,内部配备 16 个处理器内核,可以实现 200
Gbps 的数据转发能力,是针对计算数据中心打造的数据板卡,强大的内核处
理速度结合高速网络处理能力,结合外部主流 CPU、GPU、AI 核心,用于完成
飞机飞控系统 PHM 系统的核心软件运行如图 5.6 所示。

存储器加速板卡采用中科驭数的 SWRNG201DPEF RDMA 加速板卡,
该板卡主机接口采用 PCIe Gen 4.0×16 接口,支持 2×100 Gbe 网络接口并
向下兼容,支持 RoCEv2 的硬件加速能力,能够满足高性能计算机存储领域的
使用需求,有效提升系统的 IO 处理能力。

为方便高性能网络与原数据存储系统之间的数据交换,在高性能数据处
理网络中,保留部分以太网、FC 网络,实现机载设备数据、设计开发数据等服

务器、计算机与设备的交联,实现网络功能的兼容。

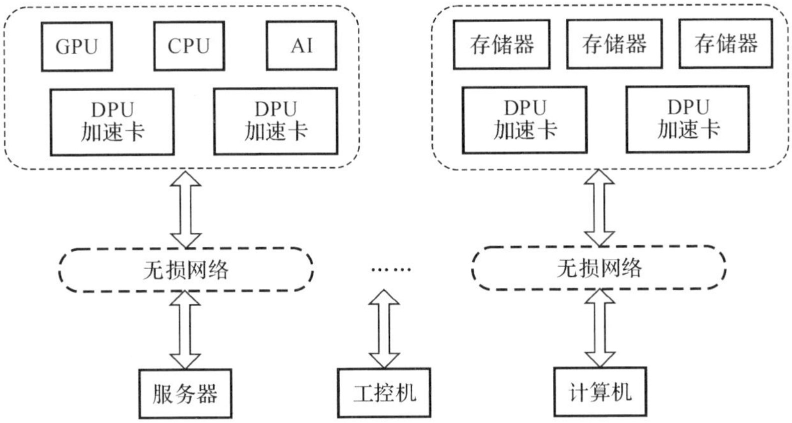

图 5.6　基于 DPU 加速的飞机飞控系统 PHM 系统架构示意图

5.2.4.2　系统加速性能评估

通过将飞机飞控系统 PHM 系统部署到基于 DPU 加速的硬件系统上,系统具备了以 DPU 为核心的高效数据处理能力,有效减少原系统运算时间,使系统的数据处理速度增加一倍。基于 GPUDirect RDMA 技术降低各 CPU 之间数据复制次数,通信延时降低到 200 微秒级,实现芯片之间的高效通信;通过 GPUDirect Storage 技术实现处理器与远端存储器间峰值读写 50 GbE,有效降低数据读取延时,增加系统吞吐量,为系统计算效率的提高提供了有效的硬件支撑。系统能够满足当前飞机飞控系统 PHM 系统的性能要求。

5.3　基于 FPGA 的飞控系统 PHM 加速计算技术

在 LSTM 加速计算的研究中,当前面临神经网络算力不足的问题,可通过算法优化,降低算法的复杂度和计算规模。神经网络加速算法通过模型稀疏等方法,对神经网络进行压缩,得到数据量更小的稀疏模型,减少了对硬件存储的要求,同时,需要对软硬件进行协同设计,才能实现整体效率的提升。

FPGA 是一种应用广泛的可重构平台,具备 VHDL、Verilog 等系统化的硬件编程语言。FPGA 相较于 ASIC 的一次定型、无法修改等缺点,可以重复擦写,降低了设计修改的难度和成本。同时其可重构性使其整体性能较高、运行频率低、功耗低,在小规模时,FPGA 更具灵活性,在专用计算领域也得到广泛的应用。经过综合对比,本节选用 FPGA 平台对飞控 PHM 进行加速。

5.3.1 模型优化加速设计

神经网络以其特有的层次结构和参数,获得解决复杂问题的能力,随着需要解决问题的复杂程度逐渐增加,神经网络对硬件计算性能、存储要求提出了更加苛刻的要求。针对本书研究主要采用的 LSTM 算法仅依靠硬件资源的提升很难满足飞控系统对 LSTM 网络对资源的需求,通过对系统特性分析,从算法端对模型进行压缩,减少模型中参数数量,从而减少硬件存储,增加算法运行速率,实现模型加速的需求。当前模型压缩的方法主要有知识蒸馏、数值量化、模型稀疏等类型。

通过近年来的研究,发现神经网络模型中存在大量的冗余数据和结构,这些冗余参与到模型的运算中,影响模型的运行速度,增加硬件资源的消耗。模型稀疏是通过对神经网络中的节点、网络进行删减,保留网络的主要部分;通过再训练,以其得到网络体积更小、运行效率更高、运行准确率稍有降低或不降低的神经网络。模型稀疏化的主要方法为权值剪枝和神经元剪枝。权值剪枝在模型冗余度较小时,可能导致准确率下降;在冗余度较大时,又会产生非结构化的稀疏矩阵,导致模型硬件的内存的不规则访问,从而降低硬件的效率。因此,针对剪枝粒度和网络模型冗余的判断、选择方法的研究成为影响效果的关键,需要针对具体的系统和模型进行针对性的选择。

针对 LSTM 神经网络的参数、节点的表示数据量大的问题,本节基于模型稀疏的方法,在不降低模型准确率的前提下,有效降低模型的规模,实现对神经网络的压缩。

5.3.2 基于数据的 Delta 稀疏网络模型

5.3.2.1 问题描述

在前章节对飞控寿命预测建模时采用了 LSTM 网络,简单地通过稀疏化对权重进行处理,将得到式(5.1)所示的稀疏矩阵。稀疏矩阵的存储存在较大的随机性,数据的读取和存在需要大量读取各个数据的行列地址,若不对稀疏矩阵进行处理,将严重影响数据的硬件适应性,从而使硬件平台并行计算的效率大大降低。

$$\boldsymbol{W}_x = \begin{bmatrix} w_{11} & & w_{13} & & \\ & w_{22} & & & w_{25} \\ & & w_{33} & & w_{35} \\ w_{41} & w_{42} & & & \\ & w_{52} & & w_{54} & \end{bmatrix} \begin{bmatrix} a \\ b \\ c \\ d \\ e \end{bmatrix} \tag{5.1}$$

在飞机正常飞行时,监测数据多为稳定数据,其变化较小,仅在飞机进行机动动作时数据会有较大的变化,但从总的使用时间来看,总体数据稳定在固定值的时间占据绝大部分时间,通过对数据的归一化处理,得到数据在各个状态下的数据分布,具体如图 5.7 所示。

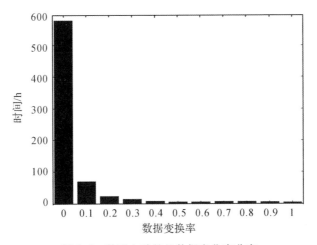

图 5.7　某型电动舵机数据变化率分布

为了有效提升 LSTM 网络的计算效率,结合神经网络的运算主要由输入序列 x,以及权值矩阵 $\boldsymbol{W}$ 两部分组成,考虑参数压缩的方式,可以通过挖掘输入矩阵中的数据特性,降低输入的量级,增加系统的运算速度,从而实现 LSTM 模型的加速。

5.3.2.2　Delta 稀疏网络模型

Delta 稀疏网络模型算法针对 LSTM 网络模型输入向量的性能,用相邻时间的数据差构建输入数据的稀疏矩阵 $\Delta \boldsymbol{x}_i$,Delta 网络模型的表达式见式(5.2)、式(5.3)。

$$\boldsymbol{y}_i = \boldsymbol{W}\boldsymbol{x}_i \tag{5.2}$$

$$y_i = W\Delta x_i + y_{i-1} \tag{5.3}$$

式中,$\Delta x_i = x_i - x_{i-1}$,$x_{i-1}$ 为上一个时刻的输入向量值,y_{i-1} 为上一个时刻的 LSTM 神经网络输出,通过构建基于增量的网络模型,可以将输入数据中的稳定数据,转化为 0 数据,从而减少数据的无效运算时间,从而实现矩阵向量运算的稀疏化。

根据 Delta 稀疏网络的原理,结合 LSTM 网络基本公式,得到基于 Delta 增量的 LSTM 神经网络,使用 Δx_t 和 Δh_t 增量模型对原 LSTM 网络公式进行推理,得到基于 Delta 网络的 LSTM 网络模型,模型公式

$$f_t = \sigma(U_{xf}\Delta x_t + W_{hf}\Delta h_{t-1} + b_{f(t-1)}) \tag{5.4}$$

LSTM 网络输入门的两个输入参数 i_t,a_t 的更新方式为

$$i_t = \sigma(U_{xi}\Delta x_t + W_{hi}\Delta h_{t-1} + b_{i(t-1)}) \tag{5.5}$$

$$a_t = \tanh(U_{xc}\Delta x_t + W_{hc}\Delta h_{t-1} + b_{c(t-1)}) \tag{5.6}$$

LSTM 网络输出门的输入 O_t,更新方式如为

$$O_t = \sigma(U_{xo}\Delta x_t + W_{ho}\Delta h_{t-1} + b_{o(t-1)}) \tag{5.7}$$

LSTM 网络输出门的输出 h_t,更新方式为

$$c_t = f_t \odot a_{t-1} + i_t \odot a_{t-1} \tag{5.8}$$

$$h_t = O_t \odot \tanh(c_t) \tag{5.9}$$

式中

$$b_t = U_x\Delta x_t + W_h\Delta h_{t-1} + b_{t-1} \tag{5.10}$$

$$b_o = b(b \in b_f, b_i, b_c, b_o) \tag{5.11}$$

综上各式,通过将 Delta 增量模型引入 LSTM 网络中,原来需要输入数据向量由 x_i,h_{t-i},变为 Δx_i,h_{t-i},x_o,常量 b 变为了变量 b_t,通过引入 Delta 增量将输入数据中的稳定变化量变为 0 值,从而大大减少了输入数据中的数据量,实现了模型输入矩阵的稀疏化。

5.3.3 基于组平衡稀疏的模型加速

5.3.3.1 问题描述

深度神经网络的规模也越来越大,网络层数、节点数量、参数规模呈现出几何倍数增加。具体到硬件,深度神经网络的存储空间、计算速度需求更加迫切,但硬件资源的增长却十分有限,很难满足目前深度神经网络的要求。因此,深度神经网络的压缩和加速,成为当前深度神经网络的研究重点。

根据研究,深度神经网络本身存在大量的冗余节点,可以通过模型压缩和

加速,在不降低模型准确度的前提下,实现模型的压缩及模型的稀疏化,如图 5.8 所示。模型稀疏化的有关理论认为,模型参数中存在的零参数或接近零的参数,对模型输出没有影响,或影响较小,可以通过去除接近零的权重节点,再对模型中剩余的节点进行训练,以达到不影响模型整体精度的效果。

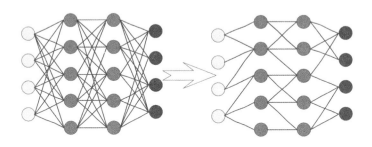

图 5.8　模型稀疏示意图

模型剪枝方法通过去除小于一定阈值的权值参数,实现模型参数量的减少,从而降低模型计算量,实现模型加速效果。模型剪枝方法在机器图像处理等领域得到广泛应用,在去除 90% 以上的参数时,仍然能够达到原模型的效果。模型剪枝方法针对全部性能参数进行裁剪,将大于某个阈值或某个百分比的参数值全部减除,效果如图 5.9 所示,通过图形可以看出,由于模型中参数的随机性,导致模型中的剩余参数为随机分布,该方法被称为细粒度剪枝,也称为非结构化稀疏。由于非结构稀疏使权值矩阵不规则,导致通用处理器的处理效率大大降低,从而需要针对性的设计硬件,以实现模型的加速。

通过对非结构化稀疏,增加结构约束,使权值矩阵分布具有一定的规则,从而增加硬件计算的适用性。增加约束后的稀疏称为机构化稀疏或粗粒度稀疏,对应于细粒度剪枝,该剪枝方法称为粗粒度剪枝方法。细粒度剪枝针对整个权值矩阵中的每个元素进行裁剪,而粗粒度剪枝方法针对组内的元素进行局域剪枝,组内剪枝一般采用最大值、均值等方法,得到组内权值的重要性。粗粒度剪枝仅对组内局部进行裁剪,可能将较大的权重元素减除,导致模型准确率降低,可以通过重复训练使模型准确率得到恢复。但有文献表明结构化稀疏更加适应并行硬件计算结构,结合重复训练,可以针对系统应用需求,在实现计算速度和模型规模之间找到平衡,实现模型和项目的匹配。

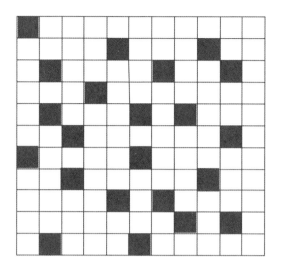

图 5.9　非结构化稀疏模型权值矩阵模型

5.3.3.2　基于组平衡的稀疏模型

非结构化稀疏模型相对于结构化稀疏模型,能够在保持高的模型压缩率和准确率的前提下,获得一定的加速效果,但非结构化稀疏模型对硬件的适应性较差,很难实现硬件的加速。结构化稀疏模型能够较好地利用硬件并行资源,但模型的结构化程度和模型的准确率呈反相关,即模型的结构化程度越高,模型的准确率越低,因此需要在模型结构化程度和准确率之间寻找二者的平衡点,实现最符合实际项目的模型加速效果。

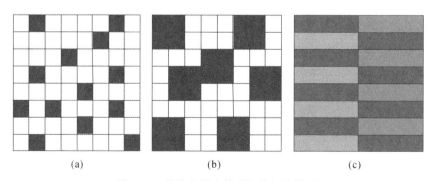

(a)　　　　　　　　　　(b)　　　　　　　　　　(c)

图 5.10　结构化稀疏模型权值矩阵模型

如图 5.10 所示,对非结构化稀疏和结构化稀疏矩阵进行了对比,图中分别对非结构化稀疏[见图 5.10(a)]、结构化稀疏[见图 5.10(b)]、组平衡结构化稀疏[见图 5.10(c)]效果进行了对比。图 5.10(a)为采用 1/3 稀疏度得到的非结构化稀疏,其剩余权值节点,分布无规则。图 5.10(b)为采用二维 2×2 结构化稀疏得到 1/3 稀疏度矩阵,其中对每块权值的重要度按照平均值进行计算。图 5.10(c)为组平衡稀疏矩阵,将结构化稀疏按行向量分为两组,对组内的权值按照 1/3 重要度进行计算,得到稀疏化的权值。

组平衡稀疏模型在组内保留最大权值矩阵,相对非结构化矩阵模型能够保留权值矩阵中的绝大多数重要权值,在增加少量结构限制的前提下,能够得到接近于非机构化矩阵的效果。组平衡结构化稀疏相对于二维结构化稀疏模型能够更好地适应深度神经网络的结构,每个组对应于一个输入向量的固定位置,从而实现模型和硬件的并行性结合。为避免出现硬件的存储访问冲突,本节通过硬件设计可以实现权值的高效并行处理。而二维结构化稀疏不具有组平衡稀疏行结构,即使在结构化内部采用非结构化稀疏,也无法有效的实现硬件的加速。

为实现最大限度的模型加速效果,通过对输入向量进行组平衡结构化稀疏处理,实现输入向量的进一步压缩,从而能够在充分利用组平衡结构的前提下,实现模型的最大化稀疏。输入向量纬度较小,结合前节分析,可以将接近零的输入元素减除,从而最大限度降低输入数据规模,加速深度神经网络的运算。

5.3.4　基于 FPGA 的硬件加速

为了对飞控 PHM 系统 LSTM 网络进行加速,需要设计相应的硬件加速结构,以实现 LSTM 网络的最佳加速性能。本节主要介绍基于 FPGA 的组平衡稀疏矩阵的存储方式,以及基于高并行稀疏矩阵的向量乘法设计。

5.3.4.1　基于 CSB 的数据存储结构

经过结构稀疏处理的权值矩阵,如果按照常规矩阵进行存储,将占据大量的内存空间,且非结构化矩阵对硬件处理不友好,无法通过块存取实现数据的快速处理。同时,非结构化矩阵的读写为无序操作,将导致大量的读写时间,可能出现存取冲突,因此严重影响 LSTM 网络的运行速度。

为减少非结构化稀疏矩阵硬件内存占用,本节通过建立了压缩稀疏行(CSR)、压缩系数列(CSC)、行列值存储方式(COO)等存储方式,对非结构化稀疏矩阵进行压缩,从而减小了非结构稀疏矩阵的存储空间。但当前建立的各种存储方式都需要对稀疏矩阵进行解码,从而增加了矩阵的运算消耗,为进一步提高非结构化稀疏矩阵的存储读写速度,本书采用 CSB 存储结构。

CSR 存储结构是一种稀疏行存储格式,本书以 CSR 做对比,说明 CSB 存储格式。图 5.11 展示了组平衡稀疏矩阵的稠密表示形式,稠密表示形式将稀疏矩阵中的元素去除,得到与原矩阵结构相同的非结构化稀疏矩阵。如图 5.12 所示,CSR 表示形式通过将二维稀疏矩阵转化为 3 个向量表示形式,第一个行向量存储非量元素,第二个行存储非零元素的列索引,为区分列索引的行位置,CSR 存储格式用第三行存储组平衡稀疏矩阵的行向量开始元素,如图 5.12 所示,分别列出来行向量在第 0、第 8、第 16 个开始新的行矩阵行。通过对组平衡稀疏矩阵的结构分析可知,组平衡稀疏矩阵稀疏化处理后,每个组中剩余元素数量相同,如果分组数和中剩余元素数量一致,行开始位置可以通过固定的格式获得,因此只需标记各元素的组内位置,即可得到元素的存放位置,具体格式如图 5.13 所示,即为组平衡稀疏矩阵存储格式。

	0	1	2	3	4	5	6	7	8	9	10	11
0	a		b	c	d		e	f		g	h	
1		i	j	k		l		m	n	o		p

图 5.11　组平衡稀疏矩阵的稠密表示

	0	1	2	3	4	5	6	7	8	9	10	11	12	13	14	15
值	a	b	c	d	e	f	g	h	i	j	k	l	m	n	o	p
列索引	0	2	3	4	6	7	10	11	1	2	3	5	7	8	9	11
行索引	0	8	16													

图 5.12　组平衡稀疏矩阵的 CSR 存储表示

CSB	0 1 2 3	4 5 6 7	8 9 10 11	12 13 14 15
值	a c e g	b d f h	i k m o	j l n p
组内索引	0 0 0 1	2 1 1 2	1 0 1 0	2 2 2 2

图 5.13　组平衡稀疏矩阵的 CSB 存储表示

组平衡稀疏矩阵的生成方式保证得到具有数据并行度的矩阵,每次并行度计算时,可以直接从存储地址中取出所需数据,从而实现稀疏矩阵的近似稠密化处理。

5.3.4.2　基于 FPGA 的 LSTM 加速器

基于 FPGA 的 LSTM 加速方法,通过在 FPGA 中设计适合组平衡稀疏矩阵的硬件加速器,实现对飞控 PHM 系统的硬件加速。加速器设计基于 FPGA 内部的大量并行计算资源和存储资源,对 LSTM 中乘法计算进行加速,解决通用处理器计算资源不足、计算速度受限的难点。

图 5.14 中,基于 FPGA 的 LSTM 网络加速器的总体结构,由多个基于稀疏矩阵的乘法计算单元为主体,结合按位操作的计算单元,以及 FPGA 对外数据接口、矩阵存储单元、向量存储单元、指令控制器等部分组成。在进入 FPGA 进行硬件加速之前,需要对 LSTM 网络进行组平衡剪枝,产生需要加速的组平衡稀疏矩阵,并将矩阵按照组 CSB 格式存储到加速器缓存中,再将基于 Delta 增量的 LSTM 网络转换编译成 FPGA 可以执行的指令,存储到 FPGA 指令缓存中,FPGA 按照指令顺序对输入数据进行并行计算,从而实现网络运算的加速。

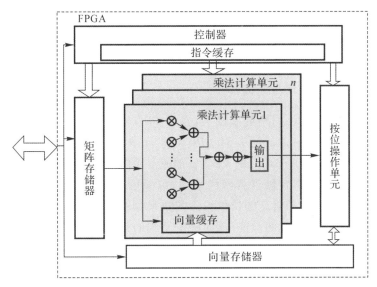

图 5.14　基于 FPGA 的 LSTM 网络加速器架构

FPGA 指令主要完成数据的存取和数据计算两种功能。存取指令将外部数据通过数据接口存储到 FPGA 内部缓存中,基于建立的 CSB 存储格式,能够实现数据的快速读取,并减少数据的读取冲突。计算指令主要完成向量乘法和按位操纵两种运算,向量的乘法为 LSTM 网络的运算量最大的单元,通过充分发挥 FPGA 的并行计算能力,加速器根据具体任务计算需求,设计适当数量的乘法器,实现矩阵的并行内积计算。

每个乘法计算单元独立完成不同稀疏矩阵和稠密向量的内积计算,实现稀疏矩阵之间的并行计算,乘法计算单元中设计大量的乘法器,完成内部元素的乘法操作。由于与稀疏矩阵行相乘的输入向量都是同一个矩阵,稀疏矩阵乘法指令首先读取矩阵行的元素和索引,并根据索引读取输入向量元素,通过乘法器完成所有数据的并行计算,再经过归并累加,得到向量内积的计算结果。稀疏矩阵和输入矩阵都采用 CSB 格式储存在矩阵内存中,从而可以实现一个时钟周期内完成读取。

向量按位操作按照指令中的操作码,完成加法、乘法以及激活函数等功能。按位操作算法,通过从两个源地址中读取输入数据,将计算结果写入目的地址。激活函数负责将输入向量写入激活后的地址中。为配合乘法计算单元的并行计算,向量的按位操作也采用多个单元并行计算的方式,从而实现按位操作和乘法内积计算的同步。乘法内积和按位操作计算依赖于控制器的指令并行计算,控制器通过检测指令之间的依赖关系,避免指令之间的冲突,并根据指令处理的状态,及时调整指令的处理位置,从而实现指令的并行计算。

5.3.5 实验验证与分析

在建立的 LSTM 网络的基础上,选择 FPGA 加速卡作为实验的硬件基础,通过 System Verilog 语言对 FPGA 进行编程,实现硬件资源的设计。FPGA 选用 Inter—Arria 10 的 FPGA,加速卡采用 8 GB DDR4 代内存。

为最大限度地实现硬件资源的加速,可采用稀疏矩阵数值量化的方法。在不同的项目中,数值量化的位数得到的效果存在较大的差异,因此,需要针对不同的系统进行实际的验证,从而确定系统的量化位数。结合飞控系统收集到的实际数据,对 LSTM 网络模型的量化位数进行分析对比,对比结果如表 5.1 所示。

表 5.1 基于 LSTM 网络的组平衡稀疏矩阵模型数量量化效果对比

数值量化比特位/bit	困惑度/(%)
定点 32	81.5

续表

数值量化比特位/bit	困惑度/（%）
定点 16	82.5
定点 8	82.9
定点 4	153.2

通过对表 5.1 中的结果进行对比，组平衡稀疏矩阵的困惑度在 32 bit 时最好，选择 16 bit 时模型困惑度稍有增加，当数值降低到 8 bit 时，模型困惑度已经增加到 82.9%，达到 4 bit 时，模型效果已经严重遭到破坏。因此本书选用 16 bit 作为模型数值量化数据精度。

为了对比当前模型与现有 LSTM 网络加速模型的效果，通过与现有模型进行对比，对本书中的加速效果进行评价。本书选用 ESE 模型和 C - LSTM 两种模型进行对比。ESE 模型使用剪枝方法进行 LSTM 网络的压缩，并采用 FPGA 加速器进行加速。C - LSTM 模型采用循环矩阵方法进行模型加速，并采用基于 FFT 方法设计 FPGA 加速器，对网络进行加速。对比模型与本书模型存在一定的相似性，能够充分体现本书加速效果的改进。

如表 5.2 所示，本书模型相对于对比模型批处理大小为 1 的情况下吞吐量达到 ESE 模型的 47.8 倍，达到 C - LSTM 模型的 9.7 倍。可见，本书模型综合采用组平衡稀疏矩阵方法，相较于现有模型具有较高的效率提升，达到了设计效果。

表 5.2　基于 LSTM 网络的组平衡稀疏矩阵模型加速效果对比

	ESE	C - LSTM	本书模型
平台	XCKU060	Virtex - 7	Arria 10
量化比特数	定点 - 12	定点 - 16	定点 - 12
批处理为 1 的吞吐量（GOPS）	8.8	43.7	421.3
批处理为 1 的有效吞吐量（GOPS）	79.2	349.6	2 673.9

5.4　本章小结

本章针对飞机飞控系统 PHM 系统硬件加速的需求，建立了一种融合总线功能和存储功能的 DPU 硬件加速方案。通过深入分析 DPU 加速的软件架构,建立了基于 DPU 加速的飞机飞控系统 PHM 系统,充分发挥了硬件加速的性能。针对飞控系统寿命预测模型加速的需求,建立了基于 FPGA 的 LSTM 网络硬件加速模型,借助基于数据的 Delta 稀疏网络模型,使输出向量中增加 0 值,有效减少模型计算量。针对模型剪枝方法不规则矩阵导致算法不友好的缺点,提出了组平衡的稀疏模型并结合重复训练方法,实现了模型的高精度压缩。通过综合分析各种硬件加速平台,选择 FPGA 平台作为硬件加速的载体并结合组平衡的 CSB 存储模型,进一步减少了模型的存储空间,实现了硬件读取的加速。实验对比结果表明,相较于现有模型,本书提出的 FPGA 加速方法实现了 9.7~47.8 倍的加速效果。

第6章 基于 MBSE 的飞控系统 PHM模型化设计

6.1 引　　言

飞控系统是控制飞机飞行的关键,负责飞机从起飞到安全降落的整个空中飞行过程,其复杂程度随功能的增加不断增大。目前,飞机机载 PHM 系统呈现工程化成熟度低、开发平台匮乏、设计与验证有效手段不足等特点。由于 PHM 系统涉及学科多样,传统的使用文档进行需求传递极易出现各学科间的不一致性。

为此,本章以无人机飞控系统 PHM 控制律模型设计为例,构建基于 MBSE 的飞控系统 PHM 开发平台,并建立基于模型的标准模块库。通过 Simulmk 和状态机进行系统架构模型与子模型联合仿真来实现 PHM 开发平台的功能结构验证。仿真结果表明,本章所建立的方法能及早识别飞控系统 PHM 架构设计中潜在的故障,提高飞控系统的可靠性。

6.1.1　MBSE 建模语言

为实现对 MBSE 建模的描述,需要从多角度对系统进行阐释,要求建模语言能够直观地描述系统,并在全过程中实现对系统的可度量和可控制,实现多学科的交流、多领域的合作。本节对几种常用的 MBSE 语言进行分析。

6.1.1.1　多架构建模语言

由瑞士联邦理工学院、瑞典皇家理工学院、北京理工大学、上海交通大学以及中科蜂巢等团队开发的 KARMA(Combination of Architecture Model Specification)多架构建模语言,能够实现对模型化系统工程相关语言的构建,完成建模、架构建设以及代码生成等一体化架构建模工具。KARMA 语言规范使用中科蜂巢开发的多架构建模工具 MetaGraph2.0 及 BPMN 模型库,完成系统模型的概念建模,如图 6.1 所示。基于元模型中的图、对象、点、属性、关系、角色等六种元模型,元模型为元模型组成的模型组合,虚拟实体利用元模型,开发基于模型的虚拟实物,最后根据虚拟实物的模型建立真实的实物模型。

图 6.1　KARMA 建模语言结构

6.1.1.2　DSML 特定域建模语言

DSML 语言是一种用来构建图形模型的语言。特定域语言的核心是域模型,模型中对事物的概念、属性以及概念之间的关系进行描述。DSML 以问题空间为基础,通过概念抽象形成问题域,以语法、语义和方法为基础,建立特定域语言架构。

如图 6.2 所示,DSML 由语法、语义及方法论三部分组成,其中:语法包括摘要、文本、图形、静态要求;语义由操作、指令、分析等部分组成;方法论由用例分析、工具支持等部分组成。

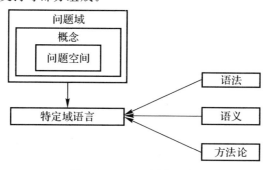

图 6.2　DSML 语言组成

特定域架构按照 DSL 脚本、语义模型、生成代码的顺序建立。DSL 脚本通过文本、图形等方式实现域模型的定义。语义模型是 DSL 脚本的一种存储形式,生成代码能够将模型以一种简单的文本形式输出。特定域建模方法能够实现高级别的重用,使语言能够对一类类似的问题进行描述。特定域建模能够实现软件工程过程之间的衔接,将问题的设计和实现有效的结合在一起,降低软件的应用难度,使各个领域的专家能够快速的接受,并参与到模型的建设中。

6.1.1.3　SysML 系统建模语言

SysML 是一种标准化形式的图形化系统工程建模语言,主要解决系统工程的描述问题。通常基于模型的系统工程需要从功能行为模型、性能模型、结构模型和其他工程分析模型等多种角度对系统进行描述。SysML 能够满足多层次建模、多学科交流、模型可度量、可扩展性等多个方面标准的设计需求。SysML 语言提供对系统需求、行为、结构和参数进行图形化表达的方式。SysML 图由行为图、需求图、结构图三类图形组成,行为图包括活动图、顺序图、状态图和用例图,结构图由块定义图、内部块图、包图组成,其中内部参数块图还包含参数图。SysML 语言扩展了统一建模语言(UML)的功能,并对其进行修改和增加,因此能够更好地适应系统工程的模型化应用。

需求图将需求文件转化为可视化的图表,并表明与其他模型元素之间的关系。需求图包含了至少一种属性或行为,且该属性必须在整个过程中始终得到满足。需求可以派生出派生需求,如商业需求可能会派生出技术需求,技术需求又可能派生出合同需求等,可见派生关系是一种需求之间的关系。

结构类型图中的包图用于组织系统的结构,并对模型进行分类,并随着生命周期的变化而不断进展。块定义图用于对系统逻辑架构或物理架构进行表达,并对不同类型元素之间的关系结构进行说明。包图和块图都是表达结构之间关系的,但包图侧重于表达图之间的关系,块图侧重于元素定义以及它们之间的关系表达。内部块图是一个系统组成部分的静态试图,其用于表达内部模块之间,以及内部模块与外部模块之间的连接关系。

行为类型用例图用于描述系统提供的服务,以及这些服务的使用者,主要提供系统工程师和利益攸关者之间的沟通渠道。活动图用于描述系统的行为流程,类似于流程分析的流程图;流程图的基本元素是动作,可以通过图将外界事物输入处理后输出;活动图强调的是下层行为之间相互协作的输入、输出、顺序和条件;顺序图用于展现实例中随时间变化的行为顺序;状态图用于表述对象的状态,代表了块或用例的一个状态转变化周期。

6.1.2　MBSE 建模工具

建模工具为建模语言的运行提供了运行环境,通过人员设计,能够最终实现基于模型的系统工程。不同建模语言采用不同的建模工具,针对建模语言的特点,建立对应的建模工具,从而为建模语言的应用提供基础。

Rhapsody 能够与多种通用开发语言进行交互,提供系统开发、代码生成、系统仿真等功能,能够有效的提高开发速度。No Magic 公司开发的 MagicDraw 模型工具将 UML 模型存储于 teamwork 服务器上,能够支持多个开发者同时进行模型的开发,并随时更新模型中的工作,有效提供了系统模型的团队开发效率。法国 Thales 公司开发的 Capella 建模工具,已经在系统、硬件、软件等领域得到广泛的应用,该软件为开源软件,并针对工程师的使用习惯开发,降低了工程师学习建模语言的难度。IBM 公司基于 SysML 语言设计开发了 MBSE 建模环境——Rhapsody,Rhapsody 建模工具能够与多种应用插件相结合,为模型开发客户提供丰富的能够需求。本书选择 Rhapsody 建模工具进行飞机飞控系统 PHM 平台的建模,实现系统工程的快速开发和应用。

6.1.3　MBSE 建模方法论

建模工具和建模语言是系统工程建模的基础,需要建模方法作为指导,以实现系统设计的全流程覆盖。鉴于模型的系统工程方法论为系统工程的高效建模提供的方法和路径,有效提高了工程师开发系统的效率,减少了系统的开发周期。

1. Vitech MBSE 建模方法

Vitech MBSE 建模方法的核心是四个并行的系统工程活动,如图 6.3 所示,分别为工程性能需求分析、原需求分析、架构分析以及设计确认和验证,四个活动与系统总体设计库进行交互,完成系统工程建模的主要工作。过程输入将原始需求、改变的需求作为 MBSE 的输入进行建模。源需求分析对原始需求、问题、决议、风险等因素进行分析,对输入进行充分解析。功能性能分析对系统行为模型。输入输出、控制序列、性能需求等进行剖析架构分析对系统的架构、组件、接口、需求的分配进行分析;设计确认和验证建立测试计划,对模型进行分析并验证设计的可行性。

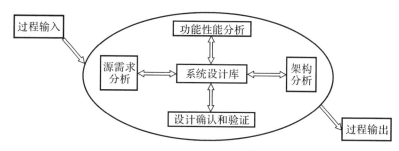

图 6.3　VItech MBSE 建模方法

Vitech MBSE 采用基于洋葱模型(见图 6.4)的递增式系统工程过程,在系统详细设计过程中,对每个需求进行递增式的分解,通过增加系统的层次,得到更加具体的解决方案。洋葱模型每个层次中都采用四个并行的活动结构,对本层结构进行分析,当本层次过程结束后,进入下一个层次,直到达到工程人员所需要的层级。洋葱模型的特点是在每个层次中,都存在设计确认和验证活动,从而在每层中对模型的风险进行评估,从而有效降低整个模型的系统风险。

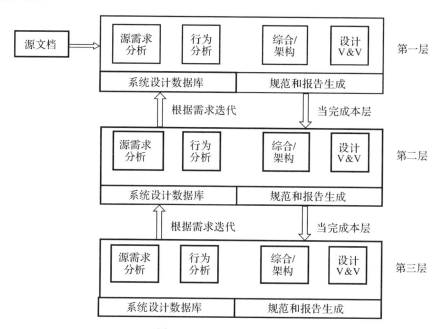

图 6.4　Vitech 洋葱模型

6.1.3.1 Arcadia 建模方法

Arcadia 是由 Thales 公司开发的 MBSE 方法，Arcadia 初期借鉴 UML/SysML 系统开发语言，吸收 NAF、AADL 架构描述语言，增强系统的总体分析能力，对内部信息进行面向对象的封装，可有效降低系统开发的难度。如图 6.5 所示，其建模流程包含运行分析、系统分析、逻辑架构、物理架构以及最终产品分解结构五个部分，系统结构符合 ISO 标准要求。

Arcadia 方法主要分为问题域和解决方案域两个部分，其中问题域包含运行分析和系统分析，主要关注用户的需求，解决方案域主要包括逻辑架构和物理架构，用于系统内部功能分析。运行分析为 Arcadia 方法顶层工程活动，通过识别系统的参与者，以及各个活动之间的关系，对用户的需求进行分析，作为基于模型的系统工程输入。系统分析主要开展系统的外部功能分析，识别用户的需求。逻辑架构主要完成内部系统功能分析，通过建立子功能，并将子功能进

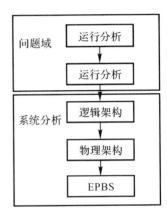

图 6.5　Arcadia 方法论结构

行组合，以满足上层系统需求。最终产品分解架构（EPBS）承接物理架构层，设计用于满足以上几个层级的限制和约束。

6.1.3.2 Harmony‑SE 建模方法

Harmony SE 是当前应用较为广泛的系统建模方法。Harmony 采用基于服务请求的建模方法，主要由基于模型的系统工程和基于模型的嵌入式实时软件开发 Harmony‑ESW 两部分组成。建模过程主要由需求分析、功能分析、设计综合三部分组成，如图 6.6 所示。

1）需求分析阶段主要完成对系统所有需求进行全面的分析，通过多种手段获取用户需求和系统需求，针对需求进行开发和管理，建立需求数据库，通过对需求的整理，将需求模型转化为用例，并将用例和实际需求进行链接，形成用例模型。

2）功能分析用于完成功能需求到系统功能的转化，将需求分析阶段产生的用例转化为可执行的模型，并在模型的执行过程中，对需求用例的效果进行

验证。输出控制文档接口,对系统和外界的接口进行定义,为后续黑盒测试提供输入基础。

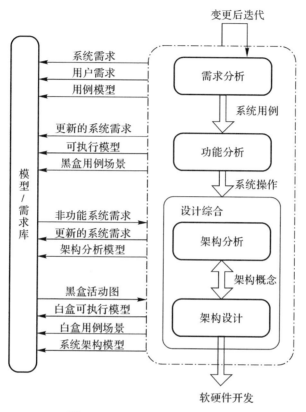

图 6.6 Harmony - SE 建模方法

3)设计综合的主要目的是设计系统的架构,以满足系统的功能性需求和非功能性需求,以设计的架构为基础,指导软硬件的开发。

6.1.3.3 基于 MBSE 的系统工程方法选择

本章通过对以上基于模型的系统工程方法进行研究,并从 MBSE 的建模语言、建模工具、方法论三个方面对现有常见的 MBSE 进行分析,可发现,基于模型的系统工程方法具有明显的优于传统系统工程方法的优点。MBSE 可摆脱传统的基于文档的系统工程方法文件管理困难、开发周期长、利用效率低等缺点,随着基于模型的系统工具的不断升级,必将得到广泛的应用。MBSE 在当前已经形成了一套完整的开发方式,并在不断积累产品的使用经验,建立了全球范围内的标准体系,能够实现全球范围内的合作。当前,MBSE 方法已经实现了面向对象的开发应用,可有效降低工程师的应用难度,基于模型的系统工程模型的重用率得到有效的提升,为后续模型的推广提供了技术支撑。

综合考虑各种基于模型的系统工程方法,本章选择 IBM 公司开发的基于Harmony‐SE 方法论的 Rhapsody 工具,并结合 SysML 语言,进行 PHM 开发平台 MBSE 系统模型建立。

6.2   Harmony‐SE 方法论研究

Harmony‐SE 方法论以 SysML 为建模语言,配套 Rhapsody 建模工具进行建模活动,建立 MBSE 的解决方案。该模型方法具有全面系统设计功能,经过长期使用验证,并在多领域得到广泛应用,在系统工程建模方面具有显著的优势。

6.2.1   Harmony‐SE 方法论特点优势

1) Rhapsody 提供 Harmony 项目建立界面,该界面由 SE‐Toolkit 的Create Harmony ProJect 功能来创建,通过项目管理结构实现项目层级和文件的管理,提高系统工程文件的管理效率。

2)建立统一的表达方式。Harmony 是一种面向流程的结构化分析方法,能够实现对系统开发过程中各阶段、领域工程师的有效适用,便于工程师的学习和适用。Harmony 强调面向对象的设计理念和思想,提高系统开发的质量,尽量增加软件、硬件的复用,减少不必要的工作重复。

3)动态模型完整性验证机制,在不同的应用阶段,Harmony 可以实现模型的动态验证;在不同阶段的交接处,在同一阶段运行中,可以实现灵活的动态模型验证,保证模型能够得到及时的修订。

6.2.2   Harmony‐SE 方法论建模流程

Harmony‐SE 方法论共由三阶段组成,分别对应了需求分析、功能分析以及基于架构分析和架构设计的设计综合阶段。

1)需求分析。需求分析以用户的需求为输入,结合用户需求的特点,对需求进行整理,并对需求进行分析,以形成用例模型,通过不断的循环完成所有用例的建立,将用例和需求进行链接,并将需求完善到模型需求库中,流程图如图 6.7 所示。

2)功能分析。该阶段主要将系统的功能性需求转化为系统功能,将需求分析阶段产生的用例转化为可执行的模型。该部分主要由新的需求和用例两个分支组成。用例将转化为黑盒活动图、时序图,并定义接口和端口,完成黑盒状态机的绘制,最终转化为可执行的黑盒模型,再结合新的需求,将功能点和需求进行链接,完成系统需求的更新。具体流程图如图 6.8 所示。

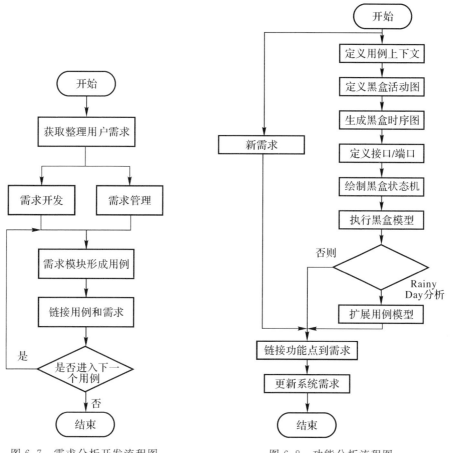

图 6.7　需求分析开发流程图　　　图 6.8　功能分析流程图

3)设计综合。该阶段主要完成功能性和非功能性需求的架构,并指导软件系统的开发和设计。估算架构模型下通过多领域专家的协作,并结合已有的软硬件开发经验,寻找关键子系统的多种解决方案,并绘制效能曲线,综合评估各方案的效能值,选择并作出决策,合并候选方案形成最终方案,为后续架构分析提供设计基础。通过定义白盒子结构对选定的架构进行分解,将系统功能按用例分配到活动图中,再经过循环处理非功能需求分配,得到顺序图、接口和端口,最终通过执行结构模型对建立的架构进行验证。具体流程图如图 6.9 所示。

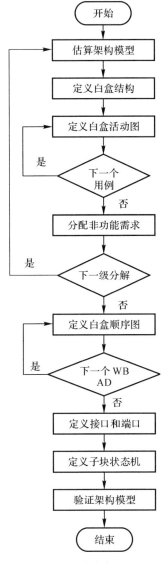

图 6.9　设计综合流程图

6.3　基于模型的飞控系统 PHM 开发流程

飞控系统 PHM 开发涉及数据采集、人工智能、数据处理、硬件加速等多学科的应用技术和先进方法,并需解决在有限资源和极限环境下的系统稳定问题,对产品整体稳定性提出较高的要求,这就要求对飞控系统工作环境、机械应力等充分考虑。系统平台的设计还需考虑多学科之间的融合,实现系统功能的最优化。

针对以上特点,本章在 MBSE 中采用系统工程"V 形"流程,如图 6.10 所示。在需求分析阶段,对飞控系统的系统需求、学科专业需求等进行充分的识别和需求分析,识别所要求的系统功能,建立完善的模型需求库,为后续功能分析提供需求资源;在功能分析阶段,对系统的需求进行动态更新,结合黑盒用例模型进行动态验证,及时更新模型设计;针对飞控系统的运行平台,在设计综合阶段,对架构进行分析,为飞控系统 PHM 系统的开发提供软硬件架构模型。

如图 6.11 所示为基于 MBSE 的飞控系统 PHM 形成系统建模方法论的基线化模型。在开发的全过程中通过模型传递需求并进行验证,动态调试系统的行为方式,进而保证从前端开始验证系统功能,最大程度地保证需求的覆盖率。MBSE 在需求分析和架构设计阶段主要关注系统的逻辑行为,通过利用建模工具进行需求分解和设计综合,并针对系统功能进行需求验证和确认。然而其对系统的连续性动态行为和性能的仿真分析支持不够。Matlab/Simulink 是目前连续系统建模领域的标准软件,在连续性动态行为仿真分析时具有优势,因此,本章在 MBSE 分级的基础上,利用 Simulink 和状态机完成了白盒阶段的综合建模工作。

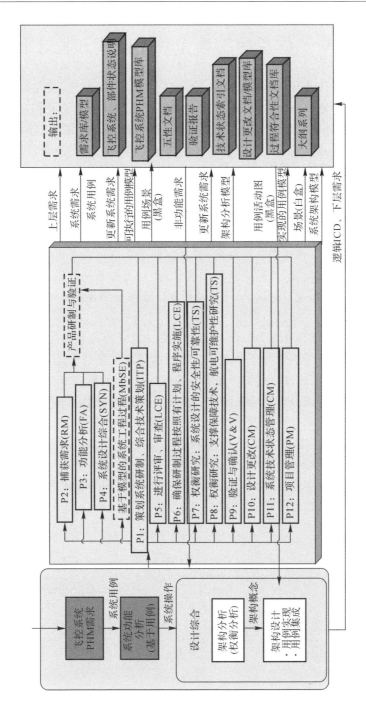

图 6.10 基于模型型飞控系统PHM开发流程图

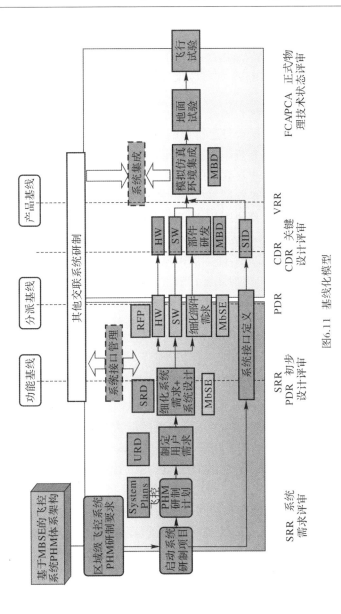

图6.11　基线化模型

6.4 以模型为中心的复杂飞控系统
PHM建模设计流程

本书以某型飞控系统为例,进行了基于模型的系统工程开发设计与验证。飞机服役过程中的纵向摆动将严重影响飞行安全,为此本章对纵向摆动危及飞行安全问题进行建模分析,利用 MBSE 方法进行自顶向下的迭代设计,将多种不同功能模块的性能参数、可靠性参数、机械参数、能量参数、电磁效应等参数进行提取、建模,并建立模型库。飞控系统 PHM 功能需求如图 6.12 所示。利用 Sysml 中的内部块图描述飞控系统 PHM 系统元素内部详细的数据连接,从模型库中调用参数化模型,定义了实例提供的属性、构建虚拟飞行控制 PHM 系统;利用专用工具进行虚拟调试,开展需求符合性验证,验证项目涵盖功能、性能、可靠性、结构强度、热设计等,创新性地将计算机系统设计和调试过程模型化,实现了飞控系统 PHM 系统元素功能;通过仿真降低研制和生产、制造、维护开发风险,加快研制周期,提高故障预测与健康管理效能,如图 6.13 所示。

6.4.1 需求捕获

在需求分解阶段,首先从模型库中调用参数化模型,通过在 Rhapsody 中构建飞控系统的整体框架(见表 6.1)实现功能的分解。其次,构建虚拟飞行控制 PHM 系统;再次,利用专用工具进行虚拟调试,开展需求符合性验证,验证项目涵盖功能、性能、可靠性、结构强度、热设计等,创新性地将计算机系统设计和调试过程模型化;最后,通过仿真降低研制和生产、制造、维护开发风险,加快研制周期,提高故障预测与健康管理效能。

按照功能要求将飞控系统划分出七个子用例(Use case):①空中控制(Air Control),对系统进行输入/输出处理与控制,完成对输入电源的入口滤波、转换、综合,实现系统控制律解算;② RS422/RS485 总线通信(Bus Communication);③起降控制(Take off and landing control),向伺服系统输出控制指令,实现对舵面的控制;④应急备份飞行控制(EFCS);⑤自检测与维护(Maintenance);⑥系统状态检测与告警(Monitor System and Alert Fault);⑦余度配置及管理(Redundancy Configuration)。如图 6.14 所示,通过定义系统边界与外部利益相关方,得到系统的外部交互对象,如表 6.2 所示。

表 6.1　利用 DOORS 进行需求捕获形成的需求分析表

ID	需求分配	需求描述
UAV_SRS_HL_00001	SRS_LL	计算机必须具备综合机上独立 4 路一次电源的能力
UAV_SRS_HL_00002	SRS_LL	当供电电压为 22～29VDC 时,FMC 必须正常工作
UAV_SRS_HL_00003	SRS_LL	计算机承受正常供电瞬变极限:18V～50V,必须正常工作无故障
UAV_SRS_HL_00004	SRS_LL	余度间应具备交叉通道数据传输能力
UAV_SRS_HL_00005	SRS_LL	ACE 应通过 2 条独立的 RS-422 总线接口接入飞控系统
UAV_SRS_HL_00006	SRS_LL	LRU 余度间必须采用同步方式工作
UAV_SRS_HL_00007	SRS_LL	舵机控制器具备如下工作模式:上电/初始化式
UAV_SRS_HL_00008	SRS_LL	两余度 RS422 串口的发送使能必须由 CPU 模块决定
UAV_SRS_HL_00009	SRS_LL	ACE 每个通道均必须提供 2 路供电接口
UAV_SRS_HL_00010	SRS_LL	供电电压处于 18.0～32.0VDC 时,ACE 必须正常工作
UAV_SRS_HL_00011	SRS_LL	必须实现 PS 模块为双余度配置
UAV_SRS_HL_000013	SRS_LL	ACE 内部的电源模块必须将供电电源转换为 ACE
UAV_SRS_HL_000014	SRS_LL	ACE 电源模块的余度配置必须与 ACE 的控制余度匹配
UAV_SRS_HL_000015	SRS_LL	供电电源在满足供电品质的条件下,ACE 电源次级输出
UAV_SRS_HL_000016	SRS_LL	计算机必须采用 ARINC-659 总线作为 CPU 和 MIO 模块之间信息传输的通路

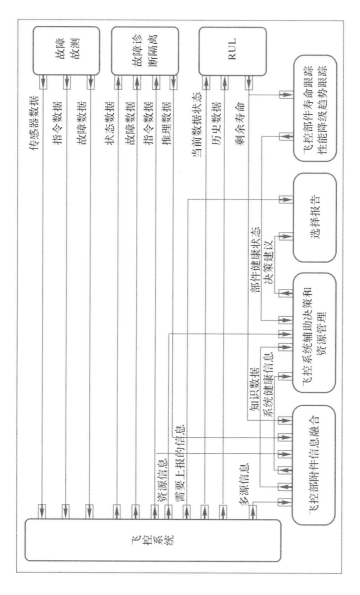

图6.12 飞控系统PHM功能需求图

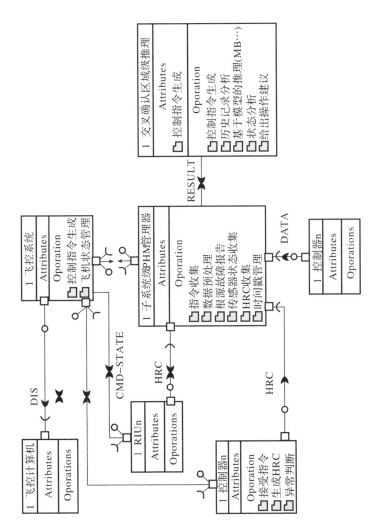

图6.13　飞控系统PHM元素功能图

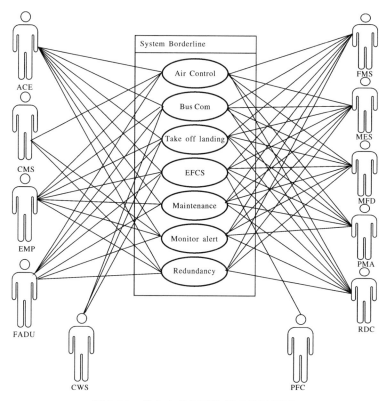

图 6.14　纵向电传伺服控制系统用例图

表 6.2　伺服控制系统的外部交互对象

序号	Actor	外部对象说明
1	ACE	作动器控制器
2	CMS	中央维护系统
3	CWS	中央告警计算机
4	EMP	机电管理系统
5	FADU	事故记录采集器
6	FMS	飞行管理系统
7	MES	任务系统
8	MFD	多功能显示器

续表

序号	Actor	外部对象说明
9	PFC	主飞行控制计算机
10	PMA	外部测试设备
11	RDC	远程数据采集器

6.4.2　功能建模(黑盒模型)

本书基于 MBSE 的方法和用例图中的划分,对纵向操纵伺服控制功能进行建模。通过分别搭建反映各用例功能流程的活动图(Activity Diagram)和反映运行时序的序列图(Sequence Diagram)以实现全飞行过程的控制与管理功能,该模型具备多路接口实现与机载系统的数据交互等特点。纵向操纵伺服控制功能的对外关系交联图如图 6.15 所示。作动器控制器需求描述如图 6.16,该过程实时监控外部传感器的值。ACE 在控制管理模式下需执行舵机的伺服控制功能,基本框图应满足图 6.16,任何出现的故障都会被记录到 NVM 区中。图 6.17 为飞控系统 PHM 中 UAVFCS1 与参与者和外部设备的信息交互关系(顺序图)。图 6.18 为伺服作动系统试验环境,图 6.19 为伺服阀 AMESim 仿真模型,图 6.20 为关键零部件的强度仿真。

1)基于试验的理想数据获取。以伺服作动系统为例,实施基于故障模式及影响分析,梳理出其典型故障模式,并针对典型故障模式展开故障注入试验,以获得伺服作动器完备故障模式下理想的监控参数。

2)基于模拟仿真的理想数据获取。飞行控制的伺服作动系统在使用过程中涉及到机、电、液。磁、热、控、多体动力学等多学科,其退化失效过程是多种因素耦合作用的结果。本书通过 AMESim、ANSYS 仿真对装备进行模拟仿真,获取理想条件下的性能退化数据。

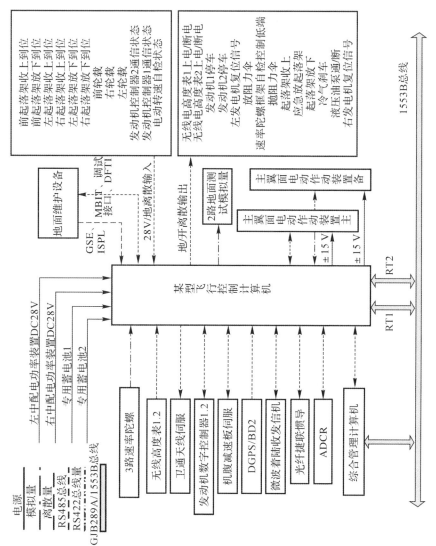

图6.15 纵向操纵伺服控制功能的对外关系交联图

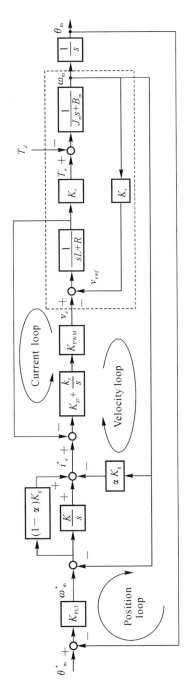

图6.16　纵向操纵作动器控制器传递函数框图

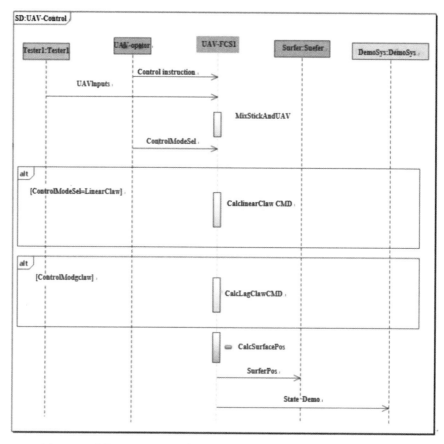

图 6.17　系统 UAVFCS1 与参与者和外部设备的信息交互关系（顺序图）

图 6.18　伺服作动系统试验环境

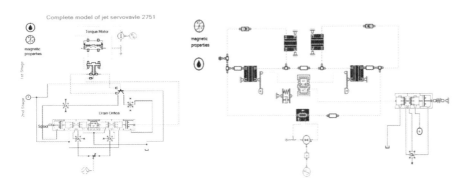

图 6.19　伺服阀 AMESim 仿真模型

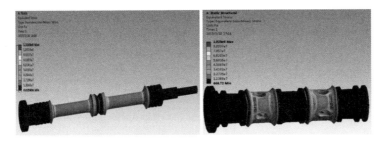

图 6.20　关键零部件的强度仿真

6.4.3　行为逻辑建模(白盒模型)

活动图与状态图描述了飞控系统内部主要行为、先后顺序及内部逻辑,如图 6.21 所示。依据需求分析的功能结构建立某型飞控系统 PHM 设计模型计算包,将纵向控制律按照功能独立、高内聚、低耦合的设计原则将计算包独立划分,如图 6.22 所示。

基于飞控系统 PHM 功能分析阶段的黑盒模型,对系统内部飞控计算机、控显产品、伺服作动器等各子功能模块与子系统间的功能等进行定义并完成进一步划分。余度管理功能由驻留在 PFC 中的软件实现,具体包括多余度输入输出信号监控与表决、各种软/硬件监控器输出故障信息的记录、综合、申报,以及故障隔离与重构。最后,将活动图中的各个元素分配到不同的子模块中。

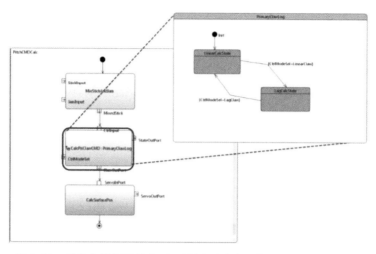

图 6.21　系统内部主要行为，先后顺序及内部逻辑（活动图和状态图）

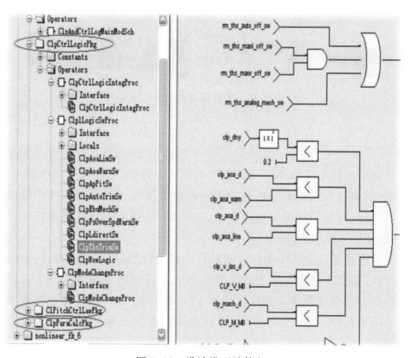

图 6.22　设计模型计算包

　　本章抽取了某型飞控系统 PHM 控制律模型共性需求，建立了基于模型的软件标准模块库,控制逻辑采用某型无人机自动驾驶仪 Navigation 和 approximation 工作模态的转换逻辑。输入信号如表 6.3 所示,控制逻辑输出信号如表 6.4 所示,采用状态机方式描述的飞控系统自动驾驶逻辑软件需求模型如图 6.23 所示。

表 6.3 工作模态的转换逻辑输入表

变量名称	数据类型	说明
naviga_sw	bool	Navigation 模态投入逻辑开关
appr_sw	bool	approximation 模态投入逻辑开关
naviga source	int	导航源选择信号:1—DWQ,2—WXD,3—YJD
navigasrc_update	bool	导航源更新信号
dev_DWQ	real	定位器(DWQ)偏差信号
dev_WXD	real	无线电(WXD)偏差信号
dev_YJD	real	远距导航(YJD)偏差信号
state_ap_frist_engage	int	自动驾驶仪投入瞬态状态开关
DEVLIMIT_DWQ	real	定位器(DWQ)偏差信号门限值(常数)
DEVLIMIT_WXD	real	无线电(WXD)偏差信号门限值(常数)
DEVLIMIT_YJD	real	远距导航(YJD)偏差信号门限值(常数)
NAV_SRC_DWQ	int	定位器(DWQ)导航源选择(常数,1)
NAV_SRC_WXD	int	无线电(WXD)导航源选择(常数,2)
NAV_SRC_YJD	int	远距导航(YJD)导航源选择(常数,3)

表 6.4 控制逻辑输出信号表

变量名称	数据类型	说明
DWQarm_sw	bool	定位器(DWQ)准备逻辑开关
DWQcap_sw	bool	定位器(DWQ)捕获逻辑开关
WXDarm_sw	bool	无线电(WXD)准备偏差信号
WXDcap_sw	bool	无线电(WXD)捕获偏差信号
YJDarm_sw	bool	远距导航(YJD)准备偏差信号
YJDcap_sw	bool	远距导航(YJD)捕获偏差信号

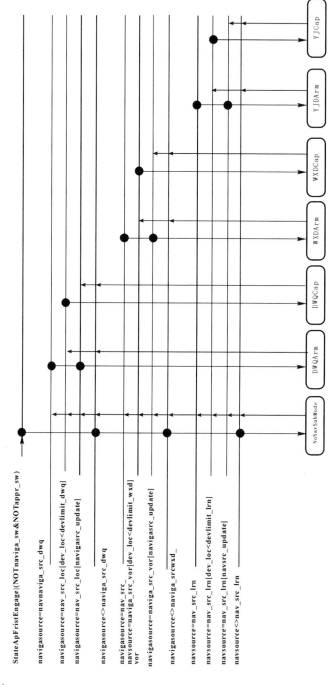

图 6.23　采用状态机方式描述的飞控系统自动驾驶逻辑软件需求模型

1)此逻辑仅在 Navigation 和 approximation 模态投入时才允许有效的输出,否则各输出逻辑开关信号为 FALSE。

2)自动驾驶仪投入瞬态状态(state_ap_frist_engage)要求所有模态逻辑开关输出为 FALSE。

3)根据导航源选择信号 naviga source 确定导航方式:若 naviga source＝NAV_SRC_DWQ,则进行定位器(DWQ)导航;若 navigasource＝ naviga_SRC_WXD,则进行无线电(WXD)导航;若 navigasource＝ naviga_SRC_YJD,则进行远距(YJD)导航。

4)假设各导航方式的准备和捕获逻辑开关为 false,投入 NAV 或 APPR后,若导航源选择信号 navigasource 为 1～3(假设为 2),则设置相应的导航方式准备逻辑开关(比如 WXDarm_sw)为 TRUE。此时进入导航准备状态。

5)进入导航准备状态后,此时若导航误差(比如 dev_WXD)小于预先设定的门限(比如的 devlimit_WXD),则清除导航方式准备逻辑开关(比如WXDarm_sw)为 FALSE,并设置相应的导航捕获逻辑开关(比如 WXDcap_sw)为 TRUE。此时进入导航捕获状态。

6)进入导航捕获状态后,若导航源更新信号 navigasrc_update 为 TRUE,则清除导航捕获逻辑开关(比如 WXDcap_sw)为 FALSE。

6.4.4　仿真验证

系统在 PFC 和 ACE 内设置了五个表决/监控面及多个专门的监控器。第一个监控器设置在 PFC 和 ACE 中,由硬件实施(见图 6.24 中的 VM1),用于对重要传感器的状态监控。进入 PFC 的传感器信号经前置处理后,由 PFC硬件电路实施"和值"监控;进入 ACE 的传感器信号经前置处理后,由 ACE硬件电路实施"和值"监控。当某个传感器的"和值"电压超出阈值范围时,该传感器硬件监控器输出为"故障"状态。第二个是 PFC 输入信号表决/监控面,用于对 PFC 输入信号通道间的交叉表决与比较监控。表决/监控面设置在 PFC 内部(见图 6.24 中的 VM2)。系统软件对所有输入信号进行通道间的交叉传输,然后按照取多数表决原则进行信号选择,并将选择的有效信号输入到控制律计算模块。第三个是 PFC 输出指令监控面(见图 6.24 中的VM3),分为两种:一种是软件对 PFC 通道内两个非相似 CPU 输出信号的一致性进行比较监控,监控器输出作为计算机通道故障逻辑的输入信号之一;另一种是软件对余度通道间 CPU 输出信号的一致性进行比较监控,监控器输出也作为计算机通道故障逻辑的输入信号之一。第四个是 ACE 接收的伺服指令信号监控/表决器(见图 6.24 中的 VM4),分为两种:一种是对来自于 PFC(正常/降级模式)的数字伺服控制指令的监控/表决器,由 ACE 内各单板上的 FPGA 控制器实现;另一种是各个 ACE 对模拟备份控制律使用的驾驶员指令信号进行监控与选择,由 ACE 内部硬件实现。第五个是在每个作动器的伺服控制功能模块中设置指令支路和监控支路(见图 6.24 中的 VM5),指令支路用于伺服作动器的控制,监控支路用于对作动器电磁阀、伺服阀电流以及伺服阀位移传感器的模型监控。监控器一旦确认有故障,会自动切断被控作动器的电磁阀,将故障信息送给协同控制的另一个 ACE,使其接管该作动器的控制;同时将故障信息上传给 PFC。此处进行对需求的覆盖分析,在飞控计算机 PHM 系统的 269 条需求中,有 68 条满足了验证关系,其余的未确认需求主要为时序性能需求、关键过程需求、五性需求和总线传输需求等。

在需求捕获和建模设计的基础上,导入测试脚本与数据,可自动生成脚本代码,采用 SCADE 模型设计,实现对某型飞控系统 PHM 设计需求与纵向控制功能模型、行为模型的集成验证,相关控制算法满足系统设计需求验证的完整覆盖,飞控系统 PHM 部分 SCADE 控制率模型设计图如图 6.25 所示,Simulink 模型设计如图 6.26 所示,测试用例设计验证阶段如图 6.27 所示,避免飞控产品装机后出现反复变更技术差异的情况,有效降低飞控系统设计研发初期由于技术验证不充分带来的风险隐患,同时也为飞控 PHM 系统提供了工程实践基础。

用本书搭建的飞控系统 PHM 架构对飞机在 8 000 m 高空飞行、迎角受到 2° 的冲击扰动情况进行模拟仿真分析,其 MATLAB 仿真曲线如图 6.28 所示。仿真结果表明:在扰动作用下,迎角 α 初期阶段变化剧烈,数秒钟后很快平缓下来;速度 $\bar{V}$ 先是缓慢增长,后又缓慢减小;俯仰角 θ 开始变化剧烈,以后又缓慢变化。

图 6.28 说明纵向运动存在着两种运动模态:一种为周期长,衰减慢的长周期模态;另一种为周期短,衰减快的短周期模态。而飞机运动参数随时间变化为上述两种模态的叠加,它们的存在由飞机运动的固有特性所决定。在某些情况下,长周期模态可能变成一正一负的两个实根,其中正实根是不稳定的,表现为单调发散运动,短周期运动模态在一般情况下则不会出现这种情形。只有重心移到气动焦点之后的飞机,短周期模态才会是一正一负的两个实根,其中正实根表征不稳定的单调发散运动,且单调发散的指数较大。

飞机受到外界扰动后,出现不平衡的外力和外力矩。飞行速度对外力一般不太敏感,但飞行姿态(如迎角、俯仰角)却极易受外力矩影响。当飞机迎角

受到 $2°$ 的冲击扰动后,其他初始条件为零,纵向静稳定力矩 M_a^A 与转动惯量 I_y 的比值要远大于阻力、重力之差 $(D_a - G)$ 与质量 m 的比值。因此飞机消除 α_0 较快,而 V 变化较慢。又因为飞机存在俯仰阻尼力矩 M_q 和 M_a,表现出周期短阻尼大的特点。因此,在扰动运动的初期阶段数秒内短周期运动已基本结束,俯仰力矩基本恢复到受扰前的平衡状态。

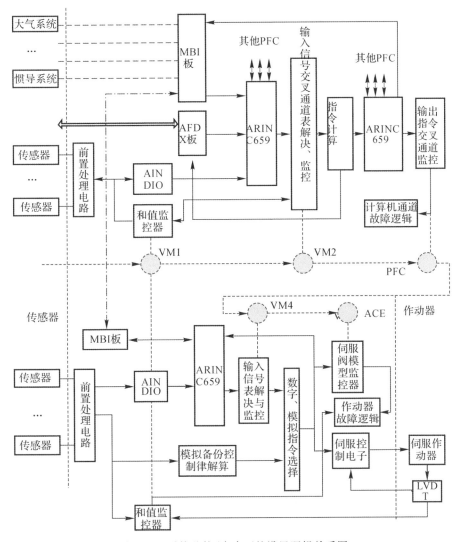

图 6.24　系统监控/表决面的设置逻辑关系图

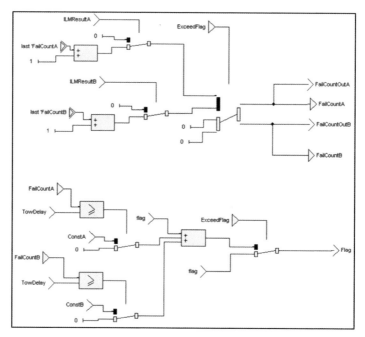

图 6.25 飞控系统 PHM 部分 SCADE 控制率模型设计图

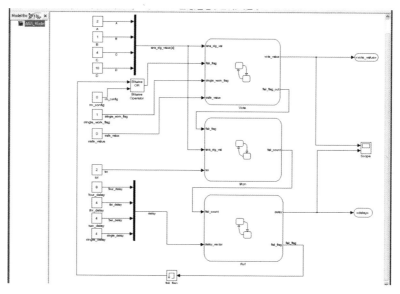

图 6.26 SIMULINK 模型设计

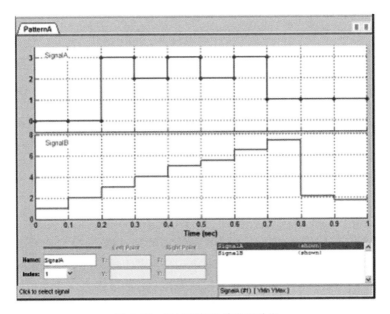

图 6.27　测试用例设计验证阶段

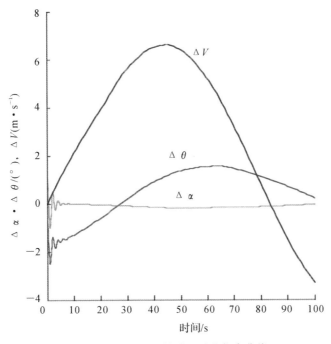

图 6.28　纵向扰动运动的仿真曲线

在短周期运动结束后,飞机的航迹倾斜角 $\Delta\gamma<0$,即飞机向下滑,并在重力沿运动轨迹切线方向上的分力 $-G\sin\Delta\gamma$ 的作用下逐渐加速。速度增加导致动压增大、升力增大。当升力大于重力时,平衡重力之外的升力将导致运动轨迹向上弯,此时重力分力又使飞机减速,进而导致动压逐渐减小、升力下降。而当升力小于重力时,又会使飞机运动轨迹向下弯,重力分力又使飞机加速、动压逐渐增大、升力增大,致使飞机上下交替运动。在交替运动过程中,动能和势能相互交替转换,表现出速度变化量 ΔV 和航迹倾斜角变化量 $\Delta\gamma$ 的振荡运动。由于起恢复作用的气动力 $Z_V\bar{V}$ 和起阻尼作用气动力 $X_V\bar{V}$ 远远小于飞机的重力,因此,振荡周期长、衰减慢是长周期模态的特点。长周期的运动使得飞机时升时降,故又称其为沉浮运动。

仿真结果表明,纵向运动为长周期运动模态和短周期运动模态线性,共有 386 条飞控计算机及伺服控制系统差异性需求得到验证,包括所有的系统级模态功能需求以及大部分设计性能需求。采用基于模型的内部复杂逻辑与基于数据驱动的硬件接口设计实现了软件硬件耦合的复杂系统需求。通过有效值域边界搜索法获得了各种飞控故障模式对系统产生的影响,同时自动补充测试用例,最终完成了基于 MBSE 的飞控系统故障模式及影响分析(FMEA)。这表明该方法能及早发现飞控系统 PHM 架构设计中的故障隐患,及时进行完善,提高飞控系统 PHM 的可靠性。

6.5 本 章 小 结

本章针对飞机机载 PHM 系统存在的工程化成熟度低、开发平台匮乏、缺少设计与验证的有效手段等突出问题,以无人机飞控系统 PHM 控制律模型设计为例,采用基于模型的系统工程方法,构建了基于 MBSE 的飞控系统 PHM 开发平台,并建立了基于模型的软件标准模块库。通过 Simulmk 和状态机进行系统架构模型与子模型联合仿真,实现了 PHM 开发平台的功能结构验证。仿真结果表明,基于 MBSE 的飞控系统故障模式及影响分析(FMEA),能及早发现飞控系统 PHM 架构设计中的潜在故障隐患,从而有效地提高了飞控系统的可靠性。

第7章 飞控系统 PHM 综合评估验证平台设计与实现

7.1 引　　言

　　本章针对飞控系统故障预测难、维修工艺繁杂、对操作人员经验依赖性强、工艺控制要求精细、技术状态多、版本控制多样化等问题,结合飞控系统 PHM 实时化、模型化、可视化的实际需求,开发面向飞控系统 PHM 的综合验证平台。

　　首先,提出飞控系统 PHM 综合验证平台总体架构,建立"平台＋应用"的平台构建模式。通过优化技术资料管理方式和补充部件故障研究手段,构建基于知识图谱的飞控系统故障预测方案,构建飞控系统维修领域知识图谱。其次,为解决所提取飞控系统维修领域知识图谱完整度低、稀疏度大等问题,提出一种多模态知识库嵌入(MKBE)方法,并通过引入一种新的多模态插补模型,建立多源异构验证数据库。最后,以故障超前预测和飞控系统的整体健康管理为目标,集成包括内外场故障数据、机务测试数据、修理记录、研发/制造数据和专项任务数据等在内的非结构化多源异构数据,采用多模型在线联合仿真与集成开发技术,开发飞控系统综合验证平台,实现了飞控系统多源故障特征提取、故障关联推理分析、智能问答与维修决策功能,为飞控系统 PHM 工程化验证提供了重要的支撑手段。

7.2 飞控系统 PHM 的综合验证平台总体架构

　　飞控系统 PHM 的综合验证平台在攻克知识抽取、融合关键技术的基础上,搭建数据知识管理、知识图谱推送技术、基于大数据的航空部件维修工艺、知识成果应用管理四个信息化平台,以实现关键技术在飞控系统维修工艺开发与验证上的转化,总体架构如图 7.1 所示。

根据飞控系统结构、功能的逻辑关系,利用数据驱动和失效物理模型相融合的方法,开展飞控系统故障机理研究,以飞控系统为例,建立故障模式知识图谱。采用基于模型的系统工程的思想构建软件架构,利用分布式数据存储技术和多维度可视化交互方式,开发基于知识图谱的数据管理、知识加工、知识管理系统。具体包含:多源、异构运维数据图谱,PHM 系统辅助设计数据图谱,设计过程数据图谱,源数据管理平台,以及维修决策研究平台。设计多维度的关系路径规则,应用到知识表示学习中,加强对数据的管理和分析应用能力,确保维修知识的准确性和合理性,实现"信息—知识—决策"的发展目标,总体设计方案图如 7.1 所示。

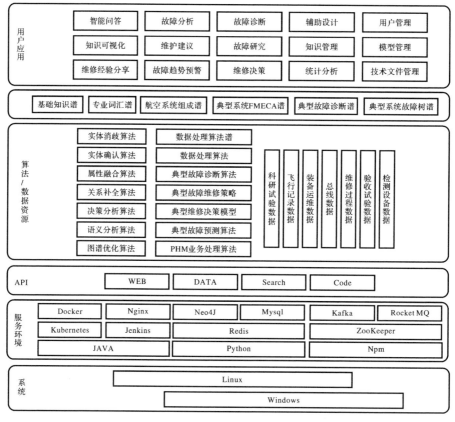

图 7.1　飞控系统 PHM 的综合验证平台总体架构

飞控系统 PMH 应用按照"平台＋应用"的模式构建,即在建立的飞控系统故障预测和健康管理硬件平台的基础上,应用多维故障数据分析技术,实现非结构化维修数据的处理。其中,飞控系统故障数据硬件平台主要包含数据收集、存储、处理、可视化显示等系统。飞控系统应用平台基于硬件平台,搭建故障数据分析、决策软件平台,主要完成飞控系统故障数据的分析,并结合故障发生的部位、重要性、故障影响范围等因素,对故障进行综合分析,并提供故障评估、健康评估、状态监控等分析结果。以故障分析结果为依据为飞机提供辅助决策、健康管理以及飞控系统设备的寿命预测等依据,为飞控系统评价考核提供保障,如图 7.2 所示。

飞控系统故障预测与健康管理逻辑架构主要由数据获取层、数据整合层、数据保存层、数据提取层、数据分析层、数据应用层、可视化层组成。

1)PHM 数据获取层。主要包括实际产品在机上装配使用时得到的飞参记录、飞机实时状态数据,飞机设备仿真模型、半实物模型等模型试验数据,设计过程中产生的历史案例、需求文档、仿真模型等设计数据,以及地面维护过程中产生的故障记录、维修记录、测试记录等维护数据。

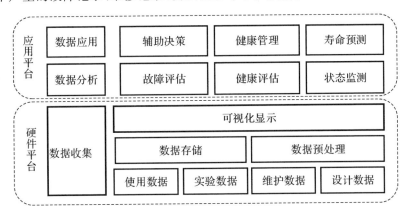

图 7.2　飞控系统 PHM 应用架构

2)PHM 数据整合层。主要是针对数据获取层得到的飞控系统 PHM 相关数据,依据数据的类型和实时性需求,通过自动化工具、数据库、维修智能化数据采集等不同的获取方式对数据进行转化和分离,便于后期存储。

3)PHM 数据保存层。主要是针对数据整合层得到的数据,将原始的故障数据存储到数字化维修系统之中,同时在专用数据库上建立数据存储索引,并将索引存储到关系型数据库上,将非结构化故障数据的内容存储到专用服务器上。

4)PHM 数据提取层。主要是实现飞控系统故障数据的特征提取,为故障分析提供处理后的数据。主要支持向量机、贝叶斯、神经网络等方法实现。

5)PHM 数据分析层。以提取的故障数据为基础,对故障特征进行分析,通过知识图谱、专家系统、健康管理等手段,建立各故障之间的关系,实现故障的关联关系建立、查询、逻辑推理分析。

6)PHM 数据应用层。通过飞控系统故障数据分析和逻辑关联结果,实现对飞控系统故障的检索、多发部附件产品定位、故障机理研究、故障树分析、基于状态的维修决策等。

7)PHM 可视化。通过机理图、逻辑图、故障树、故障云、关联分析图等对故障分析结果进行动态化展示,以便于飞控系统相关工作人员维修决策分析。

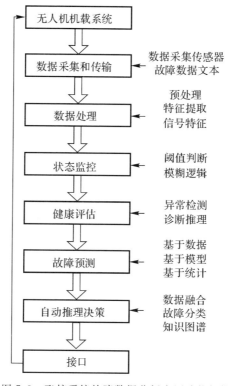

图 7.3 飞控系统故障数据分析应用功能架构

飞控系统 PHM 综合验证平台功能主要包括 PHM 信息全文检索、故障数据关联分析和特征提取、故障模式状态监控、健康评估、寿命预测、自动推理决策等。各功能在飞控系统数据服务平台的基础之上,通过功能模块之间的相互协作,实现对飞控系统故障数据的数字化管理和故障原因分析、诊断、健康管理,以及通过知识图谱挖掘故障的内在规律,分析故障形成原因,对飞控系统的寿命和可靠性做出预测。飞控系统故障数据分析应用的功能架构图如图 7.3 所示。

在图 7.3 中,飞控系统故障数据集中存储是飞控系统故障数据分析应用的基础,以此为基础实现飞控系统 PHM 数据的全文检索、飞控系统故障关联和特征提取、飞控系统故障分析和推断、状态维修、维修决策等功能;飞控系统故障相关分析和自动推理决策需要在飞控系统故障数据分类后,将精简的故障数据转化为某类故障,然后根据飞控系统故障特征提取得到的实体和原因关联数据,实现飞控系统的状态评估和故障预测;自动推理主要是在飞控系统故障特征提取后运用知识图谱等技术,进行故障信息关联分析,并结合产品运行环境、温湿度等信息进行预测;系统集成管理主要是实现不同等级用户的使用权限、验证权限等系统管理功能。

(1)飞控系统 PHM 数据采集和传输

根据飞控系统故障数据的不同来源,采用物理传感器、文本等方式对故障数据进行收集,并通过数据导入、远程传输等方式,将数据集中存储到地面超算平台,用于数据的集中处理。

(2)飞控系统故障数据处理

利用基于深度学习的自然语言处理技术,对收集的故障数据进行预处理,得到故障数据的关键信息,如故障发生的时间、状态、原因、解决方法、故障责任等,利用基于支持向量机的特生提取技术,能够提取出故障文本的关键特征信息,从而实现非结构化故障数据向结构化数据的转换,为相关故障分析奠定基础。

(3)飞控系统状态监控

在前期故障处理的基础上,基于产品使用环境、专家系统、模型分析等设定的失效阈值,对飞控系统状态进行监控,判断机载设备的故障状态,并实现状态的指示、警告。

(4)飞控系统健康评估

基于飞机实时数据和同类产品历时数据,利用智能算法模型对飞控系统设备状态进行推理,得到飞控系统故障类型的判断,并确定可能故障的发生概率。

(5)飞控系统故障预测

故障预测是在健康评估的基础上,对飞控系统部附件的剩余寿命进行预测,基于数据、模型和统计等相关技术,对飞控系统部件寿命进行预测。

(6)自动推理决策

针对飞控系统的推理决策,融合前级所有信息推理出机载设备的故障状态和使用时限,并结合飞机总体健康状态进行综合考虑,得出机载设备的视情修理建议,从而保证飞控系统的持续健康。

7.3 多模式关系数据嵌入实现飞控系统PHM知识结构化

建立飞控系统 PHM 综合验证平台,首先将多模式的复杂数据进行整合,建立结构化的知识库。知识库包含这些直接链接之外的数据类型。知识库通常不仅包括数字属性(例如架次、修理日期、修理记录和作业信息),还包括文本属性(例如名称、描述和 MBSE 模型)和图像(例如交检视频、嵌入联合仿真等)。这些不同类型的数据作为知识库完善的关键作用。例如,文字描述和图像可能会提供一个人的修理记录和作业信息的证据。如图 7.4 中所示的多模式知识库,图像可以帮助预测飞控系统的故障,并且描述包含它的故障细节。将这些信息作为实体整合到现有方法中是具有挑战性的,因为它们为每个实体分配一个不同的向量并通过枚举可能的值来预测缺失的链接(或属性),这两者只有在实体来自于一个小的,可枚举的集合时才能实现。因此,迫切需要超越基于链接的知识库完善视图的关系建模,不仅要利用多模态信息来更好地预测现有实体之间的链接,还要能够生成缺失的多模态值。

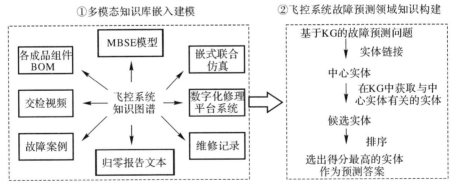

图 7.4　多模式知识图谱示例

本节提出了使用 MKBE 对包含各种数据类型(例如链接、文本、图像、数字和分类值)的知识库进行建模。提出神经编码器和解码器来替换基于嵌入的关系模型的初始层,并将它们应用到 DistMult。多模态知识库嵌入不是为每个实体学习不同的向量并使用枚举来预测链接,而是包括以下扩展:①引入额外的神经编码器来嵌入关系模型用以预测链接的多模态证据属性;②引入使用实体嵌入来生成多模态属性(如图像和文本)的神经解码器。例如,当三元组的对象是图像时,本节使用 CNN 将其编码为固定长度的向量,并使用基于 RNN 的序列编码器对文本对象进行编码。评分模块与底层关系模型保持一致。给定三元组的主体、关系和对象的向量表示,使用 DistMult 或 ConvE 生成一个分数,表示三元组正确的概率。在学习了知识库(KB)表示之后,神经解码器使用实体嵌入来生成缺失的多模态属性。这个统一的框架允许跨不同关系类型(多模式或其他)的信息流,提供更准确的关系数据建模。

在两个关系知识库对提出的方法进行了评估。由于引入了多模式知识库,因此提供了两个基准,并通过某维修基地数据即以包含其他关系,包括文本描述、数字属性和实体的图像。并证明 MKBE 有效地利用附加信息来提高链接预测的准确性,在这些数据集上为 DistMult 和 ConvE 评分函数取得最先进的结果。通过用户研究评估解码器生成的多模态属性的质量,证明真实性和信息内容,以及展示此类生成的文本和图像的示例。

7.3.1　多模式知识库建模

知识库中的事实陈述使用主体、关系和对象的三元组来表示。考虑了关系建模的两个目标:①训练一个可以对任何事实陈述的真值进行评分的机器学习模型;②预测实体之间的缺失链接。在现有方法中,评分函数根据模型,学习(或有时[0,1])来评估任何给定事实是否为真。对于预测实体之间的链接,由于集合 ξ 小到可以枚举,因此缺少形式的链接。通过枚举所有对象并使用 ψ 对三元组进行评分识别。

链接预测方面的许多最新进展都使用了基于嵌入的方法。ξ 中的每个实体和 关系中的每个实体都被分配了不同的密集向量,然后 ψ 使用这些向量来计算分数。DistMult 中每个实体 i 都映射到一个 d 维密集向量,每个关系 r 映射到一个对角矩阵。ConvE 使用向量来表示实体和关系,然后,在 es 和 rr 上应用 CNN 层后,将它与 eo 结合起来得到一个三元组。其他关系嵌入方法主要在评分函数的设计上有所不同,但缺点是为每个实体分配不同的向量,并假设可以枚举可能的对象实体。因此,DistMult 及 ConvE 具有简单性、流行性和高精度。

7.3.1.1 问题设置

当面对多模态数据形式的额外三元组时,链接预测的设置略有不同。考虑一组所有潜在的多模态对象 M,即可能的图像、文本、数值和分类值,以及多模态证据三元组 $<s、r、o>$,其中 $s \in \xi, r \in R$ 和 $o \in M$。令多模态信息合并到知识库中的目标保持不变,对所有三元组 $\langle s, r, o \rangle$ 的真实性进行评分,其中 o 来自 ξ(链接数据)或 M(多模态数据),并且预测缺失值 $\langle s, r, ? \rangle$ 来自 ξ 或 M(取决于 r)。

目前研究多假设主体和客体来自一组固定的实体 ξ,称为该集合的索引,该多模式设置失败主要有两个原因。首先,为每个对象实体学习不同的向量不适用于多模态值,因为它们将忽略多模态属性的实际内容。其次,为了预测缺失的多模数值,$\langle s, r, ? \rangle$ 枚举是不可能的,因为搜索空间可能是无限的。

为了将此类多模态对象合并到 DistMult 和 ConvE 中,需要学习这些类型数据的嵌入。利用深度学习为这些对象构建编码器提供嵌入 e_0。

总体目标保持不变:模型需要利用所有观察到的主体、对象和关系,包括不同的数据类型,以估计是否事实 $\langle s, r, o \rangle$ 成立。对于任何三元组 $\langle s, r, o \rangle$,使用直接查找嵌入主体(Carles Puyol)和关系。对于对象,根据域(分别为索引、字符串、数字或图像)使用适当的编码器来计算其嵌入 e_0,用于计算三元组的分数。

通过这些神经编码器,该模型可以使用多模态对象的信息内容来预测对象来自 ξ 的缺失链接,然而,在 M 中的学习对象的嵌入不足以生成缺失的多模态值。因此,引入了一组神经解码器 $D: \xi \times R \rightarrow M$ 使用实体嵌入来生成多模态值。

7.3.1.2 编码多模态数据

图 7.2 提供了一个简单的多模态知识库嵌入(MKBE)示例,描述了用于多模式对象的编码器。如图所示,使用不同的编码器来嵌入每种特定的数据类型。

考虑 $\langle s, r, o \rangle$ 形式的信息三元组。为了将主体 s 和关系 r 表示为独立的嵌入向量(如之前的工作),将 one-hot 编码通过密集层。此外,对于对象实体是分类的情况,通过引入 selu 激活节点数与嵌入空间维度。

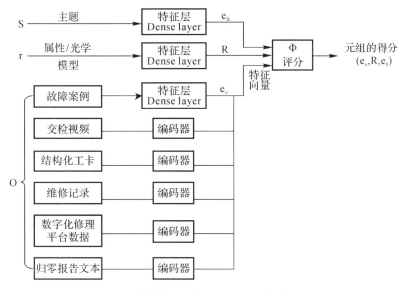

图 7.5　多模式知识库嵌入 MKBE 架构

给定任何实体及其关系,使用特定领域的编码器来嵌入每个对象。然后,实体的嵌入和关系通过评分器用来对三元组的真值进行评分。

给定一个实体,使用它从图 7.5 中学习到的嵌入作为属性特定解码器的上下文来生成缺失值。实数形式的数字对象可以提供有用的信息来源,并且通常很容易获得。在标准化输入之后,使用前馈层来嵌入数字(实际上,本节将它们投影到更高维空间,从 $R^1 \rightarrow R^d$)。

由于存储各种不同类型的信息,因此根据所涉及字符串的长度创建不同的编码器。对于短的属性,例如名称和标题,使用基于字符的堆叠双向 GRU 对其进行编码,使用顶层的最终输出作为字符串的表示。对于更长的字符串,例如由多个句子组成的实体的详细描述,将它们视为一个汉字序列,并在汉字嵌入上使用 CNN,以便学习这些值的嵌入。这两个编码器提供了一个固定长度的编码,这些编码已表明是多任务字符串的精确语义表示。对于图片,可以为实体建模提供有用的证据。例如,可以从图像中提取人的详细信息,包括坐标、邻近位置和区域面积大小。为了嵌入图像以使编码表示此类语义信息,使用 Imagenet 上 VGG 预训练网络的最后一个隐藏层,然后通过紧凑的双线性池,以获得图像的嵌入。

训练:遵循来自 Dettmers et al.(2018)的设置。损失函数由二元交叉熵组成,没有针对 ConvE 和 DisMult 评分的负采样。对于给定的主题关系对 (s,r) ,本节在所有实体上使用二进制标签向量 $t^{s,r}$,显示在训练期间是否观察到 $\langle s,r,o \rangle$ 。此外,用 $p_o^{s,r}$ 表示模型对任何三元组 $\langle s,r,o \rangle$ 的真实概率,使用 $\psi(s,r,o)$ 上的 sigmoid 计算。因此,二元交叉熵损失定义为

$$\sum_{(s,r)} \sum_o t_o^{s,r} \log(p_o^{s,r}) + (1 - t_o^{s,r}) \log(1 - p_o^{s,r}) \tag{7.1}$$

本节也对多模态三元组使用相同的损失系数,求和仅限于相同模态的对象,即对于实体 s 及其文本描述, $t^{s,r}$ 是训练期间观察到的所有描述的 one-hot 向量。

7.3.1.3 解码多模态数据

本节描述了从嵌入中为实体生成多模态值的解码器。多模式插补模型如图 7.6 所示,它使用不同的神经解码器来生成缺失的属性。

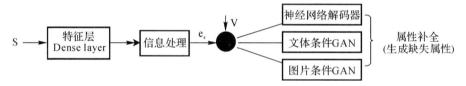

图 7.6 多模式属性恢复架构

本节在实体嵌入上使用简单的前馈网络来预测缺失的属性,恢复丢失的数值和分类数据,例如架次、修理日期、修理记录和作业信息。如果实体的实际修理记录不在知识库中,那么在给定其余关系信息的情况下,预测最可能的修理方式。这些解码器使用来自前述章节的嵌入进行训练,具有用于数值的 RMSE 和用于类别的交叉熵损失函数。

目前的研究方法已经考虑利用生成对抗网络(GAN)生成语法和语言连贯的句子,本书使用对抗正则化自动编码器(ARAE)来训练从连续代码中解码文本的生成器,并且不使用随机噪声向量 z ,而是根据实体嵌入来调节生成器。对于图像,使用条件 GAN 结构来查找丢失的图像。结合 BE-BANN 结构与 pix2pixGAN 模型生成高质量图像,将生成器设置为知识库表示中的实体嵌入。

在编码组件中使用不同类型的信息(文本、数值、图像等),将它们视为关系三元组。许多方法利用额外类型的信息作为实体的观察特征,通过合并、连接或平均实体及其特征来计算其嵌入。通过将没有注释的原始文本视为额外

特征并使用矩阵分解联合嵌入知识库和文本关系来解决多语言关系提取任务以获得通用模式。除了将额外信息视为特征之外,利用图嵌入方法在编码时考虑观察到的属性以实现更准确的嵌入。

多模态知识库嵌入 MKBE 与上述方法之间的区别有三点:①本书是第一个在统一模型中使用不同类型的信息;②使用结构化知识的关系三元组而不是预定特征处理这些不同类型的信息(数字、文本、图像)③模型表示其中的不确定性,支持缺失值并促进缺失值的补充。

7.3.2　评估基准

为了评估本节的多模式关系嵌入方法的性能,通过扩展现有数据集提供了两个新基准,表 7.1 提供这些数据集的统计信息。

表 7.1　使用的两个基准数据集的数据统计

	伺服作动器	飞控计算机
链接类型	14	45.2
字符	2 626	123 183
链接三元组	100 001	1 079 040
数值属性	2 626	111 407
图像属性	1 652	61 245
文本属性	1 683	107 326

飞控系统 PHM 数据是飞控系统故障关联提取中一个常用的基准,用于预测具有上下文特征的用户评级。其中,包含 650 架飞机的大约 700 余种成品部附件。如有关用户(架次、修理日期、修理记录和作业信息),文本属性(名称、描述和 MBSE 模型)和图像(交检视频、嵌入联合仿真等)。使用从数字化系统收集的故障通报来扩充这些数据。将知识库三元组格式中的五个不同关系,即<用户、r=5、故障>,并在引入其他关系时评估评级预测。

尽管维修记录有多种数据类型,但它仍然很小,而且是一个专门的领域。进一步考虑了第二个数据集,它更适合知识图谱完成,并且在链接预测中很流行,使用某维修基地数字化修理线提供的文本描述(作为附加关系)和与每个实体相关联的图像(对于一半实体)扩展此数据集。

7.3.3　结果分析与讨论

首先将 DistMult 和 ConvE 与其他方法进行对比,评估 MKBE 利用多模态信息的能力。然后,针对确实的多模态值(文本、图像和数字)补充问题,检查了模型在生成预测任务中的能力。

7.3.3.1 链接预测

MKBE 在链接预测任务中其能力由测试数据集中的三元组中恢复缺失实体的 MRR 和 Hits@度量(排名评估),通过对所有实体进行排名并计算正确实体的排名来执行,并只将测试数据中的三元组与从未出现在训练或测试数据集中的三元组进行排名。

使用评级作为飞控系统部附件和故障之间的关系来训练模型。对故障标题使用字符级 GRU,对产品件号、飞行小时和维修日期使用单独的前馈网络,最后,使用 VGG 网络进行预测(对于其他所有关系,本节使用 dense 层)。表 7.2 预测当测试数据仅包含三元组时。通过对代表评级而不是对象实体的五个关系进行排名来计算本节的指标。标记使用的模型评分为 R,故障属性为 M,用户属性为 U,故障标题为 T,故障通报为 P。如图所示,模型 $R+M+U+T$ 的表现优于其他模型,但存在相当大的差距,这表明合并附加信息的重要性。基线的 Hits@1 为 40%,与现有的推荐系统相匹配。从这些结果中,可以看到与故障通报相比模型从标题受益更多。

表 7.2　飞控系统 PHM 数据集中的评级预测

	模型	MRR	Hits@1	Hits@1	RMSE
Dist Mult	Ratings Only,R	0.67	0.42	0.72	1.58
	R+M+U	0.696	0.443	0.738	1.47
	R+M+U+T	0.7	0.444	0.76	1.33
	R+M+U+P	0.702	0.433	0.742	1.37
	R+M+U+T+P	0.694	0.44	0.75	1.4
Conv E	Ratings Only,R	0.733	0.49	0.84	1.57
	R+M+U	0.752	0.51	0.86	1.49
	R+M+U+T	0.778	0.533	0.88	1.23
	R+M+U+P	0.776	0.532	0.86	1.23
	R+M+U+T+P	0.776	0.532	0.87	1.19

7.3.3.2　插补多模式属性

本书提出的 MKBE 多模式属性(文本、图像和数字)信息在两个数据集上都优于其他方法,因此多模态知识库嵌入(MKBE)能够利用不同的多模态值对数值信息进行建模,且神经解码器的性能优于基于搜索的解码器。本节展示猜测故障生成的标题是否真实的,并且由故障生成 4 种选择。表 7.3 使用仅以故障率(R)和所有信息为条件的故障嵌入来评估故障的生成。

表 7.3　故障嵌入评估对比表

模型	真 vs 假	类型
R	59	26.9
R+M+U+T+P	68	42.1
参考	95	71

为了生成故障标题,随机将其中的 200 个作为测试集、100 个作为验证集,其余的作为训练数据。目标是使用 GAN 结构为测试数据中的故障生成标题。评估结果:①是否发现故障标题是真实的。②四种类型中的哪一种最适合给定的标题。考虑了 30 种故障分别视为参考标题,仅从评级生成的假标题作为条件数据,以及以所有信息为条件的假标题。根据多数选择计算的结果如表 7.4 所示。使用所有信息生成的假标题更类似于参考故障标题,表明可以访问更多信息的嵌入有效地生成了更高质量的标题。

表 7.4　通过仅从链接(S)和所有信息 ($S+N+D+I$) 训练的嵌入生成的描述

模型	生成的描述
参考	2018 年 4 月 13 日,飞控系统一通道故障。
Only S	2019 年 1 月 25 日是角速率陀螺安装不到位引起的。
$S+N+D+I$	2017 年 4 月 22 日是由工人安装错误引起的飞控故障。

知识图谱嵌入方法的一个重要问题是其可扩展性。本节将多模态信息视为附加的三元组,并使用多模式编码器/解码器进行知识图谱嵌入。

多模态知识库嵌入(MKBE)建立在对特定模式有效的神经编码器和解码器的设计之上,结果表明它能够有效地利用信息。由于本节的插补多模态属性模型基于 GAN 结构和从知识库呈现中学习的嵌入,因此生成的属性直接受到 GAN 模型的能力的和嵌入向量中的信息量限制。尽管本节生成的属性描述了相应实体的几个方面,但受到本节的数据集的大小(本节的图像和文本数据集都比现有文本/图像生成文献中的常见数据集小几个数量级)和嵌入向量捕获的信息量(知识图是稀疏的)制约,生成这些属性的质量仍有改进空间。未来的工作主要解决两个问题:①扩展多模式数据集以具有更多属性(使用更多来的实体);②而不是使用学习嵌入来生成缺失的属性,而是直接利用知识图进行生成。

7.4 飞控系统 PHM 端到端神经网络实体链接

在多模态知识图谱建立的基础上,为了实现飞控系统 PHM 自动文本理解及自动问答的目标,使用机器学习模型准确地从文本书档中提取实体的潜在歧义关联,并将它们链接到知识库,这个问题被称为实体链接(EL)。

EL 系统通常执行两项任务:①关联检测(MD)或命名实体识别(NER),当仅限于命名实体时——在原始文本输入中提取实体引用;②实体消歧(ED)——将这些跨度链接到它们在知识图谱中的相应实体。流行系统的常用方法是独立解决这两个子问题。然而,这两个步骤之间的重要依赖性被忽略了,由 MD/NER 引起的错误将传播到 ED,而没有恢复的可能性。人类以类似端到端的联合方式理解和生成文本,讨论逐渐引入、以多个名称引用并随时间演变的实体。此外,本节强调了 MD 和 ED 之间相互依赖的重要性。首先,MD 发现的众多且信息量更大的可链接跨度为 ED 提供了更多的上下文线索。其次,对于多词关联找到出现在特定上下文中的真实实体会得到更好的关联边界。

本节提出了一个简单但有竞争力的端到端 EL 模型,强制飞控系统 PHM 实体-关联对的分数高于所有可能的不正确候选或无效关联的分数,从而共同做出 ED 和 MD 决策。使用一个模型来解决端到端的 EL 任务,该模型将关联的"可链接"质量与其最佳实体候选者的最强上下文支持相结合。本节不需要昂贵的手动注释的不可链接关联的负面样本。此外,能够使用很少且仅部分注释的文档(仅使用命名实体)来训练竞争模型。研究表明,特征可以完全被为联合 MD 和 ED 任务自动学习的神经嵌入所取代。在飞控 PHM 基准测试平台,当测试数据集遵循不同的注释方案或表现出不同的统计数据时,本节的方法需要与流行的 NER 系统相结合,仍然可以有效地实现最先进或接近的性能。

7.4.1　端到端神经网络建模

7.4.1.1　神经网络联合关联检测

本节介绍端到端神经网络的任务,对于 EL,输入是文本书档(或查询或推文)作为来自飞控系统数字化修理线的汉字序列 $D=\{w_1,\cdots,w_n\}$ 给出的 $w_k\in W$。EL 模型的输出是关联实体对 $\{(m_i,e_i)\}_{i\in\overline{1,T}}$ 的列表,其中每个关联是输入文档的一个汉字子序列,$m=w_q,\cdots,w_n$,每个实体都是知识库中的一个条目,$e\in\varepsilon$。对于 ED 任务,实体列表中提到 $\{m_i\}_{i\in\overline{1,T}}$ 需要消除歧义另外提供输入,预期的输出是对应注释 $\{e_i\}_{i\in\overline{1,T}}\in\varepsilon^T$ 的列表。

本节只链接关联有效的飞控系统 PHM 知识图谱实体,称为 InKB 评估。关联知识图谱之外的实体的关联视为"不可链接"。本节的神经网络端到端 EL 模型的组件,如图 7.7 所示,模型输出分数用于关联链接和实体消歧决策。

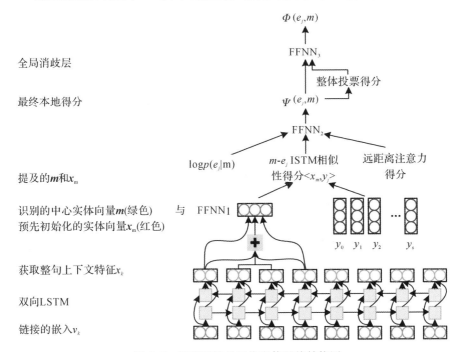

图 7.7　端到端神经网络实体链接结构图

步骤一:飞控故障信息和字符嵌入。本节训练能够捕捉重要词汇信息的字符嵌入。对于每个单独的汉字,本节在可学习的字符嵌入之上使用双向

LSTM。这些字符 LSTM 不会超出单个汉字的边界，但它们共享相同的参数。形式上，令 $\{z_1,\cdots,z_L\}$ 为汉字 w 的字符向量。使用递归定义的前向和后向 LSTM 公式：

$$h_t^f = \text{FWD} - \text{LSTM}(h_{t-1}^f, z_t)$$
$$h_t^b = \text{BKWD} - \text{LSTM}(h_{t+1}^b, z_t) \tag{7.2}$$

然后，形成 w 的字符 $[h_L^f, h_1^b]$ 嵌入为对应于与第一个字符对应的反向 LSTM 的隐藏状态连接的最后一个字符。然后将其与预训练的词嵌入连接，形成 w 的与上下文无关的词 — 字符嵌入。将这些向量的序列表示为 $\{v_k\}_{k\in\overline{1,n}}$，并将其描述为图 7.7 中的第一个神经网络层。

步骤二：关联表示词嵌入关系其上下文至关重要，因此对于关联边界检测和实体消歧都提供信息。因此，本节使用双码将上下文信息编码为汉字 LSTM 层上的字符嵌入 $\{v_k\}_{k\in\overline{1,n}}$。然后将与每个汉字对应的前向和后向 LSTM 的隐藏状态连接成上下文感知词嵌入，其序列表示为 $\{x_k\}_{k\in\overline{1,n}}$。

受 Leeetal 启发对于每个可能的故障关联，产生一个的固定大小的表示。关联 $m = w_q,\cdots,w_r$，从第一个到最后一个和关联的"关键"词的嵌入：

$$g^m = [x_q; x_r; \hat{x}^m] \tag{7.3}$$

嵌入 $\hat{x}^m$ 是在关联的词嵌入上使用注意力机制构建的：

$$\alpha_k = \langle w_a, x_k \rangle$$
$$a_k^m = \frac{\exp(\alpha_k)}{\sum_{t=q}^{r}\exp(\alpha_t)} \tag{7.4}$$
$$\hat{x}^m = \sum_{k=p}^{r} a_k^m \cdot v_k$$

然而，发现嵌入只能略微改善结果，这可能是因为大多数关联最多只有 2 个汉字。为了学习组件词向量之间的非线性交互，使用浅层前馈神经网络 $FFNN$（一个简单的投影层）将 g^m 投影到与实体嵌入（见下文）大小相同的最终关联表示：

$$x^m = \text{FFNN}_1(g^m) \tag{7.5}$$

步骤三：实体嵌入。使用固定的连续实体表示，即预先训练的实体嵌入由于它们的简单性和与 Mikolovetal 的预训练词向量的兼容性。使用以下指数模型为每个实体单独计算这些向量，该指数模型近似于从共现计数获得的经验条件词实体分布 $\hat{p}(w|e)$。

$$\frac{\exp(\langle x_w, y_e \rangle)}{\sum w' \in W \exp(\langle x_w', y_e \rangle)} \approx \hat{p}(w|e) \tag{7.6}$$

这里，x_w 是固定的预先训练的词向量，y_e 是待训练的实体嵌入。

步骤四：候选者选择。对于每个组合 m，本节最多选择 s 个可能被关联的实体候选者。这些是基于经验概率实体的顶级实体 $p(e|m)$。本节用 $C(m)$ 表示这个候选集，并在训练和测试时都使用它。

步骤五：最终本地分数与每个可能引用实体（即 $|C(m)| \geqslant 1$）的跨度 m 及其每个候选实体 $e_j \in C(m)$，本节使用嵌入点积计算相似度得分，然后将它与对数先验概率结合使用 $FFNN$，给出上下文感知实体关联分数如下：

$$\Psi(e_j,m)=\mathrm{FFNN}_2([\log p(e_j|m);\langle x^m,y_j\rangle]) \tag{7.7}$$

7.4.1.2　实体消歧

本节的模型可以通过显式捕获上下文依赖关系来改进。使用基于与至少一个候选实体相关的信息上下文词为每个关联提供一个上下文嵌入。使用这个额外的上下文嵌入计算与任何候选实体嵌入的点积相似度。该值作为等式 7.6 中 FFNN2 的附加输入提供，将此模型称为远程上下文关注。

步骤一：训练。对于一个带有文档的语料库和飞控系统 PHM 实体，关联对 $\zeta = \{(m_i,e_i^*)\}_{i \in \overline{1,K}}$ 可用。在训练时，对于每个输入文档，收集所有的集合 M（可能重叠）标记跨度 m，其中 $|C(m)| \geqslant 1$。然后使用以下最小化过程训练模型的参数：

$$\theta^* = \arg\min_{\theta} \sum_{m \in M} \sum_{e \in C(m)} V(\Psi_\theta(e,m)) \tag{7.8}$$

其中惩罚项 V 强制飞控系统 PHM 正样本分数与负样本的分数线性可分，即

$$V(\Psi(e,m))=\begin{cases}\max(0,\gamma-\Psi(e,m)), & \mathrm{if}(e,m)\in\zeta \\ \max(0,\Psi(e,m)), & \mathrm{otherwise}\end{cases} \tag{7.9}$$

在没有注释的"不可链接"关联的负面示例的情况下，令 M 中的所有跨度及其未出现的候选者不应链接。该模型将强制为此类关联的所有候选实体仅输出负分数。本节的方法也可以只用于 ED，在这种情况下，只训练飞控系统 PHM 关联数，即 $M=\{m|m\in\zeta\}$。这就是所谓的飞控系统 PHM 跨度训练。

步骤二：推理。在测试时，本节的方法只能用于 EL 和 ED，如下所示。首先，对于本节验证或测试集中的每个文档，选择所有可能可链接的 teken 跨度，即对于 $ELM=\{m||C(m)|\geqslant 1\}$，或输入集 $M=\{m|m\in\zeta\}$。其次，最佳链接阈值 δ 在当仅链接 Ψ 分数大于 δ 的关联实体对时最大化。在测试时，只有分数高于 δ 的实体-关联对被保留并根据它们的 Ψ 分数进行排序；最终的注

释是基于这个集合贪婪地产生的,这样只选择不与先前选择的跨度(更高分数)重叠的跨度。

步骤三:全局消歧。当前的模型是"局部的",即独立地对每个候选跨度进行消歧。为了增强它,在神经网络中添加了一个额外的层,这将促进链接和消歧之间的一致性同一文档中的实体,即全局消歧层。计算一个"全局"关联实体分数,基于该分数本节生成最终注释。首先定义允许参与全局消歧投票的关联实体对的集合,即那些已经具有较高本地分数的实体:

$$V_G = \{(m,e) \mid m \in M, e \in C(m), \Psi(e,m) \geqslant \gamma'\} \tag{7.10}$$

由于最初考虑了所有可能的跨度,并且每个跨度最多 s 个候选实体,因此该过滤步骤对于避免 EL 任务噪声和指数复杂性非常重要,因为 M 通常比 ED 大得多。关联 m 的实体候选 e_j 的最终"全局"分数 $G(e_j,m)$ 由实体嵌入与所有其他投票实体嵌入的归一化平均值之间的余弦相似度。

$$V_G^m = \{e \mid (m',e) \in V_G \wedge m' \neq m\}$$
$$y_G^m = \sum_{e \in V_G^m} y_e \tag{7.11}$$
$$G(e_j,m) = \cos(y_{e_j}, y_G^m)$$

这与本地分数相结合,有

$$\Phi(e_j,m) = \text{FFNN}_3([\Psi(e_j,m); G(e_j,m)]) \tag{7.12}$$

最后对损失函数进行优化修改。强制线性可分性:在 $\Psi(e,m)$ 中(与之前完全相同),但也在 $\Phi(e,m)$ 中,有

$$\theta^* = \arg \min_{\theta} \sum_{d \in D} \sum_{m \in M} \sum_{e \in C(m)} V(\Psi_{\theta}(e,m)) + V(\Phi_{\theta}(e,m)) \tag{7.13}$$

在这种情况下,推断过程保持不变,但是只使用 $\Phi(e,m)$ 全局评分。

7.4.2 结果分析与讨论

本节使用某维修基地的维修资源作为数据集。使用自研的数字化修理平台对最重要的公共 EL 数据集进行了实验。该基准测试框架提供了可靠评估,并与该任务的大多数公共数据集上最先进的 EL/ED 方法进行比较。与训练集相比,不同系统对来自非常不同领域和注释方案的数据集的泛化效果。此外,它为端到端 EL 任务提供了评估指标,而不是一些仅单独评估 NER 和 ED。对于训练,本节使用了维修基地 10 年来可用的 EL 数据集进行训练,由 847 个文档中的 19 465 个链接关联的训练集组成,验证集 218 个文档中的 4 931 次关联,以及 311 个文档中的 4 895 次关联的测试集。

　　本节报告微观和宏观 InKB F1 分数 EL 和 ED。对于 EL,这些指标是在强匹配和弱匹配设置中计算的,如表 7.5 所示。前者需要准确预测飞控系统 PHM 关联边界及其实体注释,而后者则对与飞控系统 PHM 关联重叠并链接到正确飞控系统 PHM 实体的跨度给出完美分数。对 EL 和 ED 训练使用相同的模型参数,两种设置之间的唯一区别是跨度集 M:EL 使用所有跨度训练,而 ED 使用飞控系统 PHM 跨度训练设置,如前所述。如表 7.6 所示,飞控系统 PHM 关联按它们在 $p(e|m)$ 字典中出现的位置划分。在每个单元格中,较高的值是使用正确实体注释的飞控系统 PHM 关联的百分比,而较低的值是本节系统得分最高的实体是地面实况实体的飞控系统 PHM 关联的百分比,但是最后不会被注释,因为它的分数低于阈值 δ。

　　本节预训练的词和实体嵌入是 300 维,而 50 维可训练字符向量被使用。LSTM 的隐藏维度也为 50。因此,汉字字符嵌入是 400 维。上下文 LSTM 的隐藏层大小为 150,产生 300 维的上下文感知词向量。本节将 dropout 应用于连接的汉字字符嵌入、双向上下文 LSTM 的输出以及方程式中使用的实体嵌入。本节模型中的三个 FFNN 是没有隐藏层的简单投影(更深层没有得到改进)。对于远程上下文注意机制,本节使用了的汉字窗口大小 K=150 并在硬注意力层之后保持峰值 R＝10 个汉字。本节在训练和测试时每次关联最多使用 s＝30 个实体候选者。γ' 设置为 0.2。

　　对于损失优化,本节使用学习率为 0.001 的 Adam。本节通过每 10 min 在 FKDA 验证集上评估模型并在 6 次连续评估后停止,而在宏观 F1 分数没有显著改善时执行提前停止。本节的系统在 FKDA－A(开发)和 FKDA－B(测试)数据集上的端到端 EL 任务上优于所有基线,这是公开可用的最大 EL 数据集。此外,在 EL 和 ED 上都大大超过了所有竞争对手,至少 7.5％,体现了本节方法的有效性。此外,可以观察到弱匹配 EL 结果与强匹配结果相当,表明本节的方法非常擅长检测关联边界。

　　本节的研究结果表明:如果有足够多的训练数据具有与测试数据相同的特征或注释方案,那么本节的联合 EL 提供了最好的效果。这不仅适用于 FKDA 训练,也适用于其他类型的数据集。本节的模型略能够在 EL 阶段更多关联之间交换全局信息。

表 7.5 飞控系统数字化维修平台上的 EL 强匹配结果

F1@MA / F1@MI	FKDA A	FKDA B	MSNBC	OKE-2015	OKE-2016	N3-Reuters-128	N3-RSS-500	Derczynski	KORE50
FREME	23.6 / 37.6	23.8 / 36.3	15.8 / 19.9	26.1 / 31.6	22.7 / 28.5	26.8 / 30.9	32.5 / 27.8	31.4 / 18.9	12.3 / 14.5
FOX	54.7 / 58.0	58.1 / 57.0	11.2 / 8.3	53.9 / 56.8	49.5 / 50.5	52.4 / 53.3	35.1 / 33.8	42.0 / 38.0	28.3 / 30.8
Babelfy	41.2 / 47.2	42.4 / 48.5	36.6 / 39.7	39.3 / 41.9	37.8 / 37.7	19.6 / 23.0	32.1 / 29.1	28.9 / 29.8	52.5 / 55.9
Entity classifier. eu	43.0 / 44.7	42.9 / 45.0	41.4 / 42.2	29.2 / 29.5	33.8 / 32.5	24.7 / 27.9	23.1 / 22.7	16.3 / 16.9	25.2 / 28.0
Kea	36.8 / 40.4	39.0 / 42.3	30.6 / 30.9	44.6 / 46.2	46.3 / 46.4	17.5 / 18.1	22.7 / 20.5	31.3 / 26.5	41.0 / 46.8
DBpedia Spotlight	49.9 / 55.2	52.0 / 57.8	42.4 / 40.6	42.0 / 44.4	41.4 / 43.1	21.5 / 24.8	26.7 / 27.2	33.7 / 32.2	29.4 / 34.9
FKDA	68.8 / 72.4	71.9 / 72.8	62.7 / 65.1	58.7 / 63.1	0.0 / 0.0	42.6 / 46.4	42.6 / 42.4	40.6 / 32.6	49.6 / 55.4

续表

F1@MA / F1@MI	FKDA A	FKDA B	MSNBC	OKE-2015	OKE-2016	N3-Reuters-128	N3-RSS-500	Derczynski	KORE50
WAT	69.2 / 72.8	70.8 / 73.0	62.6 / 64.5	53.2 / 56.4	51.8 / 53.9	45.0 / 49.2	45.3 / 42.3	44.4 / 38.0	37.3 / 49.6
Best base line	69.2 / 72.8	71.9 / 73.0	62.7 / 65.1	58.7 / 63.1	51.8 / 53.9	52.4 / 53.3	45.3 / 42.4	44.4 / 38.0	52.5 / 55.9
Base model	86.6 / 89.1	81.1 / 80.5	64.5 / 65.7	54.3 / 58.2	43.6 / 46.0	47.7 / 49.0	44.2 / 38.8	43.5 / 38.1	34.9 / 42.0
Base model+att	86.5 / 88.9	81.9 / 82.3	69.4 / 69.5	56.6 / 60.7	49.2 / 51.6	48.3 / 51.1	46.0 / 40.5	47.9 / 42.3	36.0 / 42.2
Base model+att+global	86.6 / 89.4	82.6 / 82.4	73.0 / 72.4	56.6 / 61.9	47.8 / 52.7	45.4 / 50.3	43.8 / 38.2	43.2 / 34.1	26.2 / 35.2
ED base model+att+global using Stanford NER mentions	75.7 / 80.3	73.3 / 74.6	71.1 / 71.0	62.9 / 66.9	57.1 / 58.4	54.2 / 54.6	45.9 / 42.2	48.8 / 42.3	40.3 / 46.0

飞行控制系统 PHM 关键技术研究

表 7.6 飞控系统 PHM 关联对比

Solved% matched gold entity% positing of ground truth inp(e|m)	Number of mentions	ED Global model	ED Base + Att model	ED Base model	EL Global model	EL Base + Att model	EL Base model	EL Global - log p(e|m)
1	3450	98.8 98.8	98.6 98.9	98.3 98.8	96.7 99.0	96.6 98.6	96.2 99.0	93.3 96.7
2	620	89.9 89.9	88.1 88.5	88.5 88.9	86.8 90.8	86.8 90.8	85.0 88.4	86.9 89.8
3	113	83.3 84.3	81.5 82.4	75.9 78.7	79.1 84.5	80.2 84.7	74.8 81.1	84.3 88.9
4—8	259	78.2 78.2	76.3 79.0	74.8 76.0	69.5 78.2	68.8 78.7	68.7 76.0	78.9 83.5
9+	236	59.9 63.6	53.4 60.7	53.0 58.7	47.8 58.2	46.2 59.4	50.4 54.8	62.7 67.5

· 202 ·

7.5　基于多卷积神经网络的飞控系统 PHM 维修决策问答

在飞控系统 PHM 知识图谱建立的基础上,通过自然语言处理实现智能问答能够为装备维修、任务决策提供重要辅助作用。基于知识库回答自然语言问题是一项重要且具有挑战性的任务,然而大多数现有系统通常依靠手工制作的特征和规则来进行问题理解和/或答案排名。本书引入了多列卷积神经网络(MCCNN)来从三个不同方面(即答案路径、答案上下文和答案类型)理解问题并学习它们的分布式表示。同时,共同学习知识库中实体和关系的低维嵌入,问答对用于训练模型以对候选答案进行排名,利用问题释义以多任务学习的方式训练列网络。使用飞控系统维修领域知识库,并在飞控系统数字化修理数据集上进行广泛的实验。自动问答任务有两种主流方法:第一种方法基于语义解析,依赖于结构化知识库上的信息提取,语义解析器通过将自然语言问题转换为逻辑形式来学习理解它们,解析结果用于生成结构化查询以搜索知识库并获得答案;第二种方法使用信息提取技术进行开放式问答,从知识库中检索一组候选答案,并提取问题的特征和这些候选答案以对它们进行排名。

本节介绍了多列卷积神经网络(MCCNN),从多个方面自动分析问题,该模型共享相同的词嵌入来表示问题词。使用不同的网络从输入问题中提取答案类型、关系和上下文信息;知识库中的实体和关系(即本节实验中的飞控系统 PHM 领域知识库)表示为低维向量。然后,使用评分层根据问题和候选答案的表示对候选答案进行排名,所提出的基于信息提取的方法利用问答对自动学习模型,而不依赖于手动注释的逻辑形式和手工制作的特征。最后以飞控系统数字化维修数据为例对该方法进行了广泛验证。

7.5.1　初始设置

给定一个自然语言问题,从飞控系统 PHM 领域知识库中检索相关的实体和属性,并将它们用作候选答案。本节对这些候选人进行评分并预测答案。一个问题可能有多个正确答案,为了训练模型,使用没有注释逻辑形式的问答对。本节工作中使用的数据集如下:飞控系统数字化维修数据这个数据集包含 3 878 个训练实例和 2 142 个测试实例。将训练实例分成 80%/20% 的训练集和开发集。这些问题是通过查询收集的,进行了以飞控开头的广度优先搜索。然后,答案在飞控维修记录中进行了注释,所有答案都可以在飞控系统 PHM 领域知识库中找到。飞控系统 PHM 领域知识库是一个由一般事实组成的大规模知识库。这些事实被组织为主体－属性对象三元组,保留了其中一个实体出现在提供的飞控系统数字化维修数据提取的训练/开发集中的三元组,并删除了出现少于五次的实体。然后,获得了 28 000 个包含 3 100 个实体和 7 000 个关系类型的三元组,因为飞控系统数字化维修数据仅包含大约 2 000 个实体,提取了飞控系统数字化维修数据上的类似问题,并将它们用作问题的释义,有 50 000 个释义集群,其中包含大约 200 万个问题,用于概括未知的汉字和问题模式。

7.5.2 多卷积神经网络建模

多卷积神经网络的飞控系统 PHM 的框架如图 7.8 所示,从飞控系统 PHM 领域知识库中查询实体 Avatar 的相关节点。这些相关节点被视为候选答案(C_q)。然后,对于每个候选答案 a,模型预测一个分数 $S(q,a)$ 以确定它是否是正确答案。本节使用多列卷积神经网络(MCCNN)来学习问题的表示。这些模型共享相同的词嵌入,并具有多列卷积神经网络。在本节的 QA 任务中,列数设置为 3。这些列用于分析问题的不同方面,即答案路径、答案上下文和答案类型。这些列学习的向量表示为 $f_1(q), f_2(q), f_3(q)$。本节还学习了飞控系统 PHM 领域知识库中出现的候选答案的嵌入。对于每个候选答案 a,本节计算其向量表示并将它们表示为 $g_1(a), g_2(a), g_3(a)$。这 3 个向量对应于问题理解中使用的 3 个方面。使用为问题和答案定义的这些向量表示,可以计算问答对 (q,a) 的分数。评分函数 $S(q,a)$ 定义为

$$S(q,a) = \underbrace{f_1(q)^T g_1(a)}_{\text{answer path}} + \underbrace{f_2(q)^T g_2(a)}_{\text{answer context}} + \underbrace{f_3(q)^T g_3(a)}_{\text{answer type}} \tag{7.14}$$

式中,$f_i(q)$ 和 $g_i(a)$ 具有相同的维度。

7.5.3 候选生成

第一步是从飞控系统 PHM 领域知识库检索问题的候选答案。问题应包含一个已识别的实体,该实体可以链接到飞控系统 PHM 领域知识库来查询问题中的命名实体。如果没有任何命名实体,则查询名词短语。使用 API 返回的排名列表中的前一个实体。可以开发更好的方法,但这不是本书的重点。然后,将链接实体的所有 2 跳节点视为候选答案,将问题 q 的候选集表示为 C_q。

MCCNN 使用多个卷积神经网络从共享输入词嵌入中学习问题的不同方面。在图 7.8 的左侧展示了模型。具体来说，对于问题 $q = w_1 \cdots w_n$，查找层将每个汉字转换成一个向量 $w_j = W_v u(w_j)$，其中 $W_v \in \mathbb{R}^{d_v \times |V|}$ 是词嵌入矩阵，$u(w_j) \in \{0, 1\}^{|V|}$ 是 w_j 的 one - hot 表示，$|V|$ 是词汇量。词嵌入是参数，并在训练过程中更新。

然后，卷积层计算滑动窗口中汉字的表示。对于 MCCNN 的第 i 列，卷积层计算问题 q 的 n 个向量。J 向量为

$$x_j^{(i)} = h(W^{(i)} [w_{j-s}^{\mathrm{T}} \quad \cdots \quad w_j^{\mathrm{T}} \quad \cdots \quad w_{j+s}^{\mathrm{T}}]^{\mathrm{T}} + b^{(i)}) \qquad (7.15)$$

式中，$(2s + 1)$ 是窗口大小，$W^{(i)} \in \mathbb{R}^{d_q \times (2s+1)d_v}$ 是卷积的权重矩阵层，$b^{(i)} \in \mathbb{R}^{d_q \times 1}$ 为偏置向量，$h(\cdot)$ 为非线性函数（如 softsign、tanh、sigmoid）。填充用于左右缺失的汉字。

最后，使用一个最大池化层来获得问题的固定大小的向量表示。MCCNN 的第 i 列中的最大池化层通过以下方式计算问题 q 的表示为

$$f_i(q) = \max\{x_j^{(i)}\} \quad j = 1, \cdots, n \qquad (7.16)$$

式中，$\max\{\cdot\}$ 是向量上的元素运算符。

7.5.3.1　模型训练

为候选答案 a 学习向量表示 $g_1(a), g_2(a), g_3(a)$。向量用于表示 a 的不同方面。嵌入方法描述如下：答案路径是答案节点与被问实体之间的关系集。如图 7.8 所示，计算向量表示 $g1(a)$ 通过 $g_1(a) = (1/\|u_p(a)\|_1)W_p u_p(a)$，其中 $\|\cdot\|_1$ 是 1 范数 $u_p(a) \in \mathbb{R}^{|R| \times 1}$ 的边际参数是一个二进制向量，表示每个答案路径中的关系，$W_p \in \mathbb{R}^{d_q \times |R|}$ 是最大值，$|R|$ 是参数，换句话说，出现在答案路径上的关系的嵌入是平均的。

回答上下文连接到回答路径的一跳实体和关系用于处理问题中的约束，被称为回答上下文。例如，如图 7.8 所示，询问了伺服作动器有故障在飞控系统的故障时间，因此仅考虑答案路径上的三元组是不够的。在上下文信息的帮助下，伺服阀故障得分高于检测阀故障。上下文表示是 $g_2(a) = W_c u_c(a) / \|u_c(a)\|_1$ 其中 $W_c \in \mathbb{R}^{d_q \times |C|}$ 是参数矩阵，$u_c(a) \in \mathbb{R}^{|C| \times 1}$ 是表示上下文节点存在或不存在的二进制向量，$|C|$ 是在回答上下文中出现的实体和关系的数量。

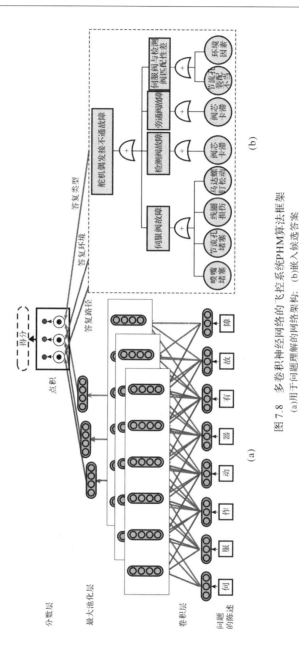

图 7.8 多卷积神经网络的飞控系统PHM算法框架
(a)用于问题理解的网络架构; (b)嵌入候选答案

飞控系统 PHM 领域知识库中的答案类型信息是对候选答案进行评分的重要线索。对于示例问题 Avatar 何时在飞控系统发生，日期时间类型的候选答案应分配比其他答案更高的分数。向量表示定义为 $\boldsymbol{g}_3(a)=\boldsymbol{W}_t\boldsymbol{u}_t(a)/\|\boldsymbol{u}_t(a)\|_1$ 式中 $\boldsymbol{W}_t\in\mathbb{R}^{d_q\times|T|}$ 为类型嵌入的矩阵，$\boldsymbol{u}_t(a)\in\mathbb{R}^{|T|\times1}$ 为二元向量，表示答案类型的存在或不存在，$|T|$ 为类型的个数。

本节使用关系类型到查询类型。如果候选答案是属性值，本节将使用其值类型（例如浮点数、字符串、日期时间）。对于问题 q 的每一个正确答案 $a\in A_q$，本节从候选答案 Cq 的集合中随机抽取 k 个错误答案 a'，并将它们作为否定实例来估计参数。更具体地说，考虑对 (q,a) 和 (q,a') 的铰链损失为

$$l(q,a,a')=(m-S(q,a)+S(q,a'))_+ \tag{7.17}$$

式中，$S(\cdot,\cdot)$ 为评分函数，m 为正则化两个分数差距的裕度参数，$(z)_+=\max\{0,z\}$。目标函数为

$$\min\sum_q\frac{1}{|A_q|}\sum_{a\in A_q}\sum_{a'\in R_q}l(q,a,a') \tag{7.18}$$

式中 $|A_q|$ 是正确答案的个数，$R_q\subseteq C_q\backslash A_q$ 是 k 个错误答案的集合。

反向传播算法用于训练模型，它将错误从顶部反向传播到其他层，计算并收集导数以更新参数，然后使用 AdaGrad 算法[214]来解决这个非凸优化问题。此外，最大范数正则化用于参数矩阵的列向量。

7.5.3.2　推理与释义

在测试期间，对于每个候选 $\hat{a}$，本节检索问题 q 的所有候选答案 C_q，计算它的分数 $S(q,\hat{a})$。然后，将得分最高的候选答案作为预测结果。

因为问题可能有不止一个正确答案，所以本节需要一个标准来确定分数阈值。具体来说，以下等式用于确定输出：

$$\hat{A}_q=\{\hat{a}\,|\,\hat{a}\in C_q \text{ and } \max\{S(q,a')\}-S(q,\hat{a})<m\}a'\in C_q \tag{7.19}$$

式中，m 为式(7.19)中定义的差值，将得分与最佳答案相差不远的视为预测结果。

有些问题可能有大量候选答案。所以本节使用启发式方法来修剪他们的候选集。更具体地说，如果同一答案路径上的候选者数量大于 100，本节会为这条路径随机保留 100 个候选者。然后，本节对所有这些生成的候选答案进行评分和排名。如果修剪路径上的一个候选被认为是预测答案，进一步对这条路径上修剪的其他候选进行评分并确定最终结果。

使用问题释义"飞控系统数字化维修数据集"来概括在问答对的训练集

中看不到的汉字和问题模式。由同一列 MCCNN 计算的两个释义的表示应该是相似的。使用点相似度来定义铰链损失 $l_p(q_1, q_2, q_3)$ 为

$$l_p(q_1, q_2, q_3) = \sum_{i=1}^{3} (m_p - f_i(q_1)^{\mathrm{T}} f_i(q_2) + f_i(q_1)^{\mathrm{T}} f_i(q_3))_+ \quad (7.20)$$

式中,q_1, q_2 是同一类群 P 中的问题,q_3 从另一个类群中随机抽样,m_p 是余量。目标函数定义为

$$\min \sum_{P} \sum_{q_1, q_2 \in P} \sum_{q_3 \in R_P} l_p(q_1, q_2, q_3) \quad (7.21)$$

式中,R_P 包含 k_P 问题,这些问题是从其他集群中随机抽样的。

7.5.4 模型分析

为了评估模型,使用飞控系统数字化维修数据集进行实验,开发集用于选择实验中的超参数,采用非线性函数 $f = tanh$,词向量的维度设置为 25。由 (Turian et al. , 2010) 中提供的预训练词嵌入初始化,MCCNN 的窗口大小为 5,池化层的维度和答案嵌入的维度设置为 51,参数由 (Bengio, 2012) 中描述的技术初始化。用于范数正则化的最大值为 4,AdaGrad 中使用的初始学习率设置为 0.02。一个批量数据由 20 个问答对组成,每个问答对都有 k 个负样本,这些负样本是从其候选集中随机抽取的。式 (7.4) 和式 (7.7) 中的余量值设置为 $m = 0.5$ 和 $m_p = 0.1$。

表 7.7 飞控系统数字化维修数据测试拆分的评估结果

方法	F1	P@1
(Berantetal)	31.6	—
(Berant and Liang)	40.1	—
(Baoetal)	37.7	—
(Yao and Van Durme, 2014)	33.2	—
(Bordesetal. , 2014a)	39.4	40.45
(Bordesetal. , 2014b)	29.9	31.35
MCCNN (our)	41	45.15

如表 7.7 所示,本节的方法实现了比飞控系统数字化维修数据上的基线方法更好的结果。前三行是基于语义解析的方法,其他基线是基于信息提取的方法。结果表明,自动问题理解可以与使用手动设计特征的模型一样好。

此外,基于多列卷积神经网络的模型优于使用词嵌入总和作为问题表示的方法。进行消融实验以比较使用不同实验设置的结果。

表 7.8　飞控系统数字化维修数据测试拆分不同设置的评估结果

设置	F1	P@1
全部	40.9	45.05
w/o path	32.6	37.05
w/o type	37.8	40.85
w/o context	39.2	40.95
w/o multi - column	38.5	41.75
w/o paraphrase	40.1	43.85
1 - hop	29.4	32.15

如表 7.8 所示,答案路径信息在这三列中最重要,答案类型信息比答案上下文信息更重要。原因是答案路径和答案类型是更直接的问题线索,但答案上下文用于处理数据集中不太常见的问题中的额外约束。此外,比较使用单列网络(没有多列)的模型,即绑定不同列的参数。结果表明,使用多个列从不同方面理解问题可以提高性能,以多任务学习方式使用问题释义有助于提高性能。本节仅使用 1 跳路径来评估结果以生成候选答案,与使用 2 跳路径相比,性能显著下降。表明只使用飞控系统 PHM 领域知识库中直接连接到查询实体的节点不能处理很多问题。

为了分析模型,通过检测问题中的显著词。问题词的显著性分数取决于该词对问题表示计算的影响程度。如果一个词在模型中扮演的角色越重要,它的显著性分数就应该越大。

本节计算同一个汉字的几个显著性分数,以说明它在网络不同列中的重要性。对于第 i 列,问题 $q = w_1^n$ 中汉字 w_j 的显著性得分定义为

$$e_i(w_j) = \| f_i(w_1^n) - f_i(w_1^{i-1} w'_j w_{j+1}^n) \|_2 \tag{7.22}$$

式中,将 w_j 替换为 w'_j,$\| \cdot \|_2$ 为欧几里得范数。在实践中,本节用几个停顿词(例如 is、to 和 a)替换 w_j,然后计算它们的平均分数。

如图 7.9 所示,本节计算几个问题的显著性分数,并通过不同列中的最大值对其进行归一化。

该方法主要体现在三个方面优势:①引入多列卷积神经网络进行问题理

解,不依赖手工制作的特征和规则,并使用问题释义以多任务学习的方式训练列网络和词向量;②以问答对作为监督信号,共同学习了飞控系统 PHM 领域知识库中实体和关系的低维嵌入;③对飞控系统数字化维修数据集进行了广泛的实验,并通过开发一种方法来检测不同列网络中的显著问题词,为 MCCNN 提供直观的解释。

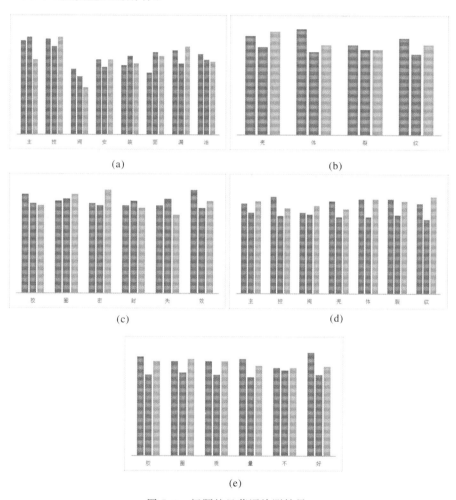

图 7.9　问题的显著词检测结果

7.6　基于知识图谱技术的飞控系统 PHM可视化架构

飞控系统非结构化数据主要包含归零报告、产品维修工作卡、维修故障分析等,大多以 TXT、Excel 等形式存储于测试设备或内部网络中,由于受传统技术限制,对这些故障数据进行有效存储和分析存在较大难度,数据内部价值无法挖掘并得到有效利用。随着飞控系统向数字化迈进,通过智能数据处理技术实现飞控系统故障数据的全文检索具有重要的军事和经济意义。

传统飞控系统安全主要从产品测试、检测等技术手段、过程安全风险管控等方面开展研究,依赖于人员的过程控制保障安全。本节以 2022 年 1 月至12 月某型飞控分系统为例,实现了近实时级全文检索,并以数据可视化字符云展示故障相关信息,为飞控系统基于状态的维修决策提供支撑。

7.6.1　飞控系统 PHM 文本特征提取

建立可视化的 PHM 综合验证平台,首先需要对非结构化的实体进行文本特征提取,抽取其实体、关系及属性信息。本书首先抽取了内外场文本特征,然后对故障文本进行了索引建立,将非结构化数据进行结构化处理与存储。在选择一个实体之后,平台可根据其特征信息返回与该实体关联最紧密的实体列表,对于给出的紧密关联实体列表,进一步产生网络图可视化展示,并进行可视化分析探索。

7.6.1.1　飞控系统 PHM 内外场文本特征提取

为保证项目的顺利进行,针对基于知识图谱飞控系统 PHM 推送技术研究中的关键技术,制定了详细的技术路线,如图 7.10 所示。

飞机内外场故障文本特征提取主要是基于递归矩阵向量空间的语义关系提取和事件提取联合框架模型调用,某型飞机内外场故障文本特征提取界面如图 7.11 所示。

在图 7.11 中,对于结构化的数据(例如关系数据库数据源),实体信息、实体属性信息以及实体间的关系信息(通常以外键形式存在)已经高度结构化。因此,对于结构化数据的知识抽取,只需要将结构化数据的结构信息与图谱本体结构信息进行映射,然后,根据构建的映射关系直接将结构化数据导入到图数据库中即可完成知识抽取工作。点击"上传",实现某型飞机内外场故障关联文本的归档,如图 7.12 所示。

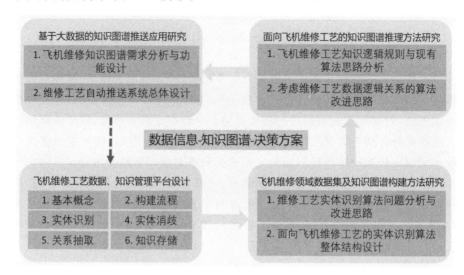

图 7.10 技术路线图

图 7.11 某型飞机内外场故障特征提取界面

在图 7.12 中,当点击"上传"按钮时,将通过多关系表示学习通用架框调用微规则学习的知识图谱推理。

图 7.12　某型飞机内外场故障关联文本上传界面

7.6.1.2　故障文本索引建立

倒排索引由倒排列表(Posting List)、单词词典(Term Dictionary)和倒排文件(Inverted File)组成,倒排每个文档在系统中分配唯一的 ID,倒排索引将文档信息维护在倒排列表(Posting List)中,如图 7.13 所示。

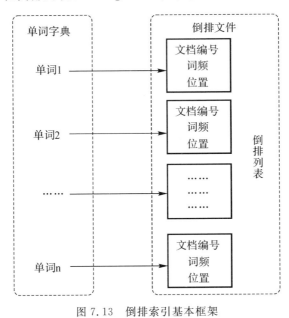

图 7.13　倒排索引基本框架

当在检索框检索"系统污染",并在"高级搜索"输入飞控系统时,可以得到飞控系统有关"系统污染"的内外场故障信息,同时出现类似的资源数量,以及内外场故障信息中包含"系统污染"的信息数量,见图 7.14。

图 7.14　内外场故障全文检索界面

在图 7.14 中,显示有某型飞机内外场关联故障情况,点击"详细"或飞控故障等查看伺服作动器 EHV 零偏超差故障文本的信息,如图 7.15 所示。

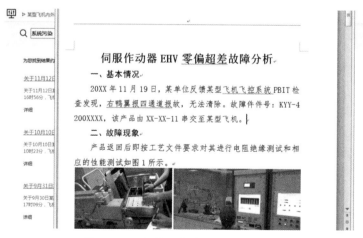

图 7.15　飞机关联故障全文检索详情界面

如图 7.15,系统支持对导入知识图谱的修改、新增和删除功能,可以人工更新和完善安全测试知识图谱。最后,系统支持对完整图谱分析得到的一个子图的统一格式导出功能。

7.6.2　飞控系统 PHM 智能检索

7.6.2.1　飞控系统 PHM 文本分布式检索

飞控系统故障全文检索以知识图谱技术为基础建立,将现有故障数据文件按照软件整体要求进行存储,并开发基于可微规则学习的 KG 推理模型,实现故障文件的精准分词。以分词为基础建立倒序索引,最终实现飞控系统故障数据的全文检索,整体架构如图 7.16 所示。

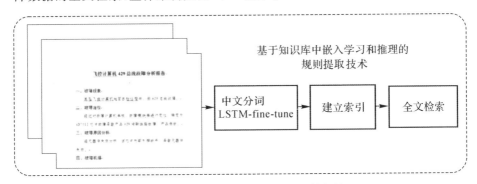

图 7.16　飞控系统故障全文检索整体架构

为实现基于知识库中嵌入学习和推理的规则提取多故障数据的查询,需要建立故障数据的索引,对于飞控系统的文本类数据需要对数据进行分词,才能创建数据的索引。基于知识库中嵌入学习和推理的规则提取采用倒排索引方式实现关键词到关键词所属文档的查找功能,同时为数据安全和分布式系统访问提供基础。

7.6.2.2　飞控系统故障文本全文检索

飞控系统故障数据中具有大量的专有名词,采用通用的中文分词方法无法达到满意的效果,对中文分词模型进行关联分析和多元关系提取显得尤为困难。针对以上问题,引入专业字典解决专用名词分词问题,通过引入知识图谱上的端到端可微规则挖掘模型优化算法模型进行分词,通过基于嵌入的规则提取实现对新名词的分词。

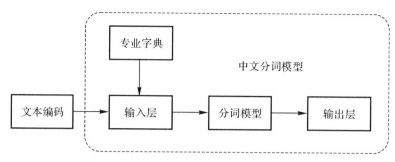

图 7.17　飞控系统故障数据中文分词整体架构

文本编码算法主要由 One－hot 编码、Word2vec 词编码、BERT 词编码等编码方式组成。One－hot 编码方式方法简单,向量长度等于字典的长度,向量利用低效;Word2vec 词编码方式训练得到的词向量在后续任务中固定不变,与上下文无关,可能导致上下文语义不符合的问题,因此本书采用 BERT 词编码方式,且有开源模型和代码,可以在后续的开发过程中直接使用。

针对"飞机液压失效""液压无法传输""液压故障"等表征的是一种模式,但是在故障数据文档中表征不同,如果仅按照实体识别就有 3 种结果,造成故障文本中故障名称识别准确率低的问题,全文检索功能界面如图 7.18 所示。显示了某型飞机故障信息检索的关联分析、故障分析报告中所包含的关键信息和某型飞机内外场故障的摘要,右侧表征维修决策平台推送故障可能性较大的部位。

　　　图 7.18　全文检索功能界面

7.6.3　飞控系统 PHM 智能问答与维修决策

飞控系统 PHM 知识图谱包含飞机架次信息、归零报告、产品维修工作卡、维修故障分析等内容,在对其结构化存储的基础上实现了知识库的建立,进而实现知识的检索。然而对于庞大的知识量,数据检索能够覆盖的数据有限,不利于维修信息的获取,从而影响维修活动的开展。因此,本书从 PHM 系统分析、内外场故障树分析、故障多发区域分析三个方面对知识图谱智能分析可视化展开研究。

7.6.3.1　飞控系统 PHM 可视化关联分析

飞控系统 PHM 可视化系统支持满足图结构数据特有的查询功能,支持通过关键词搜索快速定位图中实体,支持对于给定的两个实体找出所有连接两个实体的路径信息功能,支持针对某个特定节点多条关联实体信息查询。

结合上述查询功能与网络图可视化展示功能,用更加直观的方式分析两个实体经过多次中间实体传递产生的关联,掌握从整个知识体系层面分析相关实体以及它们之间的关联关系信息,可以依据问题部位、年、月和专业选择等进行分类推送,如图 7.19 所示。

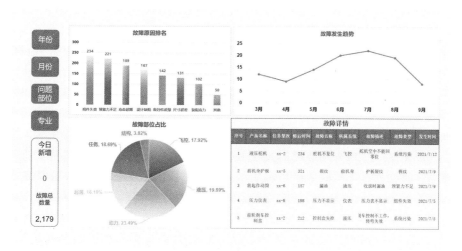

图 7.19　内外场故障统计分析

在图 7.19 中,飞机统计分析是基于状态的维修决策平台动态更新的,比如点击"飞控"系统故障时,则呈现飞控系统及其部附件故障的今日新增、内外场故障条数、多发故障区域、故障原因排序和内外厂故障详情,如图 7.20 所示。

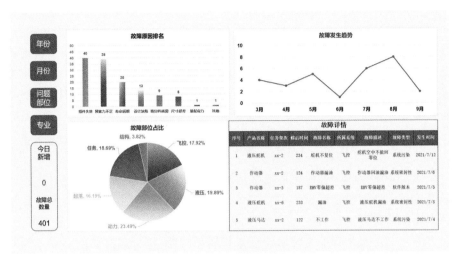

图 7.20　重点飞控系统故障分析

7.6.3.2　内外场故障树分析

在已经建立的飞控系统 PHM 知识图谱中,选择一个子图之后,调用核心节点分析算法对子图进行分析,可以得到核心节点的排序。对于根据核心程度给出的核心节点列表,可以进一步产生网络图可视化展示,并进行可视化分析探索。以多个飞机专业的内外场故障数据为例,使用了可微的基于知识库的逻辑规则学习模型,系统地评估了内外场故障之间的相关性,基于梯度编程框架的可微分系统找出某型飞机内外场故障的关联关系,如图 7.21 所示。

图 7.21 中,内外场故障的关联关系可利用关联分析模型对候选答案进行排名。页面通过关联映射图形式展示内外场故障关联关系,并在飞控系统数字化维修数据集上进行广泛的实验。针对"EHV2 故障",通过维修决策平台分析,可以发现其不仅与飞控系统有关,还与设计缺陷和外场数据采集精度有关,如图 7.21 所示。同时根据第 7 章飞控系统 PHM 领域知识图谱构建模型,可以找出其逻辑关联性最高的 Top5 内外场故障,即"寿命超期""组件失效""设计缺陷""预紧力不足"和"尺寸超差"等,如图 7.22 所示。

针对知识图谱关系提取,本书探索了一种基于长短记忆网络(LSTM)的通用关系提取框架,该框架可以很容易地扩展到跨句子 n 元关系提取。自动内容提取 ACE 事件提取任务的传统方法通常依赖于具有多个阶段的 pipeline,由于事件触发和参数是由独立的本地分类器隔离预测的,因此会受到错误传播的影响。相比之下,本节提出了一个基于结构化预测的联合框架,该框架将触发器和参数一起提取,以便可以相互改进局部预测。此外,本书合并全局特征,明确捕获多个触发器和参数的依赖关系进行原因智能推荐,实验结果表明,与局部特征联合的方法优于流水线基线,当新的内外场故障产生时,通过内外场故障诊断分析模型,并且添加全局特征进一步显著提高了性能。本书的方法推进了最先进的句子级事件提取,快速精准确定故障,优于其他句子和文档的外部知识的参数标记方法。

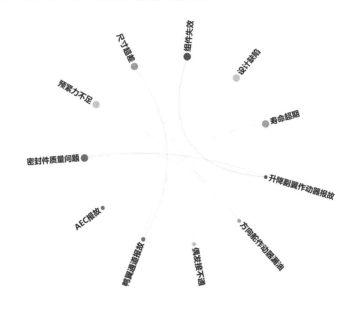

图 7.21　飞机内外场故障关联分析

在图 7.23 中,搜索中输入内外场故障的关键词,就可以调用一个基于结构化感知器和不精确搜索的 ACE 事件提取联合框架,实现内外场 PHM 与传统的流水线方法不同,本书将任务重新定义为结构化预测问题,之后采取调用内外场故障原因智能推荐模型,具有局部特征的感知器优于分阶段基线,全局特征进一步显著提高性能,可以实现内外场 PHM 推荐。

当在搜索框中输入"2019 年 02 月 25 日,在进行飞控系统 PBIT 自检测时一台 KYY-3 左内侧升降副翼作动器报故,故障信息为"EHV2 故障",故障件号:2008168,飞行时间:4 h 59 min。"通过飞控系统 PHM 智能推荐模型,推理内外场故障原因 Top4 为"液压系统失效""作动器失效""ACE 失效"和"控制功能失效"等,此时的内外场"控制 1 失效"故障树将转变为以该内外场现象与某型飞控系统故障推荐原因为节点的内外场故障树,如图 7.24 所示。

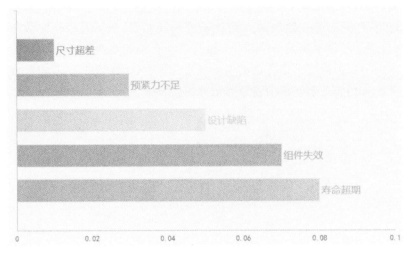

图 7.22　某型飞机内外场故障关联分析

图 7.23　内外场故障树分析

图 7.24　内外场故障逻辑推理分析

　　为便于指导航空维护人员进行内外场故障的归零分析,将"EHV2 故障"内外场故障表示如下,见图 7.25。

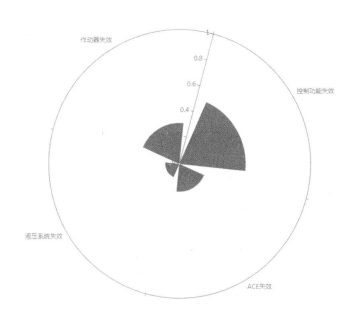

图 7.25　内外场故障历史原因极坐标图

由图 7.25 可知,"EHV2 故障"的历史原因 Top5 主要有液压系统失效、作动器失效、ACE 失效和控制功能失效等。

7.6.3.3 某型飞机内外场故障多发区域分析

某型飞机内外场多发区域分析主要是通过对归零故障报告中各种故障发生区域和因果分析的统计,以词云的形式显示某一时间段内外场故障的多发区域,如图 7.26 所示。

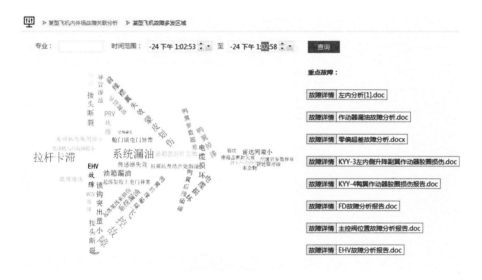

图 7.26 飞控系统故障多发区域分析

图 7.26 中,内外场词云的状态可以结合飞机内外场重点故障进行设置,本书设计利用中飞机俯视图的形式进行公示,词云中字体大小与故障发生次数正相关。右侧对应发生在重点系统或多发故障飞控部附件产品的故障分析报告,可以点击对应的筛查结果进行故障分析报告的查看。利用知识图谱技术将大量孤立的知识单元进行关联,得到了安全测试知识图谱。在利用智能算法对图谱进行分析之前,需要先提供图谱数据的高效存储和访问。

系统支持对抽取得到的 PHM 知识导入到系统中,构建飞控系统 PHM 知识图谱,并以网络图形式可视化展示,见图 7.27。

图 7.27　重点飞控系统故障分析

7.7　本 章 小 结

　　本章通过架构设计、知识库建模、实体链接、智能问答、可视化设计等流程搭建了飞控系统 PHM 综合验证平台。

　　首先,通过融合知识图谱应用,建立了包括六层结构的飞控系统 PHM 综合验证平台系统软件架构及硬件架构,并基于该架构进行了平台技术实现与成果融合,形成了飞控系统 PHM 设计闭环。针对多模式关系数据嵌入问题提出了 MKBE 模型用于多模式关系学习,利用文本和图像等多种信息源实现了更准确的链接预测。同时,MKBE 通过有效地结合关系信息生成了高质量的多模态属性,进一步提升了链接预测精度。其次,提出了一种使用多卷积神经网络(MCCNN)在飞控系统 PHM 领域知识库上进行问答的方法,并以多任务学习的方式训练 MCCNN。借助飞控系统数字化维修法的数据验证了该方法性能的优越性。再次,结合前文提出的技术手段与建立的数据集,通过飞控系统 PHM 知识图谱构建,搭建了面向 PHM 的综合验证平台,实现了航空修理领域飞控系统实体关系提取、飞机内外场故障大数据分析、航空修理领域知识推理等功能,并采取可视化呈现的方式实现了飞控系统 PHM 维修决策。最后,选取石家庄海山维修基地某型号飞机对本书搭建的平台进行了推广验证。本章研究内容为飞控系统智能维修决策提供了科学依据与应用手段。

第8章 总结与展望

8.1 工作总结

本书针对航空修理领域飞控系统知识繁杂无序、预测与健康管理(PHM)难度较大等问题,基于"失效物理理论模型＋数据驱动"方法,结合基于模型的系统工程 MBSE 方法,建立了基于知识图谱的飞控系统故障识别及分析模型,搭建了基于知识图谱的 PHM 可视化平台,实现了对飞控系统的全面诊断和预测。本书的主要结论如下:

1. 飞控系统故障信息多尺度关系提取研究

首先分析了飞控系统 PHM 架构及其关键技术,研究了飞控系统典型部件 ISA 的多尺度关系。针对飞控系统故障信息多尺度关系提取问题,建立了基于递归矩阵向量空间的语义关系提取方法,提出了一种基于 Graph LSTM 的跨句 n 元关系提取通用框架,包含 LSTM 线性链和树,使其易于合并丰富的语言分析。飞控系统 PHM 领域的实验表明,超出句子边界的提取产生了更多的知识,编码丰富的语言知识具有较大优势,最重要的目标是实现高召回率和准确率。为此,本书建立了基于结构化感知器和不精确搜索的 ACE 事件提取联合框架。与传统的 pipeline 方法不同,本书将任务定义为结构化预测问题,使用 ACE 2015 飞控系统故障维修记录库作为测试平台验证该联合框架的准确性。测试结果表明,其具有局部特征的感知器优于基线算法,全局特征进一步显著提高性能,大大超过了当前的最新技术。另外,为了提高端到端 IE 系统的准确性,计划开发一个完整的联合框架来识别实体和事件提取。

2. 飞控系统故障诊断推理技术研究

本书建立了一种具有程度感知的知识图谱嵌入的半监督方法来完成实体

对齐,设计了一个基于循环一致性的性能损失,以利用未对齐的实体来增强对齐能力。建立了一个多关系学习的通用框架,对规范链接预测任务的实体表示和关系表示的不同选择进行了经验评估。建立了一种使用多卷积神经网络(MCCNN)在飞控系统 PHM 领域知识库上进行问答的方法,从问答对中估计参数,并使用问题释义以多任务学习的方式训练 MCCNN 的列。飞控系统数字化维修数据的实验结果表明该方法与基线相比性能更优。

3. 融合失效物理与数据驱动的寿命预测方法

本书提出了一种基于 Wiener 过程和 LSTM 的方法开展飞机伺服作动器的剩余寿命预测建模。首先,建立基于非线性 Wiener 过程生成数据的物理模型,考虑了周围环境对原始数据的影响以校正退化数据;其次,将 Wiener 过程生成数据和修正数据输入 LSTM,实现飞机伺服作动器的高鲁棒性寿命预测。针对机载电动舵机退化过程呈现的多阶段、非线性特点以及对寿命预测实时性的要求,提出了失效物理与数据驱动融合的在线寿命预测方法。针对快速退化阶段建立失效物理与数据驱动融合的退化模型,并对模型参数不断更新,使用更新后的模型预测剩余寿命。

4. 基于 MBSE 框架的飞控系统 PHM 构建技术

本书利用了 DOORS 需求库,采用 SCADE 模型设计,设计仿真验证环境,实现飞控系统中复杂的控制逻辑,使需求与真实物理概念达到一致。模型便于理解,分层结构明确,更改和维护简单,便于扩充和移植。提出了基于数据的 Delta 稀疏网络模型,减少模型计算量。针对模型剪枝方法,提出组平衡的稀疏模型,结合重复训练方法,在不降低模型精度的前提下,实现了模型的压缩。选择 FPGA 平台作为硬件加速的载体,并提出基于组平衡的 CSB 存储模型,进一步减少模型的存储空间,实现硬件读取的加速。最终通过实验对比,本书提出的 FPGA 加速方法相较于现有模型,实现了 9.7～47.8 倍的加速效果,为无人机机载设备 PHM 的应用提供了硬件加速方法。

5. 基于知识图谱的飞控系统 PHM 可视化技术

针对本书提出的航空修理领域飞控系统数据集及关系提取方法、飞机内外场故障相关大数据分析应用的整体架构、航空修理领域知识推理方法以及飞控系统 PHM 领域知识图谱构建,通过飞控系统 PHM 知识图谱构建,采取可视化呈现的方式实现了飞控系统 PHM 分析应用。同时,选取某维修基地某型号飞机进行了推广验证,为飞控系统 PHM 进行精准施修提供了科学依据。

8.2 工 作 展 望

本书围绕飞控系统故障识别及分析,采用"失效物理理论模型+数据驱动"方法,结合飞控系统 PHM 模型化技术,建立了基于知识图谱的飞控系统故障识别及分析模型,初步得到了一些进展。但是随着工业信息化的融合发展,飞控系统的 PHM 研究仍处于起步阶段,还存在许多技术难题需要逐步迭代优化,具体如下:

1)研究了直接阅读文档的问题。本书集中分析这种直接方法与使用人工注释或自动构建的知识图谱之间的差距。希望后续提出一个新模型,键值存储网络,它有助于弥合差距。但是,仍然存在一些性能差距。知识图谱推理可作为分析工具来阐明原因,未来的工作应努力进一步缩小这一差距。

2)键值存储网络是用于阅读文档或知识图谱并回答有关它们的问题的通用模型——允许将有关手头任务的先验知识编码到键和值记忆中。这些模型也可以应用于存储和读取其他任务的记忆,未来的工作应该在其他领域尝试它们,例如在完整的对话设置中。

3)在本书中,讨论了基于嵌入的方法和基于规则的方法这两种常见的知识图推理方法的优缺点,并提出了在一个模型中迭代学习嵌入和规则并享受它们之间的互惠互利的方法。未来,将继续研究将归纳推理和演绎推理结合在一起,并开发可以统一不同类型推理的模型。

4)假设在本研究中,所有的问题都是在封闭世界的假设中进行的,主要是适用于相应的场景或者等价的场景。即在已知实体对的条件下,预测已知的关系是否在实体对之间存在。如果在原来的实体或关系有增加以及数据中存在未知关系或实体,那么这些方法可能会失效或性能大打折扣。而等价的方法则是重新训练,如果存在不利于重新训练的场景,那么需要重新考虑这些方法的适用性。

附录 维修记录展示

1 飞控系统部分维修记录 ACE-FCS

1.1.各部件外观、结构检查

在系统各部件进行基本性能检查之前,对系统各部件的外观进行检查,保证系统各部件的外部结构正常、机械连接无机械损伤和松动现象,保证部件上的机械和电气连接可靠。

1.2.电缆插头插针检查

检查飞控系统连接电缆各插头上的插针是否有弯曲、折断或损伤现象,是否需要校直或更换。

1.3.中立位置检查

检查 KYY-44、KYY-45Z、KYY-45Y 及 KYY-46-02 舵机输出轴是否处于中立位置。检查 DCD-62、DCD-63、DCD-64、DCD-65 并联舵机输出轴是否处于中立位置(舵机输出轴端面的凹槽是否垂直于舵机安装面)。

检查 XXXX-42、XXXX-42A、XXXX-42B 杆位移传感器全行程范围内转动是否流畅,有无卡滞、阻塞现象。

1.4.机上供电正确性检查

XKXXXXF-35 电传飞控系统产品与机上电缆连接之前,须认真检查机上电源供电的正确性。

1.5.接地检查

下列端子应与地线相连:

2C-a-B、2C-a-D、2C-a-F、2C-a-H、2C-a-K、2C-a-M、2C-a-P、2C-a-S、2C-e-B、2C-e-D、2C-e-F、2C-e-H、2C-e-K、2C-e-M、2C-e-P、2C-e-S、1C-a-B、1C-a-D、1C-a-F、1C-a-H、1C-a-K、1C-a-M、1C-a-P、1C-a-S、1C-e-B、1C-e-D、1C-e-F、1C-e-H、1C-e-K、1C-e-M、1C-e-P、1C-e-S、3C-a-4、3C-a-5、3C-a-

17、3C－a－18、3C－a－32、3C－a－33。

1.6.＋28V1 直流电源检查

接通电传飞控 1（直流配电控制盒 7P 上），检查下列端子应有＋28 V 电压：

2C－a－A、2C－a－C、2C－e－A、2C－e－C、1C－a－A、1C－a－C、1C－e－A、1C－e－C、3C－a－1。

断开电传飞控 1，检查上列端子＋28V 电压应消失。

1.7.＋28 V2 直流电源检查

接通电传飞控 2（直流配电控制盒 7P 上），检查下列端子应有＋28 V 电压：

2C－a－E、2C－a－G、2C－e－E、2C－e－G、1C－a－E、1C－a－G、1C－e－E、1C－e－G、3C－a－2

断开电传飞控 2，检查上述端子＋28V 电压应消失。

1.8.蓄电池电源检查

断开机上 TRU1 和 TRU2 电源，接入蓄电池，打开蓄电池电源开关，接通电传飞控 3（直流配电控制盒 7P 上），检查下列端子应有＋24 V 电压：

2C－a－N、2C－a－R、2C－e－N、2C－e－R、1C－a－N、1C－a－R、1C－e－N、1C－e－R、

断开电传飞控 3，检查上列端子＋24 V 电压应消失。

断开蓄电池电源开关，拔下蓄电池插头。

1.9.＋28 V 照明电源检查

接通机上亮调电源开关，检查下列端子与照明电网地线间应有＋28V 电压：

3C－a－25、3C－a－26。

断开机上亮调电源开关，上述电压应消失。

1.10.7 V180 0Hz 电源分配检查

将两台电传控制计算机的插头通过地面通电试验器（9S645）与机上电缆插头相连接正确并可靠搭铁。接通电传飞控 1 后，主、尾桨舵机、杆位移传感器、平尾舵机的电缆连接插头上 7 V 1 800 Hz 电源分配应符合表 1 要求。

表 1　7 V 1 800 Hz 电源分配的检查

电源分配部件		7 V 1 800 Hz/H	7 V 1 800 Hz/L
尾桨 RDDV 舵机	舵机阀	29C－a－N	29C－a－M
		29C－b－N	29C－b－M
		29C－c－N	29C－c－M
		29C－d－N	29C－d－M
	舵机筒	30C－a－2	30C－a－1
		30C－b－2	30C－b－1
		30C－c－2	30C－c－1
		30C－d－2	30C－d－1
平尾舵机		28C－a－M	28C－a－N
		28C－b－M	28C－b－N
横向位移传感器		12C－1	12C－2
		12C－7	12C－8
		13C－1	13C－2
		13C－7	13C－8
纵向位移传感器		10C－1	10C－2
		10C－7	10C－8
		11C－1	11C－2
		11C－7	11C－8
总距位移传感器		14C－1	14C－2
		14C－7	14C－8
		15C－1	15C－2
		15C－7	15C－8
脚蹬位移传感器		8C－1	8C－2
		8C－7	8C－8
		9C－1	9C－2
		9C－7	9C－8

续表

电源分配部件	7 V 1 800 Hz/H	7 V 1 800 Hz/L
前主桨 RDDV 舵机	25C - a - N	25C - a - M
	25C - b - N	25C - b - M
	25C - c - N	25C - c - M
	25C - d - N	25C - d - M
左主桨 RDDV 舵机	27C - a - N	27C - a - M
	27C - b - N	27C - b - M
	27C - c - N	27C - c - M
	27C - d - N	27C - d - M
右主桨 RDDV 舵机	26C - a - N	26C - a - M
	26C - b - N	26C - b - M
	26C - c - N	26C - c - M
	26C - d - N	26C - d - M

上述检查完毕,断开电传飞控 1,接通电传飞控 2,按照表 1 重复进行 7 V 1 800 Hz 电源分配的检查。

注:7 V 电压精度要求为 7 V ±0.14 V,1 800 Hz 频率精度要求为 1 800 Hz ±18 Hz;

上述检查完毕,断开电传飞控 2。

1.11. 产品的安装和拆卸

XKXXX 飞控系统由 20 种 30 个部件组成,各个部件装机前必须通过外观检查和性能检查,才可以装机。各个部件的安装方法和拆卸方法参见各部件的 SYWH,本书只对其中需要注意事项进行说明。

在装机前应对产品外观进行检查,确保产品表面无磕碰痕迹,各紧固件拧紧,插座的各插孔无异物;检查插针是否有弯曲现象,如果有弯曲,记录弯曲插针号,并确认该插针在通电情况下对产品是否有影响。如果未通电,小心校直插针,插针有折断时,应予以更换。

1. 杆位移传感器

XXXX - 42、XXXX - 42A、XXXX - 42B 杆位移传感器是 XKXXXXF - 35 电传飞控系统中用于将驾驶员操纵杆的位移信号转换成电压信号的部件。其中 XXXX-42 杆位移传感器用于测量脚蹬位移,XXXX-42A 杆位移传感器用于测量周期杆横向位移,XXXX-42B 杆位移传感器用于测量周期杆纵向位移以及总距杆位移。

一套杆位移传感器包括八个传感器:两个 XXXX-42 杆位移传感器,两个 XXXX-42A 杆位移传感器,以及四个 XXXX-42B 杆位移传感器。

XXXX-42、XXXX-42A、XXXX-42B 这三种杆位移传感器电气性能相同,仅电气接口、机械接口有差别。

安装前,应检查杆位移传感器的标识应齐全,外表面不得有异物,输出轴运动正常,无卡滞现象。

安装时,在传感器的四个螺钉孔处使用 M3 的螺钉与支架的安装孔连接,再使用螺栓将摇臂与杆系连接,安装时在转动摇臂前需要拔出零位锁紧螺钉,安装时应确保摇臂与传感器端面上的红色零位刻度线保持一致。机械安装完毕后,将连接传感器的电缆上的插头与传感器的插座连接。

安装后,使用飞行前 BIT(PBIT)对传感器进行检测,检测通过即为传感器正常。

拆卸时,首先将连接传感器的电缆上的插头与传感器的插座松脱,然后使用扳手将传感器四个 M3 的螺钉与连接摇臂用的螺栓旋脱,拆下传感器。

注意事项:

注1:杆位移传感器应轻拿轻放;

注2:不得敲打杆位移传感器;

注3:两个或多个传感器不得相互随意碰撞;

注4:注意保护传感器的外表面,其表面不得有异物,或被划伤;

注5:转子铁芯应以轴线为中心旋转运动,不得改变转子铁芯的运动方式;

注6:安装插头时应按配对关系进行;

注7:转动摇臂时要拔出零位锁紧螺钉。

2. 飞控计算机部分维修记录 FCCMR

产品名称	XX 计算机	型(代)号			测试日期	
产品编号	1CH:		2CH:		3CH:	
序号	测试项目	技术要求	结果			备注
1	组成	7.1	ok	ok	ok	

续 表

序号	测试项目	技术要求	结果			备注
2	外观	7.2	ok	ok	ok	
3	产品标志	7.3	ok	ok	ok	
4	电源适应性	7.4	ok	ok	ok	
5	功能和性能	7.5	ok	ok	ok	
6	环境试验	7.6	ok	ok		

表 A2　电源适应性测试记录

序号	测试项目		测试结果			备注
			1♯通道	2♯通道	3♯通道	
1	供电电压 +25 V	自动测试	√	√	√	
2		$+5.1V\pm0.2V$	5.06	5.05	5.06	
3		$+15.0V\pm0.3V$	14.89	14.93	14.91	
4		$-15.0V\pm0.3V$	−14.78	−14.85	−14.87	
5		$\sim(7\pm0.07)V_{RMS}$	6.99	6.98	6.97	
6		$2400Hz\pm48Hz$	2424.00	2382.00	2409.00	
7	供电电压 +30 V	自动测试	√	√	√	
8		$+5.1\ V\pm0.2\ V$	5.06	5.05	5.06	
9		$+15.0\ V\pm0.3\ V$	14.89	14.93	14.92	
10		$-15.0\ V\pm0.3\ V$	−14.78	−14.85	−14.87	
11		$\sim(7\pm0.07)V_{RMS}$	6.99	6.98	6.97	
12		$2\ 400\ Hz\pm48\ Hz$	2 424.00	2 382.00	2 409.00	

表 A3　性能测试记录

序号	测试项目	期望值及公差	测试结果			备注
1	+5 V直流 数字电源	$+(5.1\pm0.2)\ V$	5.06 V	5.05 V	5.06 V	PS (人工)

续 表

序号	测试项目	期望值及公差	测试结果			备注
2	+15V 直流 模拟电源	+(15.0±0.3)V	14.89 V	14.93 V	14.92 V	PS （人工）
3	−15 V 直流 模拟电源	−(15.0±0.3)V	−14.78 V	−14.84 V	−14.87 V	PS （人工）
4	～7 V 2 400 Hz 电源电压	～(7±0.07)V$_{RMS}$	6.99 V$_{RMS}$	6.98 V$_{RMS}$	6.97 V$_{RMS}$	ASA （人工）
5	～7 V 2 400 Hz 电源频率	2 400 Hz± 48 Hz	2 424.00 Hz	2 382.00 Hz	2 406.00 Hz	ASA （人工）
6	NACE & LACE Self‑Test GBIT	NACE +(15.0±0.3)V	15.1 V	15.0 V	15.0 V	AIN （人工）
		LACE +(15.0±0.3)V	15.0 V	15.05 V	15.1 V	AIN （人工）
7	RGST‑P & RGST‑R & RGST‑Y‑GBIT	RGST−P +(5.1±0.2)V	5.1 V	5.0 V	5.1 V	AIN （人工）
		RGST‑R +(5.1±0.2)V	5.1 V	5.2 V	5.1 V	AIN （人工）
		RGST−Y +(5.1±0.2)V	5.1 V	5.1 V	5.1 V	AIN （人工）
8	PSI Test GBIT	三通道数据一致， 误差＜0170H	"OK" （正常）	"OK" （正常）	"OK" （正常）	AIN （人工）
9	486 CPU Instruction Set Testing……	"OK" （正常）	"OK" （正常）	"OK" （正常）	"OK" （正常）	AUTO/ CPU
10	NPX Instruction Set Testing……	"OK" （正常）	"OK" （正常）	"OK" （正常）	"OK" （正常）	AUTO/ CPU
11	ROM Check Sum (CRC) Testing……	"OK" （正常）	"OK" （正常）	"OK" （正常）	"OK" （正常）	AUTO/ CPU
12	RAM Testing……	"OK" （正常）	"OK" （正常）	"OK" （正常）	"OK" （正常）	AUTO/ CPU

续表

序号	测试项目	期望值及公差	测试结果				备注
13	Timeout Protect Testing……	"OK"（正常）	"OK"（正常）	"OK"（正常）	"OK"（正常）		AUTO/CPU
14	PIT Timer/ Counter Testing……	"OK"（正常）	"OK"（正常）	"OK"（正常）	"OK"（正常）		AUTO/CPU
15	LDIO Warp Testing……	"OK"（正常）	"OK"（正常）	"OK"（正常）	"OK"（正常）		AUTO/CPU
16	Double Port RAM(DPRAM) Testing……	"OK"（正常）	"OK"（正常）	"OK"（正常）	"OK"（正常）		AUTO/IOC
17	Share RAM (SRAM) Testing……	"OK"（正常）	"OK"（正常）	"OK"（正常）	"OK"（正常）		AUTO/IOC
18	BIT Stim D/A－A/D Warp Testing……	"OK"（正常）	"OK"（正常）	"OK"（正常）	"OK"（正常）		AUTO/IOC
19	ARINC－429 Bus Warp Testing……	"OK"（正常）	"OK"（正常）	"OK"（正常）	"OK"（正常）		AUTO/IOC
20	ARINC－429 Bus Testing……	"OK"（正常）	"OK"（正常）	"OK"（正常）	"OK"（正常）		AUTO/IOC
21	CCDL Warp Testing……	"OK"（正常）	"OK"（正常）	"OK"（正常）	"OK"（正常）		AUTO/IOC
22	CCDL Testing……	"OK"（正常）	"OK"（正常）	"OK"（正常）	"OK"（正常）		AUTO/IOC

续表

序号	测试项目	期望值及公差	测试结果				备注
23	Ain D/A – A/D Warp Testing……	"OK"（正常）	"OK"（正常）	"OK"（正常）	"OK"（正常）		AUTO/AIN
24	Analog Input DC – Stim Testing……	"OK"（正常）	"OK"（正常）	"OK"（正常）	"OK"（正常）		AUTO/AIN
25	Analog Input AC – Stim Testing……	"OK"（正常）	"OK"（正常）	"OK"（正常）	"OK"（正常）		AUTO/AIN
26	ESA Actuator Instruction D/A – A/D Warp Testing……	"OK"（正常）	"OK"（正常）	"OK"（正常）	"OK"（正常）		AUTO/ESA
27	ESA LVDT AC – Stim Testing……	"OK"（正常）	"OK"（正常）	"OK"（正常）	"OK"（正常）		AUTO/ESA
28	ESA Actuator Instruction D/A Server Amplifier Testing……	"OK"（正常）	"OK"（正常）	"OK"（正常）	"OK"（正常）		AUTO/ESA
29	RUD AC – Stim Testing……	"OK"（正常）	"OK"（正常）	"OK"（正常）	"OK"（正常）		AUTO/ESA
30	RUD AC – Stim Server Amplifier Testing……	"OK"（正常）	"OK"（正常）	"OK"（正常）	"OK"（正常）		AUTO/ESA
31	ESA SWITCH (3 to 1 or 2) Testing……	"OK"（正常）	"OK"（正常）	"OK"（正常）	"OK"（正常）		AUTO/ESA

续表

序号	测试项目	期望值及公差	测试结果			备注
32	ASA Actuator Instruction D/A – A/D Warp Testing……	"OK"（正常）	"OK"（正常）	"OK"（正常）	"OK"（正常）	AUTO/ASA
33	ASA LVDT AC – Stim Testing……	"OK"（正常）	"OK"（正常）	"OK"（正常）	"OK"（正常）	AUTO/ASA
34	ASA Actuator Instruction D/A Server Amplifier Testing……	"OK"（正常）	"OK"（正常）	"OK"（正常）	"OK"（正常）	AUTO/ASA
35	ASA SWITCH (3 to 1 or 2) Testing……	"OK"（正常）	"OK"（正常）	"OK"（正常）	"OK"（正常）	AUTO/ASA
36	Discrete I/O Warp Testing……	"OK"（正常）	"OK"（正常）	"OK"（正常）	"OK"（正常）	AUTO/DIO
37	Discrete Input OPEN – Stim Testing……	"OK"（正常）	"OK"（正常）	"OK"（正常）	"OK"（正常）	AUTO/DIO
38	Discrete Input +28 V – Stim Testing……	"OK"（正常）	"OK"（正常）	"OK"（正常）	"OK"（正常）	AUTO/DIO
39	DIO Channel FAULT & Exsect Logic Testing……	"OK"（正常）	"OK"（正常）	"OK"（正常）	"OK"（正常）	AUTO/DIO
40	FLCC internal PS Testing……	"OK"（正常）	"OK"（正常）	"OK"（正常）	"OK"（正常）	AUTO/PS

续表

序号	测试项目	期望值及公差	测试结果			备注
41	Power Supply Monitor Circuit Testing……	"OK"（正常）	"PD!"（正常）	"PD!"（正常）	"PD!"（正常）	AUTO/PS
42	PS 28V1 & 28V2Turn‐Off Testing……	"PD!"（正常）	|……|	|……|	|……|	
43	PIC Timer & Interrupt Testing……	|……|	|R….234| R….234|	|R….234| R….234|	|R….234| R….234|	InFlight
44	Three Redundant Sync & CCDL Testing……	|R….234| R….234|	|R.…|	|R.…|	|R.…|	InFlight
45	GJB289A RTClTesting……	|R.…|	|R….234|	|R….234|	|R….234|	InFlight
46	GJB289A RTC & MSG Transfers Testing……	|R….234|	"OK"（正常）	"OK"（正常）	"OK"（正常）	InFlight
47	电源监控门槛电压	28V‐1 15.5 V±0.35 V	"OK"（正常）	"OK"（正常）	"OK"（正常）	PS（人工）
		28 V‐2 15.5 V±0.35 V	"OK"（正常）	"OK"（正常）	"OK"（正常）	PS（人工）
48	+28 V 电源电流	≯4.5A	3.36			
49	数据记录文件	*.TXT	* xxxx‐1.TXT	* * xxxx‐2.TXT	* * xxxx‐3.TXT	PS（人工）

3. 状态选择器部分维修记录 SSMR 展示

供电电压检测			
测试内容	标准值	允许误差	测试结果
28V 供电电压	＋28V	±3V	√
5V 供电电压	＋5V	±1V	√

上电自测试检查			
测试内容	要求状态（数码显示）		测试结果
	正常	故障	
单片机内部 RAM	0000	SIRA	√
扩展外部 RAM	0000	SORA	√
EPROM	0000	SROM	√
中断控制器	0000	SPIC	√
内部定时器	0000	SPIT	√
ARINC－429 总线	0000	SBUS	√
CPU	0000	SCPU	√
429 发送 PUOK	PUOK		√
产品状态切换	WAIT	未按要求显示	√
429 清除 WAIT	熄灭		√

验灯测试检查			
测试内容	要求状态		测试结果
"纵增"灯	√		√
"纵保"灯	√		√
"W 定高"灯	√		√
"Q 定高"灯	√		√
"侧增"灯	√		√
"侧保"灯	√		√
"航稳"灯	√		√

续 表

测试内容	要求状态		测试结果
"导航"灯	√		√
"航给"灯	√		√
"恢复"灯	√		√
"故显"灯	√		√
"启动"灯	√		√
"设置"灯	√		√
"PBIT"灯	√		√
"MBIT"灯	√		√
"验灯"灯	√		√
数码管(四位)	√		√

按钮输入接口测试

按压工作状态按钮	2622飞行状态选择器		测试设备			
	第一次按压	第二次按压	第一次按压		第二次按压	
"纵增"	√	×	单击增稳	√	单击增稳	×
"侧增"	√	×		√		×
"W定高"	√	×		√		×
"Q定高"	√	×		√		×
"纵保"	√	×	单击驾驶仪	√	单击驾驶仪	×
"侧保"	√	×		√		×
"航稳"	√	×		√		×
"导航"	√	×		√		×
"航给"	√	×	恢复:按压该按钮时,指示灯点亮,按压试验器上的"系统等待"按钮后指示灯熄灭		故显:按压该按钮时指示灯闪亮后熄灭	
"启动"	√	×				
"设置"	√	×				
"PBIT"	√	×				
"MBIT"	√	×				

续 表

按压工作状态按钮	2622 飞行状态选择器		测试设备	
	第一次按压	第二次按压	第一次按压	第二次按压
"故显"	√			
"恢复"	√			

按钮工作不相容性检查

2622 飞行状态选择器		选择器和测试设备	测试结果
工作条件	按压按钮	要求状态	
"纵增" "纵保" "侧增" "侧保" 均为接通状态	"W 定高"	"W 定高"与"Q 定高",不相容功能以后入为准	√
	"Q 定高"		
	"俯"	"俯"与"仰",不相容功能以后入为准	√
	"仰"		
	"航稳"	"航稳""导航""航给",不相容功能以后入为准	√
	"导航"		
	"航给"		
	"左转"	"左转""右转",不相容功能以后入为准	√
	"右转"		
	"PBIT"	"PBIT""MBIT",不相容功能以后入为准	√
	"MBIT"		

开关量输入接口检查

2622	测试设备	2622		测试设备	
按压按钮	按压按钮	一次按压	二次按压	一次按压	二次按压
"纵增"		√	×	√	×
"侧增"		√	×	√	×
"纵保"		√	×	√	×
"侧保"		√	×	√	×

续　表

2622	测试设备		2622		测试设备	
按压按钮	按压按钮		一次按压	二次按压	一次按压	二次按压
	增稳	"纵增"	√	×	√	×
		"侧增"	√	×	√	×
	驾驶仪	"纵保"	√	×	√	×
		"侧保"	√	×	√	×
	"俯"				√	
	"仰"				√	
	"左转"				√	×
	"右转"				√	×

数码管故障显示检查

2622 状态选择器	相应工作指示灯要求状态		测试结果
按压"验灯"按钮	第一位数码管	16 段全亮→0	√
	第二位数码管	16 段全亮→0	√
	第三位数码管	16 段全亮→0	√
	第四位数码管	16 段全亮→0	√

离散输出接口检查

按压指示灯按钮	试验内容	要求状态	测试结果
"纵增"	"纵增"灯	√	√
"纵增"	"纵增"灯	√	√
"W 定高"	"W 定高"灯	√	√
"Q 定高"	"Q 定高"灯	√	√
"侧增"	"侧增"灯	√	√
"侧保"	"侧保"灯	√	√
"航稳"	"航稳"灯	√	√
"导航"	"导航"灯	√	√
"航给"	"航给"灯	√	√

续 表

按压指示灯按钮	试验内容	要求状态	测试结果
"恢复"	"恢复"灯	√	√
"故显"	"故显"灯	√	√
"启动"	"启动"灯	√	√
"设置"	"设置"灯	√	√
"PBIT"	"PBIT"灯	√	√
"MBIT"	"MBIT"灯	√	√
"验灯"	"验灯"灯	√	√

逻辑工作测试检查

2622 状态选择器	2621 飞控操纵台		2622 状态选择器	2621 飞控操纵台
工作状态按钮	工作状态按钮		测试结果	
纵增			√	√
纵保			√	√
侧增			√	√
侧保			√	√
W 定高			√	√
Q 定高			√	√
航稳			√	√
导航			√	√
	增稳	纵增	√	√
		侧增	√	√
	驾驶仪	纵保	√	√
		侧保	√	√
	W 定高		√	√
	Q 定高		√	√
	航稳		√	√
	导航		√	√

4.伺服作动器部分维修数据(ISAMR)展示

产品代号、名称			ISAMR 副翼舵机		检验者		
产品编号			20150201-×××		验收日期		
	序号	检查项目		技术指标(工艺规程)	实测值		
产品外观及性能检查记录	1	外观		9.2	√		
	2	电阻和绝缘电阻		8.7.4	见附表3		
	3	运行检查		9.3	√		
	4	耐压试验		9.5	——		
	5	低压密封性		9.7	√		
	6	工作密封性		9.6.1	外场报壳体漏油,壳体裂纹,胶圈磨损等原因均可造成液压失效。		
	7	内部漏油量		接通电磁阀≤1 L/min	0.48		0.42
				断开电磁阀≤0.3 L/min	0		0
	8	串油量		主、备舵机间不允许有串油	0		0
	9	一致性		在行程范围内,两个次级线圈的输出电压差值<28 mV	伸: 6.426 收: 15.189	伸: 9.055 收: 16.212	
	10	零位电压	机械零位电压	≤25 mV	5.9		11.5
			伺服系统零位电压	≤40 mV	5.8		19.9
	11	不灵敏电流		<0.5 mA	伺服阀喷嘴或喷嘴挡板间隙堵塞,导致零偏超差,外场报故。		
	12	零偏电流		<0.5mA (使用期间:<0.8 mA)			
	13	最小起动电压		≤33mV	21		20
	14	极性		输入负信号活塞杆伸出,反之收回,输入零信号活塞杆处于中位	√		√
	15	最大工作输出行程		伸:+(16±1)mm	16.53		16.6
				收:-(16±1)mm	15.99		15.84
	16	最大输出速度		95 mm/s~120 mm/s (使用期间:90 mm/s~130 mm/s)	伸: 108.606 收: 104.552	伸: 105.572 收: 106.935	
	17	速度差		主、备舵机两个方向速度差≤18 mm/s	4.055		1.363
				主、备舵机间速度差≤24 mm/s	3.035		2.383
	18	静态传动比		(3±0.3) mm/V	3.04/3.05		3.04/3.05

续 表

产品代号、名称			ISAMR 副翼舵机	检验者	
产品编号			20150201－×××	验收日期	
产品外观及性能检查记录	序号	检查项目	技术指标（工艺流程）	实测值	
	19	接通与断开压力	接通压力≤14 MPa	旁通阀阀芯卡滞，导致性能失效，外场报故。	
			断开压力≥6 MPa		
	20	接通与断开时间	接通时间≤0.1 s	调试中容易出现回中时间超故障。	
			断开时间≤0.1 s		
			回中时间≤0.15 s		
	21	接通与断开电压	最小接通电压≤20 V	15.2	15.2
			最小断开电压≥2 V	7.2	7.4
	22	转换	转换时间：≤0.05 s	0.023	
			转换扰动：≤5 mm	3.099	
	23	开环检测电流门限	工作通道 4 mA～7 mA	超差后外场报伺服传动比和极性故障，是判断伺服阀监控性能好坏的重要性能。	
			监控通道 4 mA～7 mA		
	24	频率特性	幅值衰减－3 dB时	输入信号频率≥10.5 Hz	16.8	15.61
			相位滞后90°时	输入信号频率≥10.5 Hz	14.76	12.89
	25	稳定性	振荡次数不超过2次（0.45 V阶跃信号作用下）	0	0
			超调量小于控制值的35%（0.45 V阶跃信号作用下）	11.60%	11.52%

参 考 文 献

[1] 王喜文.中国制造 2025 解读:从工业大国到工业强国[M].北京:机械工业出版社,2015.

[2] 马波,刘慧宇,陈银超,等.预测与健康管理技术在飞行器飞控系统中的应用研究[J].航空兵器,2020,27(6):91-96.

[3] 曲小宇,郭腾飞.基于多目标优化的飞控系统指标分配方法研究[J].自动化技术与应用,2016,35(8):18-22.

[4] 年夫顺.关于故障预测与健康管理技术的几点认识[J].仪器仪表学报,2018,8(39):1-14.

[5] MAEIKA D, BUTLERIS R. MBSEsec:Model - based systems engineering method for creating secure systems[J]. Applied Sciences, 2020, 10(7):2574.

[6] PECHT M, JAAI R. A prognostics and health management roadmap for information and electronics-rich systems [J]. Microelectronics Reliability, 2010, 50(3):317-323.

[7] ZHANG S,KANG R,HE X,et al. China's efforts in prognostics and health management [J]. IEEE Transactions on Components & Packaging Technologies, 2008, 31(2):509-518.

[8] WANG H W, WANG X W, WANG Y F,et al. Research on engineering simulator test methods for flight control system safety assessment[J].Flight Dynamics, 2018,36(3):84-88.

[9] PENG Y,DONG M,ZUO M J. Current status of machine prognostics in condition-based maintenance:a review [J]. The International Journal of Advanced Manufacturing Technology, 2010, 50 (1):297-313.

[10] 陈瑞勋,李青,解海涛.基于规则和故障树的故障案例库构建方法研究[J].航空制造技术,2017(3):86-90.

[11] 李艺海,巩鹏潇,方自力.某型机飞控系统"双通道故障"、俯仰方向振荡问题分析与定位研究[J].科技创新与应用,2020(24):57-58.

[12] 闫翔.无人机 PCA 故障检测与诊断技术研究[J].电子世界,2020(14): 184 - 185.

[13] 张宝珍,王萍.飞机 PHM 技术发展近况及在 F - 35 应用中遇到的问题 及挑战[J].航空科学技术,2020,31(7):18 - 26.

[14] 王晨光,伊文卿,宛旭.基于 SysML 的飞机系统架构模型验证方法 [C]//中国仿真学会.2020 中国仿真大会论文集.北京:中国仿真学 会,2020:332 - 339.

[15] 苗建国,王剑宇,张恒,等.无人机故障诊断技术研究进展概述[J].仪器 仪表学报,2020,41(9):56 - 69.

[16] ZHU L, MARCINKIEWICZ W. Drop impact reliability analysis of CSP packages at board and product levels through modeling approaches[J]. IEEE Transactions on Components & Packaging Technologies,2005,28(3):449 - 456.

[17] 王仁杰.智能飞控故障诊断系统的研究与实现[D].成都:电子科技 大学,2020.

[18] 杨军祥,田泽,李成文,等.新一代航空电子故障预测与健康管理系统综 述[J].计算机测量与控制,2014,22(4):972 - 974.

[19] 张锐,周青,周勇.一种三余度仿真飞控计算机设计[J].电脑编程技巧 与维护,2020(3):128 - 130.

[20] 苏明,张斌.基于外场数据的飞机 PHM 系统测试性评估方法[J].电子 技术与软件工程,2017(16):186 - 187.

[21] 张宝珍,王萍,尤晨宇.国外飞机预测与健康管理技术发展计划综述 [J].计算机测量与控制,2016,24(6):1 - 7.

[22] VAYALALI P, MCKAY M, KRISHNAMURTHI J, et al. Horizontal stabilator utilization for post swashplate failure operation on a UH - 60 black hawk helicopter[J]. Journal of the American Helicopter Society,2020,65(2):1 - 13.

[23] 金小强,李新民,孙伟.直升机健康状态与使用监测系统(HUMS)发 展综述[C]//中国航空学会.第三十届全国直升机年会论文集.北京: 中国航空学会,2014:81 - 86.

[24] 柯林.HUMS 在美军直升机群的使用[J].世界直升机信息,2002(3): 28 - 29.

[25] 陈宗基,魏金钟,王英勋,等.无人机自主控制等级及其系统结构研究

[J].航空学报,2011,32(6):1075-1083.

[26] 韩建辉,张芬,杜永良.自动飞行控制计算机通用自动测试平台设计
[J].航空工程进展,2020,11(1):122-131.

[27] 胡少成.基于 AADL 的飞控软件建模与可靠性验证[D].成都:电子
科技大学,2020.

[28] SUN H, CAO D, ZHAO Z, et al. A hybrid approach to cutting tool
remaining useful life prediction based on the wiener process[J]. IEEE
Transactions on Reliability,2018,3(67):1294-1303.

[29] ZHANG Y, LI Y, WANG Y,et al. Adaptive spatio-temporal graph
information fusion for remaining useful life prediction [J]. IEEE
Sensors Journal, 2022,4(22):3334-3347.

[30] 庄震宇,唐军军,姜年朝.某无人直升机惯性导航仪异常信号的故障定
位与处理[J].工业设计,2017(9):123-124.

[31] 刘屹巍,李尧,王宇健.基于扩展 GO-FLOW 的多状态系统动态可靠
性建模方法[J].飞机设计,2019,39(3):1-5.

[32] 范军华.飞机飞控集成测试关键技术研究[J].中国新技术新产品,
2019(11):17-18.

[33] 孙晓哲,杨珍书,陈棒,等.飞控机电作动系统典型故障模式影响分析
[J].微特电机,2019,47(10):25-30.

[34] 魏晓晴.飞控系统专家诊断平台的设计[J].工业仪表与自动化装置,
2019(5):40-43.

[35] HAN D, YU J, GONG M, et al. A remaining useful life prediction
approach based on low-frequency current data for bearings in
spacecraft[J]. IEEE Sensors Journal, 2021,17(21):18978-18989.

[36] 秦荀,李三军.F-35 战斗机的状态预测与健康管理系统[J].航空维修
与工程,2017(4):33-37.

[37] 朱斌,陈龙,强弢,等.美军 F-35 战斗机 PHM 体系结构分析[J].计算
机测量与控制,2015,23(1):1-3.

[38] 陈杰,钟麦英,张利刚.基于 L2 范数最小估计的无人机飞控系统故障
检测[J].山东大学学报(工学版),2017,47(5):8.

[39] XIAO C, DYMETMAN M, GARDENT C. Sequence-based
structured prediction for semantic parsing:US201615209135 [P].
2017-11-28.

[40] SI X S，WANG W，HU C H,et al. Remaining useful life estimation：A review on the statistical data driven approaches[J]. European Journal of Operational Research，2011，213(1):1 - 14.

[41] 杨鹏. 基于非均匀采样的信号频谱检测和参数估计方法研究[D]. 长沙：国防科学技术大学，2014.

[42] 尤明懿.基于相似性的剩余寿命预测:鲁棒性与不确定性研究[J].电子产品可靠性与环境试验，2011，29(6):10 - 18.

[43] SI X，HU C，ZHOU D. Nonlinear degradation process modeling and remaining useful life estimation subject to measurement error[J]. Acta Automatica Sinica，2014，39(5):530 - 541.

[44] 刘亚兵,花璐,杨国勇.故障预测与健康管理半物理实时仿真验证研究[J].飞机设计，2019(3):65 - 68.

[45] KIM S J，BAE S J. Cost - effective degradation test plan for a nonlinear random - coefficients model[J]. Reliability Engineering & System Safety，2013，110：68 - 79.

[46] 高雅娟,徐小芳,刘钊.基于模型的系统工程在通用质量特性评估验证中的应用研究[J].测控技术，2020，39(3):9 - 12.

[47] 常艳华.基于数据驱动模拟电路故障预测算法实现与软件开发[D].成都：电子科技大学,2015.

[48] 葛承垄,朱元昌,邱彦强,等.面向装备 RUL 预测的平行仿真框架[J].系统仿真学报，2018，30(6):2216 - 2224.

[49] CHEN X，REN H，BIL C，et al. Aircraft complex system diagnosis based on design knowledge and real - time monitoring information [J]. Journal of Aerospace Computing, Information, and Communication，2018，15(7):414 - 426.

[50] ZHAI Q，YE Z S . RUL prediction of deteriorating products using an adaptive wiener process model[J]. IEEE Transactions on Industrial Informatics，2017，6(13):2911 - 2921.

[51] PATIL M A，TAGADE P，HARIHARAN K S，et al. A novel multistage Support Vector Machine based approach for Li ion battery remaining useful life estimation[J]. Applied Energy，2015，159：285 -297.

[52] 刘紫阳,陶佩,郑韩飞,等. 一种新的基于工况区分和轨迹相似性的

RUL 预测方法[J].电子测量技术，2020，43(13):31 - 36.

[53] 石鹏飞,张航,陈洁.先进民机飞控系统安全性设计考虑[J].航空科学技术，2019，30(12):52 - 58.

[54] 张玉金,黄博,廖文和.面向场景的航空发动机基于模型的系统工程设计[J].计算机集成制造系统，2021,11(27):3093 - 3102.

[55] SCHLICHTKRULL M, KIPF T N, BLOEM P, et al. Modeling relational data with graph convolutional networks[C]//The Semantic Web: 15th International Conference. Berlin: Springer International Publishing, 2018: 593 - 607.

[56] 冉剑,佟佳慧.基于在线仿真的无人机飞控系统智能校正技术[J].南京航空航天大学学报，2019，51(6):795 - 800.

[57] LU S, QIAN G, HE Q, et al. In situ motor fault diagnosis using enhanced convolutional neural network in an embedded system[J]. IEEE Sensors Journal, 2020, 20(15):8287 - 8296.

[58] ZHAO R, YAN R, CHEN Z, et al. Deep learning and its applications to machine health monitoring[J]. Mechanical Systems and Signal Processing, 2019, 115:213 - 237.

[59] HAN P, ELLEFSEN A L, LI G, et al. Fault prognostics using lstm networks: application to marine diesel engine[J]. IEEE Sensors Journal,2021,22(21): 25986 - 25994.

[60] 周青,张锐.波音 777 电传飞控系统的容错设计浅析[J].信息通信，2019(10):46 - 47.

[61] 马超,戴小氐,郭勇.四余度飞控计算机设计及基于马尔可夫模型的可靠性分析[J].信息通信,2019(10):10 - 11.

[62] BOTT M, MESMER B L. An analysis of theories supporting agile scrum and the use of scrum in systems engineering[J]. Engineering Management Journal, 2020, 32(2):76 - 85.

[63] WANG X, BALAKRISHNAN N, GUO B. Residual life estimation based on a generalized Wiener degradation process[J]. Reliability Engineering & System Safety, 2014,84(3):545 - 563.

[64] WHITE C J, MESMER B L. Research needs in systems engineering: Report from a University of Alabama in Huntsville workshop[J]. Systems Engineering,2020,23(2):154 - 164.

[65]　SHAN Y，CHEN Y. Scalable query optimization for efficient data processing using mapreduce[C]//2015 IEEE International Congress on Big Data. PPiscataway：IEEE，2015：649 - 652.

[66]　JHA S，BRANDT J，GENTILE A，et al. Holistic measurement - driven system assessment[C]//2017 IEEE International Conference on Cluster Computing (CLUSTER). Piscataway：IEEE，2017：797 - 800.

[67]　QUE Z，NAKAHARA H，NURVITADHI E,et al. Recurrent Neural Networks With Column - Wise Matrix-Vector Multiplication on FPGAs[J]. IEEE Transactions on Very Large Scale integration (VLSI) systems，2022，30(2)：227 - 237.

[68]　ALAWIEH M，PATINO - STUDENCKA L，DAHLHAUS D. Stochastic modeling of pseudolite clock errors using enhanced AR methods[C]//2010 7th International Symposium on Communication Systems，Networks & Digital Signal Processing (CSNDSP 2010). Piscataway：IEEE，2010：178 - 183.

[69]　张振环,刘会金,李琼林,等.基于欧拉-拉格朗日模型的单相有源电力滤波器无源性控制新方法[J].中国电机工程学报，2008，28(9)：37 - 44.

[70]　高菲,贾涛.基于 DSP＋FPGA 线性结构的计算机图像处理系统设计研究[J].电子设计工程，2018，26(17)：189 - 194.

[71]　周松江.基于 CPU 与多 FPGA 架构的深度学习异构计算平台研究与实现[D].北京:北京邮电大学,2023.

[72]　赖睿,李吉昌,张剑贤,等.基于 CPU＋FPGA 的图像快速去雾方法：US201710116000. 1[P].2017 - 07 - 07.

[73]　黄兴贵，隆波，皮红梅，等. 波动方程的差分算法在高性能异构并行计算的实现方法分析[C]//中国石油学会石油物探专业委员会,中国地球物理学会勘探地球物理委员会. 中国石油学会 2019 年物探技术研讨会论文集. 北京：石油工业出版社，2019：1415 - 1419.

[74]　李安民,计卫星,廖心怡,等.一种面向异构计算的结构化并行编程框架[J].计算机工程与科学，2019，41(3)：424 - 432.

[75]　李克强.政府工作报告:2015 年 3 月 5 日在第十二届全国人民代表大会第三次会议上[M].北京:人民出版社,2015.

[76] POLLER A. Exploring and managing the complexity of large infrastructure projects with network theory and model-based systems engineering：The example of radioactive waste disposal[J]. Systems Engineering，2020,23(4)：443-459.

[77] 杜国红,陆树林,郑启.基于 MBSE 的作战概念建模框架研究[J].指挥控制与仿真，2020,42(3)：14-20.

[78] PLUM N. Using directed graphsto define viewpoints to keep a metamodel, an architecture framework and views using different modeling languages consistent[J]. Engineering Reports，2020，2(6)：1-41.

[79] GUO J,WANG G,LU J,et al. General modeling language supporting model transformations of MBSE：Part 2 [J]. INCOSE International Symposium，2020，30(1)：1460-1473.

[80] LLANO M I, QUAPPEN G. MBSE methodology applied for a technology demonstrator in the space Transportation Sector[J]. INCOSE International Symposium，2020,30(1)：1474-1488.

[81] 张程灏.机载软件建模及其形式化验证方法研究[D].成都:电子科技大学,2020.

[82] 陈雪峰.智能运维与健康管理[M].北京：机械工业出版社,2018.

[83] 路红飞,曹东,葛美星.三余度飞控计算机重构与恢复策略研究[J].电光与控制，2020，27(3)：84-88.

[84] 杨渊.基于 MBSE 的民机数据加载系统建模及模型验证[D].成都:电子科技大学,2020.

[85] ZIMMERMANN T C, MASUHR C, STARK R. MBSE-entwicklungsfa- higkeit für digitale zwillinge[J]. ZWF Zeitschrift Für Wirtschaftlichen Fabrikbetrieb,2020,115(Suppl. 1)：51-54.

[86] CHOLEY J Y. Towards model synchronization for consistency management of mechatronic systems[J]. Applied Sciences，2020，10(10)：3577.

[87] 张柏楠,戚发轫,邢涛,等.基于模型的载人航天器研制方法研究与实践[J].航空学报，2020，41(7)：23967-023967.

[88] 白玉轩.基于神经网络的飞控机电作动系统传感器故障检测研究[D].天津:中国民航大学,2021.

[89] 徐坚.关于飞控机电作动系统典型故障模式影响的研究[J].内燃机与配件,2020(7):159-161.

[90] 任金虎,张小雯,许成伟,等.基于 MBSE 的副翼及其操纵系统研发技术及应用[J].民用飞机设计与研究,2020(1):70-79.

[91] 冯达智.基于时间卷积网络的飞控时序数据预测技术研究[D].成都:电子科技大学,2020.

[92] 朱文博,陈绍炜,赵帅.航电系统故障预测与健康管理体系结构分析[J].电光与控制,2018,25(12):59-62.

[93] HUA Z,RONG X,LI Y,et al. Analysis and verification on energy consumption of the quadruped robot with passive compliant hydraulic servo actuator[J]. Applied Sciences,2020,10(1):340.

[94] 彭宇,史书慧,郭凯,等.无人机飞控系统故障仿真及数据生成[J].仪器仪表学报,2019,40(7):13-21.

[95] 李棋,薄珊珊,张明峰,等.民用飞机飞控通电自检测安全性研究[J].民用飞机设计与研究,2019(2):87-89.

[96] 樊茜,何雨昂,刘海山,等.基于动态故障树的伺服飞控软件故障诊断方法及应用[J].电子技术与软件工程,2017(16):75-76.

[97] 孙玉琳,吕瑞强.飞行保障装备 PHM 结构设计与功能分析[J].军械工程学院学报,2017,29(3):1-6.

[98] 李耀华,尚金秋.基于云计算的飞机 PHM 体系架构研究[J].计算机工程,2017,43(12):6-10.

[99] 景博,徐光跃,黄以锋,等.军用飞机 PHM 技术进展分析及问题研究[J].电子测量与仪器学报,2017,31(2):161-169.

[100] 宋博,祝青钰,曾照洋,等.PHM 技术在航空结构疲劳寿命预测中的应用[J].机械强度,2017,39(2):435-440.

[101] 王余伟,曹东,李勇.基于在线模型的飞控系统传感器的故障诊断[J].电光与控制,2017,24(7):81-84.

[102] 张栋善.航空装备领域中故障预测与健康管理技术的应用分析[J].山东工业技术,2016(10):264.

[103] 王景霖,林泽力,郑国,等.飞机机电系统 PHM 技术方案研究[J].计算机测量与控制,2016,24(5):163-166.

[104] ANDREAS J,ROHRBACH M,DARRELL T,et al. Deep compositional question answering with neural module networks[J].

Computer Science, 2015, 27:55 - 56.

[105] BEN - YOUNES H, CADENE R, CORD M, et al. Mutan: Multimodal tucker fusion for visual question answering [C]// Proceedings of the IEEE International Conference on Computer Vision. Piscataway: IEEE, 2017: 2612 - 2620.

[106] BERANT J, CHOU A, FROSTIG R, et al. Semantic parsing on freebase from question - answer pairs[C]//Proceedings of the 2013 Conference on Empirical Methods in Natural Language Processing. Seattle: ACL, 2013: 1533 - 1544.

[107] BERANT J, LIANG P. Semantic parsing via paraphrasing[C]// Proceedings of the 52nd Annual Meeting of the Association for Computational Linguistics. Seattle: ACL, 2014: 1415 - 1425.

[108] REDDY S, TCKSTRM O, COLLINS M, et al. Transforming dependency structures to logical forms for semantic parsing[J]. Transactions of the Association for Computational Linguistics, 2016, 4(2):127 - 140.

[109] ALMAHAIRI A, RAJESHWAR S, SORDONI A, et al. Augmented cyclegan: Learning many - to - many mappings from unpaired data[C]//International Conference on Machine Learning. Stockholm: PMLR, 2018: 195 - 204.

[110] PENNINGTON J, SOCHER R, MANNING C D. Glove: Global vectors for word representation [C]//Proceedings of the 2014 Conference on Empirical Methods in Natural Language Processing (EMNLP). Seattle: ACL, 2014: 1532 - 1543.

[111] WU Q, WANG P, SHEN C, et al. Ask me anything: Free - form visual question answering based on knowledge from external sources [C]//Proceedings of the IEEE Conference on Computer Vision and Pattern Recognition. Piscataway: IEEE, 2016: 4622 - 4630.

[112] WANG X, CUI L, WANG H. Remaining useful life prediction of rolling element bearings based on hybrid drive of data andmodel[J]. IEEE Sensors Journal, 2022, 22(17): 16985 - 16993.

[113] XU Y,LI Y,WANG Y,et al. A novel energy demodulation method using B - spline approximation for bearing fault detection[J].

Measurement，2022，189：110635.

[114] CAI Q，YATES A. Large - scale semantic parsing via schema matching and lexicon extension[C]//Proceedings of the 51st Annual Meeting of the Association for Computational Linguistics (Volume 1：Long Papers). Seattle：ACL，2013：423 - 433.

[115] DAS A，AGRAWAL H，ZITNICK L，et al. Human attention in visual question answering：Do humans and deep networks look at the same regions? [J]. Computer Vision and Image Understanding，2017，163：90 - 100.

[116] QIAN Y，YAN R. Remaining useful life prediction of rolling bearings using an enhanced particle filter[J]. IEEE Transactions on Instrumentation and Measurement，2015，64(10)：2696 - 2707.

[117] YANG G，YAO J. Output Feedback Control of Electro - Hydraulic Servo Actuators With Matched and Mismatched Disturbances Rejection[J]. Journal of the Franklin Institute，2019，356(16)：9152 -9179.

[118] LTENG，WANG W，LIU Y，et al. Design and implementation of helicopter electro - hydraulic servo flight control actuation system，[J]. Hydraulic and Pneumatic，2021，45(4)：175 - 182.

[119] 王永翠.PHM 对提高新一代飞机综合保障能力作用[J].科技传播，2014(9)：85.

[120] 饶明波,张欢,曾行,等.电传飞控系统地面维护检测方法研究与探讨[J].教练机，2015(2)：18 - 22.

[121] CINAR Y，JANG G. Fatigue life estimation of FBGA memory device under vibration[J]. Journal of Mechanical Science and Technology,2014,28(1)：107 - 114

[122] SHAO S，MCALEER S，YAN R，et al. Highly accurate machine fault diagnosis using deep transfer learning[J]. IEEE Transactions on Industrial Informatics,2019，15(4)：2446 - 2455.

[123] SUN C，MA M，ZHAO Z，et al. Deep transfer learning based on sparse autoencoder for remaining useful life prediction of tool in manufacturing[J]. IEEE Transactions on Industrial Informatics，2018，15(4)：2416 - 2425.

[124] 姚远,陈志聪,吴丽君,等. 采用 GRU - MC 混合算法的锂离子电池 RUL 预测[J]. 福州大学学报(自然科学版),2022,50(2):169 - 174.

[125] 李勇,曹东. 基于解析模型的飞控系统执行机构的故障诊断[J]. 电光与控制,2016,23(10):104 - 107.

[126] 王发威,廖开俊. 容错飞行控制技术的应用研究现状与发展趋势[J]. 飞行力学,2017,35(1):1 - 6.

[127] 王亮,朱守园,吴云. 基于 SysML 的双余度管理软件设计[J]. 航空计算技术,2019,49(4):128 - 131.

[128] 浦乐,王西超,杨艺. 基于 MBSE 与 SysML 的空空导弹系统架构建模研究[J]. 航空科学技术,2020,31(2):54 - 59.

[129] 孙刚,徐智. 双余度飞控系统软件设计技术在无人直升机中的应用[J]. 电子测试,2019(13):85 - 87.

[130] GAO H, MAO J, ZHOU J, et al. Are you talking to a machine? dataset and methods for multilingual image question[J]. Advances in Neural Information Processing Systems, 2015, 28: 2296 - 2304.

[131] LU J, YANG J, BATRA D, et al. Hierarchical question - image co -attention for visual question answering[C]//Proceedings of the 30th International Conference on Neural Information Processing Systems (NIPS'16). Red Hook: Curran Associates Inc., 2016: 289 -297.

[132] MALINOWSKIM, ROHRBACH M, FRITZ M. Ask your neurons: A neural - based approach to answering questions about images[C]//Proceedings of the IEEE International Conference on Computer Vision. Piscataway: IEEE, 2015: 1 - 9.

[133] LI Y, CHEN H, HUANG J, et al. Reliability allocation and prediction for command and control system [C]//2020 Global Reliability and Prognostics and Health Management (PHM - Shanghai). Piscataway: IEEE, 2020: 1 - 6.

[134] KORDESTANI M, REZAMAND M, ORCHARD M E, et al. New condition - based monitoring and fusion approaches with a bounded uncertainty for bearing lifetime prediction [J]. IEEE Sensors Journal, 2022, 22(9):9078 - 9086.

[135] XIA T, SHU J, XU Y, et al. Multiscale similarity ensemble

framework for remaining useful life prediction[J]. Measurement, 2022, 188: 110565.

[136] QIN Y, WANG X, ZOU J. The optimized deep belief networks with improved logistic sigmoid units and their application in fault diagnosis for planetary gearboxes of wind turbines [J]. IEEE Transactions on Industrial Electronics, 2018, 66(5): 3814-3824.

[137] ZHAOR, WANG D, YAN R, et al. Machine health monitoring using local feature-based gated recurrent unit networks[J]. IEEE Transactions on Industrial Electronics, 2017, 65(2): 1539-1548.

[138] ZHANG Y, XIONG R, HE H, et al. Long short-term memory recurrent neural network for remaining useful life prediction of lithium-ion batteries [J]. IEEE Transactions on Vehicular Technology, 2018, 67(7): 5695-5705.

[139] LU M, GAN J G. state identification of photoelectric detection system based on wavelet denoising and echo state network[J]. J Laser, 2021, 42(5): 143-146.

[140] 王俭臣, 齐晓慧, 单甘霖. 一类参数不确定非线性系统的故障检测与重构[J]. 系统工程与电子技术, 2015, 37(1): 155-162.

[141] RASHID M. An undergraduate course on model-based system engineering for embedded systems [J]. Computer Applications in Engineering Education, 2020, 28(3): 645-657.

[142] PAPKE B L, WANG G, KRATZKE R, et al. Implementing MBSE-an enterprise approach to an enterprise problem[J]. INCOSE International Symposium, 2020, 30(1): 1550-1567.

[143] DUPREZ J, ERNADOTE D. Towards a semantic approach of MBSE frameworks specification[J]. INCOSE International Symposium, 2020, 30(1): 1405-1419.

[144] 李伟. 面向空空导弹飞控软件的软件容错技术研究[J]. 软件工程, 2020, 23(2): 13-15.

[145] 刘鑫, 李梓衡. 一种无人机飞控系统容错设计方案[C]//中国航空学会. 2019 年(第四届)中国航空科学技术大会论文集. 北京: 中国航空学会, 2019: 989-995.

[146] 周长红, 黄建民, 郑良义. 一种民机 PHM 顶层架构仿真验证平台的设

计和研究[J].计算机测量与控制,2019,27(6):263-266.

[147] 解文涛,王锐.基于分级容错技术的高完整计算机系统设计[J].电光与控制,2019,26(10):106-110.

[148] 景博,焦晓璇,黄以锋.面向飞机 PHM 的大数据分析与人工智能应用[J].空军工程大学学报(自然科学版),2019,20(1):46-54.

[149] 贾馥源.基于 MBSE 的机载通信系统建模研究与验证[D].成都:电子科技大学,2020.

[150] 黄泽波,熊亮,王顺利.飞控蓄电池盒故障检测系统的研究与设计[J].测控技术,2017,36(9):138-141.

[151] 权璐,姜斌,杨蒲.基于神经网络滑模观测器的飞控系统故障诊断[J].扬州大学学报(自然科学版),2019,22(2):51-55.

[152] 王洪涛,王纬国,顾正伟.PHM 技术在先进飞机上应用对基地级维修保障的影响分析[J].中国设备工程,2018(20):36-37.

[153] 黄泽波,李占峰,熊亮,等.寻址编码技术在航空电源系统故障检测与诊断中的应用[J].电工电气,2017(11):52-55.

[154] DAS A,KOTTUR S,MOURA J M F,et al. Learning cooperative visual dialog agents with deep reinforcement learning[C]// Proceedings of the IEEE International Conference on Computer Vision. Piscataway:IEEE,2017:2951-2960.

[155] DONG L,WEI F,ZHOU M,et al. Question answering over freebase with multi-column convolutional neural networks[C]// Proceedings of the 53rd Annual Meeting of the Association for Computational Linguistics and the 7th International Joint Conference on Natural Language Processing (Volume 1:Long Papers). Seattle:ACL,2015:260-269.

[156] FADER A,ZETTLEMOYER L,ETZIONI O. Open question answering over curated and extracted knowledge bases[C]// Proceedings of the 20th ACM SIGKDD International Conference on Knowledge Discovery and Data Mining. New York:ACM,2014:1156-1165.

[157] GORDON D,KEMBHAVI A,RASTEGARI M,et al. Iqa:Visual question answering in interactive environments[C]//Proceedings of the IEEE Conference on Computer Vision and Pattern Recognition.

Piscataway：IEEE，2018：4089 - 4098.

[158] JAIN U，LAZEBNIK S，SCHWING A G. Two can play this game：Visual dialog with discriminative question generation and answering [C]//Proceedings of the IEEE Conference on Computer Vision and Pattern Recognition. Piscataway：IEEE，2018：5754 - 5763.

[159] JAIN U，ZHANG Z，SCHWING A . Creativity：generating diverse questions using variational autoencoders [C]//Proceedings of the IEEE Conference on Computer Vision and Pattern Recognition. Piscataway：IEEE，2017：6485 - 6494.

[160] 姚龙辉,袁儒冰,刘海亮.飞控系统余度管理软件故障追踪/重演方法[J].测控技术,2016,35(1):106 - 109.

[161] 胡顺尧,张强.机载设备健康状况实时监控可行性研究[J].黑龙江科技信息,2015(24):162.

[162] 谢娜,雷江妮.民机故障预测与健康管理系统顶层架构设计技术研究[J].计算机测量与控制,2020,28(2):19 - 22.

[163] 王少萍.大型飞机机载系统预测与健康管理关键技术[J].航空学报,2014,35(6):1459 - 1472.

[164] 刘亮,周博,于涛,等.数据驱动视角下飞机故障预测与健康管理系统设计及验证[J].计算机测量与控制,2017,25(7):16 - 20.

[165] 梁若曦,马麟龙.基于 PHM 的民机视情维修策略研究[J].航空维修与工程,2017(5):46 - 48.

[166] 刘远星.浅析多旋翼无人机[J].科技风,2017(8):3.

[167] 胡欣,王健康,姚旺,等.一种适用于飞行器航电综合的故障检测和重构方法[J].计算机测量与控制,2016,24(6):21 - 23.

[168] 陈亚民,王俊杰.基于 SPC 的直升机液压系统健康监测的应用研究[J].电子制作,2021(16):15 - 17.

[169] 卢海涛,王自力.综合航空电子系统故障诊断与健康管理技术发展[J].电光与控制,2015,22(8):60 - 65.

[170] HOKKA J，MATTILA T T，XU H，et al. Thermal cycling reliability of Sn - Ag - Cu solder interconnections，Part 2：failure mechanisms [J]. Journal of Electronic Materials，2013，42(06):963 -972.

[171] 陈晓,王新民,黄誉,等.倾转旋翼机飞控系统的变精度粗糙集-OMELM 故障诊断方法[J].控制与决策,2015,30(3):433 - 440.

[172] 王成昆.机载飞控计算机机内的自检测方法分析[J].硅谷，2014，7 (11):115 - 116.

[173] 赵成,张栋善.电传飞控系统供电保护方法探析[J].电子测试，2020 (1):120 - 121.

[174] 毛志威,屈展文,张彤,等.基于 MBSE 的民机审定试飞场景设计[J]. 系统工程与电子技术，2020，42(8):1768 - 1775.

[175] 吴华伟,闫如刚,许炳,等.飞机刹车系统的辅助安全措施[J].航空标准化与质量，2014(1):33 - 38.

[176] JABRI A, JOULIN A, VAN DER MAATEN L. Revisiting visual question answering baselines［C］//European Conference on Computer Vision. Berlin：Springer International Publishing，2016: 727 - 739.

[177] JOHNSON J, HARIHARAN B, VAN DER MAATEN L, et al. Clevr：A diagnostic dataset for compositional language and elementary visual reasoning［C］//Proceedings of the IEEE Conference on Computer Vision and Pattern Recognition. Piscataway：IEEE，2017:2901 - 2910.

[178] ZHANG B, DING H, SHENG X. Reliability study of board - level lead - free interconnections under sequential thermal cycling and drop impact[J]. Microelectronics Reliability，2009，49(5):530 -536.

[179] LARSON M C, VERGES M A. Extending the fatigue life of Solder Grid Array（SGA）electronic packages［J］. Journal of Electronic Packaging，2003，125(1):18 - 23.

[180] 罗慕成,李波,林雨生.某型直升机飞控系统故障诊断的研究[J].机械研究与应用，2018，31(2):130 - 133.

[181] 雷金奎,原丹丹,李海生.基于 ARM 的双冗余微小型无人机飞行控制系统的设计[J].电子设计工程，2016，24(1):162 - 164.

[182] TEE T Y, NG H S, LIM C T, et al. Impact life prediction modeling of TFBGA packages under board level drop test[J]. Microelectronics Reliability，2004，44(7):1131 - 1142.

[183] LAU J, DAUKSHER W, OTT E, et al. Reliability testing and

data analysis of an 1657CCGA (ceramic column grid array) package with lead – free solder paste on lead – free PCBs (printed circuit boards)[C]//2004 Proceedings. 54th Electronic Components and Technology Conference (IEEE Cat. No. 04CH37546). Piscataway: IEEE, 2004, 1: 718 – 725.

[184] WANG P, WU Q, SHEN C, et al. Fvqa: Fact – based visual question answering[J]. IEEE Transactions on Pattern Analysis and Machine Intelligence, 2017, 40(10): 2413 – 2427.

[185] UNGER C, BÜHMANN L, LEHMANN J, et al. Template – based question answering over RDF data[C]//Proceedings of the 21st International Conference on World Wide Web. New York: ACM, 2012: 639 – 648.

[186] WU Q, SHEN C, WANG P, et al. Image captioning and visual question answering based on attributes and external knowledge[J]. IEEE Transactions on Pattern Analysis and Machine Intelligence, 2017, 40(6): 1367 – 1381.

[187] LEVI G, HASSNER T. Emotion recognition in the wild via convolutional neural networks and mapped binary patterns[C]// Proceedings of the 2015 ACM on International Conference on Multimodal Interaction. New York: ACM, 2015: 503 – 510.

[188] SHIH K J, SINGH S, HOIEM D. Where to look: Focus regions for visual question answering [C]//Proceedings of the IEEE Conference on Computer Vision and Pattern Recognition. Piscataway: IEEE, 2016: 4613 – 4621.

[189] DETTMERS T, MINERVINI P, STENETORP P, et al. Convolutional 2d knowledge graph embeddings[C]//Proceedings of the AAAI Conference on Artificial Intelligence. Palo Alto: AAAI Press, 2018: 1811 – 1818.

[190] REDDY S, TCKSTRM O, COLLINS M, et al. Transforming Dependency Structures to Logical Forms for Semantic Parsing[J]. Transactions of the Association for Computational Linguistics,

2016，4(2):127 - 140.

[191] KIM J H, LEE S W, KWAK D, et al. Multimodal residual learning for visual qa[C]//Proceedings of the 30th International Conference on Neural Information Processing Systems (NIPS'16). Red Hook: Curran Associates Inc. , 2016: 361 - 369.

[192] KOLOMIYETS O, MOENS M F. A survey on question answering technology from an information retrieval perspective[J]. Information Sciences, 2011, 181(24):5412 - 5434.

[193] KRISHNAMURTHY J, KOLLAR T. Jointly learning to parse and perceive: connecting natural language to the physical world[J]. Transactions of the Association for Computational Linguistics, 2013 (1):193 - 206.

[194] KWIATKOWSKI T, CHOI E, ARTZI Y, et al. Scaling semantic parsers with on - the - fly ontology matching[C]//Proceedings of the 2013 Conference on Empirical Methods in Natural Language Processing. Seattle: ACL, 2013: 1545 - 1556.

[195] MALINOWSKI M, FRITZ M. A multi - world approach to question answering about real - world scenes based on uncertain input[C]//Proceedings of the 27th International Conference on Neural Information Processing Systems - Volume 1 (NIPS'14). Cambridge: MIT Press, 2014: 1682 - 1690.

[196] YIH S W, CHANG M W, HE X, et al. Semantic parsing via staged query graph generation: Question answering with knowledge base [C]//Proceedings of the 53rd Annual Meeting of the Association for Computational Linguistics and the 7th International Joint Conference on Natural Language Processing (Volume 1: Long Papers). Seattle: ACL, 2015: 1321 - 1331.

[197] CHAKRABARTI K, CHOPRA N. Generalized AdaGrad (G - AdaGrad) and Adam: A state - space perspective[C]//2021 60th IEEE Conference on Decision and Control (CDC). Piscataway: IEEE, 2021: 1496 - 1501.

［198］ XIONG C，MERITY S，SOCHER R. Dynamic memory networks for visual and textual question answering ［C］//International Conference on Machine Learning. Stockholm：PMLR，2016：2397 - 2406.

［199］ 吕延卓,肖明清,刘强,等. 基于置信规则库推理的飞控系统故障诊断［J］.计算机测量与控制，2019，27(6):13 - 17.

［200］ DAS A，KOTTUR S，GUPTA K，et al. Visual dialog［J］. IEEE Transactions on Pattern Analysis and Machine Intelligence，2019，41(5):1242 - 1256.